心理学与催眠术

王磊荣　吴青青◎编著

中国纺织出版社

内 容 提 要

你是否偶尔会失眠、自卑或者感到压力很大……我们每个人都应该找到与自己对话的方式，而催眠恰是能够帮助人们摆脱疾病与困扰、帮助人们树立信心，找到使自己更强大的方法。

本书从心理学角度出发，帮助人们揭开催眠的神秘面纱。书中提供了切实可行的催眠方法，让人们在提升自己健康能量的同时，还能够用真诚的心去关爱和帮助他人，从而让我们的生命变得更加温暖而有意义。

图书在版编目（CIP）数据

心理学与催眠术 / 王磊荣，吴青青编著. 一北京：中国纺织出版社，2017.5（2025.3重印）
ISBN 978-7-5180-3299-0

Ⅰ.①心… Ⅱ.①王… ②吴… Ⅲ.①催眠术—通俗读物 Ⅳ.①B841.4-49

中国版本图书馆CIP数据核字（2017）第025547号

责任编辑：闫 星　　　　责任印制：储志伟

中国纺织出版社出版发行
地址：北京市朝阳区百子湾东里A407号楼　邮政编码：100124
销售电话：010—67004422　传真：010—87155801
http：//www.c-textilep.com
E-mail：faxing@c-textilep.com
中国纺织出版社天猫旗舰店
官方微博http://weibo.com/2119887771
三河市金兆印刷装订有限公司印刷　各地新华书店经销
2017年5月第1版　2025年3月第9次印刷
开本：710×1000　1/16　印张：18
字数：214千字　定价：69.80元

preface

现代社会，随着心理学领域的很多问题逐渐被人们认识，也频繁出现这样一个词——催眠，也许你对催眠感到陌生，认为催眠与我们的生活毫无关系，但事实上，不知你是否有过以下体验：在到达某个风景迤逦的地方，你突然产生了错觉，认为眼前的一切恍如梦幻？你是否在公交车上昏昏欲睡，甚至坐过了站？当你遇到困难的时候，你是否通过自我鼓励最终走出失望和沮丧的阴霾，战胜困难呢？如果你的回答是肯定的，那么，你已经亲身经历了催眠。

实际上，催眠和我们的生活是息息相关的，它正在以强大的力量影响着我们的生活，很多时候，我们已经处在了催眠状态中，只是我们不自觉而已。

那么，到底什么是催眠呢？

催眠其实是一种变动的心理状态，是情境的结果。一些人对催眠存在误解，他们认为催眠就是“让人们睡觉”，或者“让人们昏昏欲睡”，其实不然，这是一种片面的理解。从科学的角度来分析，催眠是让人们的意识集中到某个点上，从而缩小人们注意力的范围。人一旦进入催眠状态，潜意识就会被唤醒，也愿意接受催眠的诱导、暗示，于是，对于催眠师下达的不同指令，也会出现不同的催眠效果。

当然，催眠也绝不仅限于催眠秀，那么，催眠秀是真实的吗？人体钢板的巨大力量从何而来呢？催眠状态下我们会忘记自己是谁吗？手背针扎真的

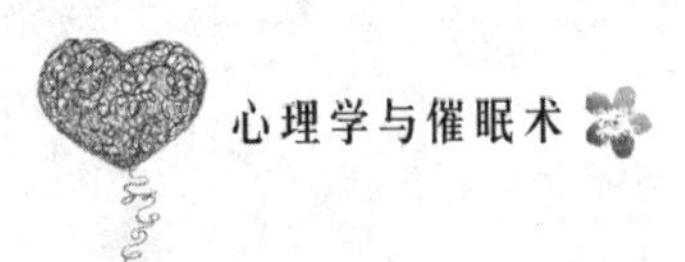

一点也不疼？如果被催眠，我们会不会任由催眠师摆布呢？

对于这些让你感到疑惑和让你感兴趣的问题，你都能从本书中找到答案。阅读本书，你不仅可以系统地学到关于催眠的理论知识，还能学到一些操作技巧。

当然，虽然催眠术已经被应用到我们工作和生活的方方面面，但最直接的应用范围还是心理治疗，当人们的心理出现疾病的时候，习惯于寻求心理医生的帮忙，但事实上，求人不如求己，这也是我们编写《心理学与催眠术》的初衷，当你阅读完本书，就能够初步掌握一些关于催眠术的技巧，对于一些小问题你就能通过自我催眠的方法来改善和治疗。我相信本书一定能成为初学催眠术的读者朋友们喜欢的读物！

编著者

2016年10月

上篇　不可思议的催眠术

中篇　催眠的日常应用

下篇　改善人际关系的催眠法

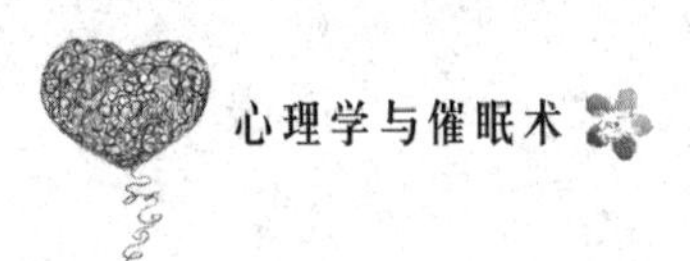

不可思议的催眠术

第01章 催眠是什么——认识催眠的神奇能力

在日常生活中，我们常常对那些心理医生或催眠师钦佩有加，似乎他们有着神奇的魔力——三言两语之间就能“控制”对方，让对方“把灵魂交给自己”，其实，这就是催眠的神奇能力，那么，到底什么是催眠呢？人又是怎样被催眠的呢？一个人在进入催眠后，又有哪些表现呢？本章将从这些方面为你揭晓谜底。

什么是催眠

日常生活中，我们常会在电视剧或者电影中看到这样的情节：在一间房子内，心理治疗师通过语言对被治疗人进行催眠，助其放松，进而解开心结，使得心理疾病有所缓解甚至痊愈。为此，我们时常感叹：催眠实在是太神奇了。不少读者肯定感到好奇，到底什么是催眠呢？它的具体含义又是什么呢？

催眠是一个复杂的现象，不同的催眠师对“催眠”有不同的理解，因此，对“催眠”的定义也不尽相同。如果我们一定要对这一名词给出一个说法的话，那么，本书可能更愿意作出这样的诠释：催眠是一种高度专注的意识变动的心理状态，是情境的结果。当然，即便到现在为止我们也未曾给出一个确切的定义，但这并不代表我们不能进一步认识它。

心理学家们经过研究和总结发现，人一旦进入催眠状态，会呈现出以下

几种特征：

1. 专注于某种特定的体验甚至不受外界影响

人被催眠以后，注意力会集中于某种特定的情境中，甚至处于闹市之中，也能做到不受打扰地沉浸于某种情境之中。偶尔，他们也可能意识到这些打扰的存在，但他们丝毫不理会。

现在，我们来回忆一下学生时代你可能经历的场景：你坐在教室里，原本你在听课、做作业或者看书、复习等，此时，疲劳的你看了看窗外，也不知是因为什么原因，突然想起了曾经和儿童玩伴在一起嬉戏的场景，多么快乐，你沉浸其中，再次回味当时的乐趣，偶尔你的嘴角还泛起微笑，此时，你似乎已经完全忘记了自己原本在做什么，你的同桌向你借支笔，你随手拿给他之后又回到自己的世界中；甚至一只苍蝇从你的眼前飞过、停在你的头上，你也不在乎。你把这样的经历告诉你的朋友或者亲人，他们会对你说："你真是在做白日梦。"其实，这种"白日梦"就是一种自然产生的催眠状态。

2. 顺其自然发生的一种状态，不是刻意为之

被催眠的人在催眠之前并不需要为了进入状态而做任何准备工作或者努力，这是一种顺其自然的状态，就是这样发生了。我们听到一些读者常称自己总是难以进入催眠的状态，其实主要原因还是他们刻意地做了一些准备工作，希望努力进入催眠，结果只能适得其反。

3. 催眠不是一种概念，而是一种体验

处于催眠状态的人，都会沉浸在自己的世界。通常来说，我们要想了解到事物最本真的面目，就要将原有的逻辑分析、计算和理解去除。举个最简单的例子，现在摆在你面前的是一盘水果，你也不知道它是酸的、甜的还是苦的，要想知道结果，不能靠我们的想象，而是直接放进嘴里尝一尝，这就是最直接的体验。所以，在催眠过程中，被催眠者的思维和分析过程已不再重要，被催眠者也很少说话，少了很多抽象性，更多的则是画面性的、形象上的，也就是我们所提及的体验上的。

4. 体验的空间和时间都十分灵活，不受限制

进入催眠状态的人，是完全可以与当下脱离开来的，是不受时间和空间限制的，就好比穿越一样，我们可以进入未来，也可以回到过去，实际时间一小时，在催眠时可以浓缩到一分钟，相反，实际时间一分钟，在催眠时也可以扩展到一小时。我们每个人都坐过公交车。这天早上，你和平时一样准备坐公交车去上班，车子行驶在宽阔的马路上，你望着窗外，迷迷糊糊，好像进入了一种情境之中，你想到了很多往事，或开心的或不开心的，慢慢地，你沉浸其中。公交车依然行驶着，不知不觉，公交车停了，你抬头看看，天哪，已经坐过站了，原本一两个小时的车程似乎只过了一分钟而已。在这一催眠过程中，时间和空间都不是与事实相符的。

5. 伴随一些感觉体验上的改变

被催眠后，你会出现一些身体上的变化，比如身体温暖感、特殊声音的出现、好像灵魂出窍、旋转、隧道灯光等。

6. 催眠是有深浅度的

一个完整的催眠过程中的深度是有起伏的，通常情况下是从轻度到中度、再到深度，再转为轻度……之所以有这样一些起伏的变化，原因是多方面的，要么是催眠师的引导，要么是被催眠者受到了情境的影响。

这里，我要说明的是，不少读者误认为“催眠深度越深越有利于治疗”，事实上，催眠深度是由催眠治疗的要求决定的。

7. 会产生语言或者运动上的抑制

在催眠师的引导下，被催眠者会逐渐进入催眠状态，这一过程我们能从被催眠者的一些语言、行动上的特征进行辨别，被催眠者会逐渐减少肢体活动或者肢体活动逐渐变得节奏化，肌肉变得松弛、呼吸均匀且有规律等。

催眠师应注意这一点，因为这是被催眠者进入催眠状态的重要表现。

8. 时间扭曲

在催眠中，心理时间变得不再重要，自由而不受限，这让它具有许多治疗用途，如加速学习过程。

9. 容易从记忆里消失

被催眠者清醒之后，一般不太记得自己在催眠中的经历，甚至有可能完全忘记。不过这都是暂时性的遗忘。在催眠中，这种遗忘会不会出现并不绝对。

至此，我们大致总结出10点关于催眠的特征，不过，我们要特别说明的是，不是所有人在被催眠时都会出现以上10种特征，每个人都会展现出自己的个性特征，比如，有些人会出现注意力高度集中，有些人则会看到强光灯。所以，在分析具体的催眠案例时，我们要从个体出发，不可统一划定。

催眠例子随处可见

我们都知道，在各行各业都有精英，甚至在最平凡的生活中，也有一些人深谙为人处世之道，总能获得他人尊敬，其实，这都是因为他们是催眠师，将催眠技术运用到实践中而已。其实你也是催眠师，只是你一直不知道。接下来，当你看完生活中都是这样一个案例后，你就会豁然开朗，当然，假如你想学习催眠术，还要学习很多相关知识，并将这些催眠知识运用到现实生活和工作之中。

一位助理奉上司之命，要和另一公司谈合作之事。这天，他敲开门，走进对方公司王总的办公室。王总当时正在处理另外一件事，就让他暂时坐在沙发上稍等一会。他静静地坐了下来，观察了一下王总的办公室：在王总的办公桌旁有一个很大的书柜，隐约地，他看见书柜里好像摆放了很多书，然而最显眼的还是那幅穿着博士服的照片。实际上，他已经听说了，这个王总和一般的博士不一样，他是通过自学考上大学，然后一步步走到今天的，这时，他心中的敬意涌上心头。

王总忙完以后，他对王总说："王总，您是博士毕业啊？您的事迹我听过一些，很让人敬佩，您是博士又掌管着这么大的一个公司，国内像您这样的总经理可不多啊！"王总一听，立刻哈哈大笑："哪里，哪里，过奖了……”于是，王总开始讲起了自己的辛酸往事。

不一会儿，他就带着王总进入商业正题，他今天来的目的就是将公司积压的那批货卖给王总的公司，这样，才能度过财政危机。但是，当他如实报出了上司定的价格后，王总的脸色马上就变了，这时，他看出了不对劲，于是，他又说：“王总，照片上的字是您写的吧，真有气势，您对书法肯定也很有研究吧？”

王总一听，说道：“过奖了……我以前……”

最后，这笔生意谈成了，而他也成了王总的知心朋友，王总经常主动找他打球、喝茶，畅谈人生理想。

这名助理是聪明机智的，整个过程中，他一直使用的就是催眠术。刚开始，他利用的就是通过满足对方的心理需求，肯定对方的能力和充满心酸的历史，来拉近和对方的距离，进而催眠了对方，在冷场的时候，他再次强化了对方这一需求。试想，如果一开始这名助理直接进入正题，大谈对方和自己合作的好处，那估计他谈判的过程也不会如此顺利。

现代催眠术认为，催眠是情境的结果，案例中，助理之所以能做成生意，就是因为他在三言两语之间营造了一种情境，然后通过巧妙引导让对方进入催眠状态。

事实上，生活中这样的案例很多，举个很简单的例子，一般的销售人员在迎接顾客时都想方设法对顾客进行赞美，这其实就是在营造一种情境。比如：

一位靓丽的“摩登女郎”在一个首饰店的柜台前看了很久。售货员问了一句：“这位女士，您需要买什么？”“随便看看。”女郎的回答明显缺乏足够的热情，可她仍然在仔细观看柜台里的陈列品。此时售货员如果找不到和顾客共同的话题，就很难营造成交的良好气氛，可能会与到手的生意擦肩而过。

细心的售货员忽然间发现了女郎的上衣别具特色：“您这件上衣好漂亮呀！”“啊！”女郎的视线从陈列品上移开了。“这种上衣的款式很少见，是在隔壁的商场买的吗？”售货员满脸热情，笑呵呵地继续问道。“当然不

是！这是从国外买来的。”女郎终于开口了，并对自己的回答颇为得意。

“原来是这样，难怪在国内从来没有看到这样的上衣呢。说真的，你穿这件上衣，确实很吸引人。”“您过奖了。”女郎有些不好意思了。“只是……对了，可能您已经想到了这一点，要是再搭配一条合适的项链，效果可能就更好了。”聪明的售货员终于顺势切入了主题。

“是呀，我也这么想，只是项链这种昂贵商品，怕自己选的不合适……”

“没关系，来，我来帮您参谋一下……”

聪明的售货员正是巧妙运用了语言这门艺术，搭起相识的桥梁。然后顺势就推地引导那位陌生的女郎，最终成功地推销了自己的商品。

在这则案例中，销售人员面对冷漠的客户，并不是单刀直入地进行销售，而是先对客户的着装进行赞美，使其放松了警惕，接下来，她巧妙将话题转移到首饰上，让客户产生这样的联想：“再搭配一条合适的项链就更好了。”这样，客户的思维自然进入了销售员设定的情境之中，从而最终巧妙地将产品推销出去。

其实，在我们生活和工作的周围，这样的催眠例子随处可见，不管是有意为之还是无心为之，催眠无时无刻不在发生，如沉浸于动画世界的孩子、热恋中的男女、在海边嬉戏的人们等。现如今，催眠已经被广泛运用于心理治疗、教育咨询、产品销售等各个方面，所以，我们每个人都是催眠师，只是我们一直未曾认识到。

妙用心理催眠，就能轻松达成所愿

在催眠界，艾瑞克森（1901年~1980年）可以说是权威人士，被喻为“现代催眠之父”。他生前是美国临床催眠学会的创办人，在发展新的催眠诱导方式与应用上有着非凡的创见。一次，一位吸毒患者来找艾瑞克森，希望他能帮助自己戒除毒瘾，也许你根本无法想象，艾瑞克森只用了最简单的三句话就做到了——“你好”、“请坐”、“你可以走了”，整个过程虽然只有短短几分钟，但却挽救了一个深受毒瘾困扰的人。

在听我叙述完这一案例后，你是否感到诧异，甚至觉得“这简直不可能，”然而，这一案例绝对属实，是催眠界常常被大家提及的心理治疗案例，因为在艾瑞克森的事业中，这样神奇的案例经常出现。

事实上，我相信作为读者的你也发现艾瑞克森拯救深受毒瘾困扰的求救者所使用的方法，并不是常规的心理治疗方法，而是奇特的心理催眠术，它拥着神奇的魔力，只是在这一催眠过程中，艾瑞克森所使用的并不是常规的言语沟通，而是他所擅长的非语言沟通，所以看上去显得更不可思议。

我们不得不承认的是，一些常规的心理治疗方法做不到的，只要我们合理运用心理催眠术，就能轻松做到，这也是心理催眠的优点。一些心理治疗师在熟练地掌握了这一方法之后，往往在一两分钟的时间内，就能轻松消除求助者心中的烦恼。

很久之前，催眠师使用催眠术，通常是为了给他人做心理治疗，所以，这一技术在其他领域的功用也就被忽略了，比如，销售活动、教育培训、人际沟通、广告设计等。日常生活中，不少读者都希望自己能掌握一些催眠术，以此来服务于自己的生活和工作，具体来说，催眠术能从以下几个方面服务于我们的生活：

1. 亲子教育

刘太太的女儿今年10岁，一直被父母和爷爷奶奶们疼爱，要什么都给她买，以致她现在养成了花钱大手大脚的习惯，刘太太也认识到了这个问题，所以给孩子讲了很多大道理，但孩子并不听，刘太太害怕孩子长大以后会变得不劳而获、铺张浪费，所以无奈之下，她前去寻求心理治疗师。接下来是她和心理治疗师的对话。

“你的孩子喜欢听故事吗？”

“喜欢呀，每天晚上睡觉前都缠着我给她讲故事，尤其是《喜羊羊与灰太狼》。”

“既然如此，你认为你每天跟她讲那些枯燥的大道理，她能听得进

去吗？”

“我没明白你的意思，不讲道理怎么行呢？难道听之任之吗？”

“刘太太，你难道不觉得把你的道理融入孩子所喜欢的喜羊羊的故事中，孩子更易接受吗……”接下来，心理治疗师就把具体的操作方法告诉了刘太太。

就这样，按照心理咨询师的方法，刘太太回去给孩子讲了个“喜羊羊的故事”：在某个村子里，有个快乐且对人大方的喜羊羊，他喜欢把自己的东西拿给别人，对朋友很好，大家也都称赞他，久而久之，他开始喜欢大手大脚地花钱，对别人更大方了，为的是得到大家的认可。后来，喜羊羊遇到了这样一件事：他出去旅游，途中，他身上的钱包被灰太狼偷了，他被丢在了半路上，自然要想办法回家，于是，他不得不流浪乞讨，太辛苦了，他饱经磨难，终于回到家，但他也看到了人们挣钱的不易，到家门口的时候，他看到还在劈柴的父母，他的心里泛起一阵酸楚……

的确，孩子的世界和我们大人是不同的，他们认识世界的方式是体验，所以，在亲子教育的过程中，如果你希望孩子了解道理、学习知识，最好结合孩子的情况，编成故事，让他自己去经历，再用催眠手法，让孩子进入故事的情境中，他就马上理解和改变了。

2. 婚恋

有个年轻的男孩，他很爱自己的女朋友，两个人谈了很多年的恋爱，但因为自己做错了一件事，女朋友跟他提出了分手，这让他很伤心，他想挽救这段感情，所以他去寻求心理咨询师的帮忙。心理咨询师听完他的叙述后，也认为他们之间的问题并不大，分手很可惜。所以就给男孩支了一招，结果这招真的见效了，你是否很好奇：什么样的灵丹妙药有如此奇效呢？

第一部分：认可对方的真实体验，逐步平复对方的不快情绪。

“看到你这些天消瘦的样子，我很心疼，我知道你很伤心，是被自己的男朋友伤了心，这件事无论换作谁，都会生气。事情过后，你告诉我你要离开我，我很难过、痛苦，因为我那么爱你，害怕失去你，所以我不停地跟你解释，希望你能原谅我，我知道，其实你也不想真的跟我分手，可是心里的

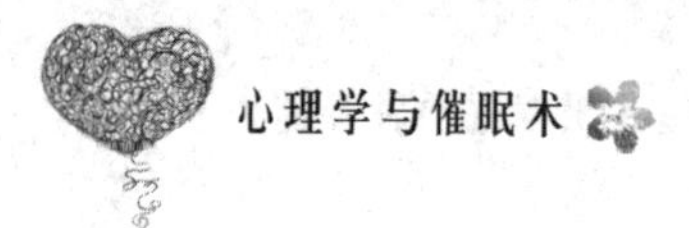

坎又过不去，所以也就对我失去了信心。

这几天，我心里也翻江倒海般，最后我静下心来好好想了想，我发现，那段时间，我把所有心思都放在了怎么跟你解释和挽救我们之间的感情而忽略了认识和反省自己的错误，如果不深刻地认识错误，又怎能保证以后这样的错误不再发生？所以，这样的事情发生后，第一步该做的就是反省，只有认识了自己错在哪，才能改正，不是吗？”

这里，第一步，他表达的是对对方情绪的理解。承认对方情绪存在的合理性，这样，对方的负面情绪才得以平复，才能为接下来的说服工作奠定基础。然后，他陈述了之前没有认识到自己的错误，也就是说，现在他已经认识到自己做错了，是真的悔过了，以后这样的事也不会发生了。

第二部分：把问题上升到更高的高度。

“在我们之间的感情经历了这一次的考验后，我发现，爱情也和人一样，也会生病，但我们生病了都会找医生治疗，所以，我们也不能因为我们的爱情病了就放弃它……所以，亲爱的，为了我们的爱情，让我们给爱情一次机会吧，我们一起努力，爱情就会好起来的。”

这是对第一段话语的升华，这里，他把爱情比作会生病的人，言外之意是，生病是常有的事，爱情里出现一些小问题不足以分手，最后，他表达再给爱情一次机会，而不是“给我一次机会”，很明显，这种说法更易让对方对未来产生美好的憧憬。

综合来说，只要有人的地方，就有催眠术的运用，并且，只要我们懂得运用催眠术，我们就能轻松达成所愿。

如何判断一个人是否已经进入催眠状态

出于各方面的需要，一些读者为了学习催眠术，会购买一些催眠的书籍或者从网络上下载一些催眠录音收听体验的经验，这些自行学习和体验的经

验，对于一些读者来说感觉良好，认为很有用，能体验到催眠的奇妙感觉；但也有不少读者认为这些录音完全对自己不起作用，或者刚开始一次或者几次起到了作用，而到后面再听时，就完全不起作用了。

那么，为什么不同的人有不同的感受呢？

如果你将自己比作一名催眠师，你需要引导他人进入催眠状态，其间，你需要随时观察被你催眠的人的状态，只有这样，你才能判断他是否已经进入催眠状态或者你还要做什么工作。

比如，你可以告诉他："从现在开始，放松你的肩膀，从肩膀……开始……放松……"，你发出这样的信号之后，可以看看他的肩膀是否真的放松了，如果真是这样的话，说明你的引导起作用了；反之，则说明对方依然处于竞争的状态，你的引导就是无效的，此时，你可以从其他一些方面进行确认，比如，对方的眼球、睫毛等，进而制订下一步的引导计划。

那么，为何录音对一些人丝毫不起作用呢？这是因为录音是固定的，也是针对普遍意义上的、固定的心理进行催眠的，也就是说，不管被催眠者是否真的接受了录音的引导，接下来录音依然在进行，所以，录音缺少一定的灵活性。

催眠并不是记住死知识就行，而是更注重操作过程，也就是对被催眠者的引导。同样，学习催眠知识的难点，并不是你是否掌握了知识点，而是你是否懂得从被催眠者的反应中识别其是否已经被催眠的信号，并根据需要及时作出灵活的调整。

至此，我们可以说，催眠最重要的是过程，我们有必要学习一番。在心理学上，我们都知道，一个人的心理活动都会在生理上有相应的表现，观察这些生理上的表现，是我们控制和引导整个催眠过程的依据，当然，人的生理表现有很多种，我们可以从以下几个方面作出总结：

1. 言语减少

在运用语言对被催眠者进行引导时，这一点表现得尤为明显。比如，我们刚开始给孩子讲故事的时候，孩子会作出回应，会提出疑问等，随着我们所讲故事的深入，孩子的语言越来越少，当他沉浸其中时，几乎就心向往

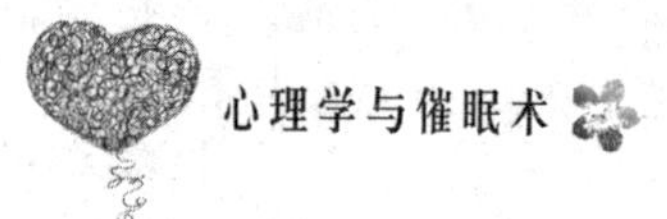

之、不再说话了。

2. 运动抑制或者运动变得有规律

你可能看到过正处于催眠状态的人身体产生无意识的颤动，这是一个很明显的信号，这一信号也是无法被模仿的，是与其他特征有着完全不同的区别的。

接下来，你可能会对什么是无意识颤动产生好奇，我们举个很简单的例子，当你把一条腿放到另一条腿上时，你可以用自己的手或者一个小锤子轻轻敲打放在上面这条腿的膝盖，你会发现你的小腿会无意识地弹一下，这就是无意识颤动，也叫条件反射。

从这里，我们也能得到一些启示，在引导的过程中，假如被催眠者的身体出现某种突然颤动的现象或者手脚突然跳动，那么，这都是很好的信号。

为了确保被催眠者是否真的接收了你的引导，你也可以对其进行有意识或者无意识的判断，比如，你可以说："下面我会数数，从一数到三，请给我一个回应，用你的手指来回应我……1……2……3……"此时，你可以从对方的反应中查看其反馈是有意识的还是无意识的。

3. 视线集中于一点，或闭上眼睛的眼球运动减少

尤其是在谈话催眠中，刚开始时，被催眠者一般是睁着眼睛进入催眠状态的，这种情况下，催眠的信号是被催眠者的视线开始集中于一点。当然，某些特殊的情况下，比如，正式的催眠活动中，为了减少被催眠者受外界干扰，催眠师会请对方闭上眼睛，这样，你就可以根据对方的眼球来判断其状态。不过，此处，我们千万不能混淆的是，有些被催眠者出现了眼球的快速运动，这不一定是苏醒的信号。

还有，我们经常会发现一点，一些刚开始涉及催眠术的人，往往会把某些单个的信号替代整体，其实，单个信号并不能代表什么意义，并且，催眠中的信号解读也绝不能照本宣科，最为可靠的就是经验的积累和无意识的训练，久而久之，会出现两个方面的优点，一方面是更准确，另一方面是不至于占用你太多的注意力。

到这里，我们基本上可以说，催眠更注重的是催眠过程中的引导，而一

些刚开始学习催眠的读者因为鲜有机会跟着催眠师学习，也缺乏一定的练习机会，所以很多时候，他们就会让自己陷在催眠的理论知识里，这样，是无法真正掌握催眠技能的。

可能你不知道，你就是这样被人催眠的

现实生活中的每个人都有猎奇的心理，不少读者也是，尤其是对于蒙着一层神秘面纱的催眠术而言，更让读者们想一探究竟，看看自己是怎样慢慢被催眠的。更有甚者，他们还用录像机拍下自己被催眠的过程，正是因为抱有这样的心理，在接受催眠师的引导时，他们虽然已经闭上了眼睛，但却小心翼翼，注意引导过程中的每一个细节，更有趣的是，因为害怕被催眠师发现，他们只好偷偷地做这一切。

如果可以的话，这是一个不错的让我们分析和探讨催眠的方法，然而结果是令人沮丧的。我们可以将其分为两种情况来分析，如果对你进行催眠的一位经验尚浅的初级催眠师，他很可能因为过于专注自己手头的工作而忽视了你的“小动作”。那么，你会更顺利地记录下整个过程，大概除了这一点外，你不会获得其他什么。假如他发现了你的“小动作”，却因为不知道如何处理，结果也不会有什么两样。假如引导你的是一位经验丰富的催眠师，他会一眼看穿你的心思，并及时对引导方法作出变更和调整，比如，制造混乱和沉闷或者使用合并方法等，如果你坚持那样做，催眠师并不会因为此时你的表现而心软，而是会唤醒你进行第二次沟通和引导，因为他的职业要求绝不能心软，心软不会带你进入催眠。

面对这样的情况，一些催眠师会使用合并的方法。

你可以这样告诉他：“我想，人都有好奇心，你会对催眠感到好奇，好奇自己将怎样被我催眠，好奇接下来我会怎样引导你，下一步我会做什么、说什么，我必须要跟你说实话，其实我也不知道，正如我不知道你接下来是

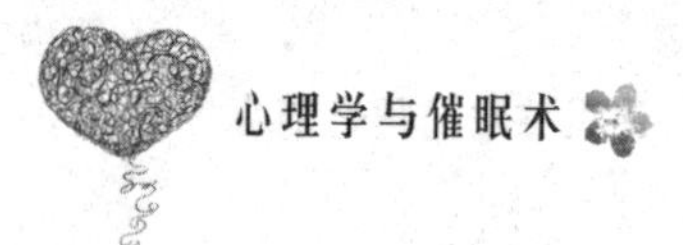

从左边肩膀开始放松自己，还是从右边肩膀开始放松一样，就像我不知道你放松下来后，呼吸声是否有变化一样等。”

催眠师在开头承认了被催眠者的好奇心，这会让被催眠者卸下包袱，不再隐藏自己的小动作，通常来说，他会对你耸耸肩或者笑一笑，看到他这样的表现，你的猜测就是对的。再接下来，他连续用了几个不知道，很明显，这是制造混乱，吸引对方的注意力，再接下来，他又把注意力指向内部，从而巧妙过渡到催眠过程中来。

至此，你可能又会产生一些疑问，既然悄悄地观察催眠师的动作会阻碍我们顺利进入催眠，那么，如果我想了解这一过程该怎么办呢？人到底是怎样被催眠的呢？在接受引导的过程中，该以怎样的心态面对呢？

这就是我们接下来要讨论的问题。

我想，大概连你自己也不能否认一点，除非你是致力于催眠的研究，否则，你接受被催眠的目的其实并不是真的进入催眠，而是有其他原因。比如，你希望借此进行心理治疗、排解压力等。所以，我们不难得出一个结论：在接受催眠时，试图观察如何进入催眠这一过程会阻碍你进入催眠，并且，这并不是我们接受催眠的目的，所以，我们最应做的就是放弃观察和判断。

可能你会说，如果放弃观察，岂不是无法知道自己是怎样进入催眠的吗？其实不然。要知道，催眠是一种体验，就像你如果想知道摆在眼前的一盘食物是什么味道，最简单的方法就是你直接放进嘴里尝一尝，那么，你就会知道了。同样，体验也是了解自己怎样进入催眠状态的最好方法。

现在，你来回想一下，你是否有过这样的催眠经历：

你和从前一样来到教室，拿出课本，然后翻到该学习的页面，等待老师来授课。你的同桌以及周围的同学们有的在看书，有的在吃零食，有的在交头接耳……过了一会儿，老师走进来了，他还是和从前一样穿着半旧的衬衫，你只是抬头看了看他的衣角，就懒得再看他一眼，反正和过去每一天都一样……一节课也就这样开始了……

可能是今天的课太无聊了，也可能是窗外的什么吸引了你，你的眼光开

始漂移，你的视线也停在了窗外的某个地方，其实那里并没有什么好玩的，只是你突然想起了曾经发生的一件事。那是一个天气晴朗的周末，你和你的朋友们一起骑车来到郊外，终于可以抛开作业和考试好好放松一下了。你们选择了一块绿油油的草坪，草坪边有一条小溪，溪水清澈极了。大家从车上下来，放下背包，躺在了草坪上，太舒服了，也有一两个人脱了鞋、卷了裤腿就跑到河边，尽情地玩起水来，这时候，其中一个人突然一不小心，摔了个头脚朝天，躺在草坪上的人看到后都哈哈大笑起来……

正当你心里也乐开花时，你突然听到了有人叫你的名字，原来是你的同桌看到你正在发呆才叫你的，他问："想什么呢，这么出神？"其实，你好像也忘记了自己原本是在上课。

现在，你发现了吗？其实催眠是不需要做任何准备和刻意的想象，就和平时叙述故事一样，当一幅幅画面自然呈现在你眼前的时候，你就轻松进入催眠状态了。

所以，我要说的是，真正接受催眠的最佳心态是，用心感受和体会。

你了解自己是如何引导他人进入催眠状态的吗

在前面的小节中，我们已经讨论过，其实生活中的每一个人都是催眠师，也常带领他人进入催眠。不过，即便如此，我们也不能认为自己就是催眠高手，毕竟催眠是一项体验性活动，包含很多不确定性，也许在某次成功催眠他人后，你自己也会感到诧异："我是怎么做到的？"如果你希望自己掌握更高的催眠术，你就需要对催眠术进行系统的认识和学习，这样，你才能真正审视过去的做法，并从中吸取一些经验，进而更好地服务于生活。

现代催眠引导的一般程序是：

1. 发展契合关系

进行这一程序，要达到的目标建立这样的关系：和谐、信任、接纳、相

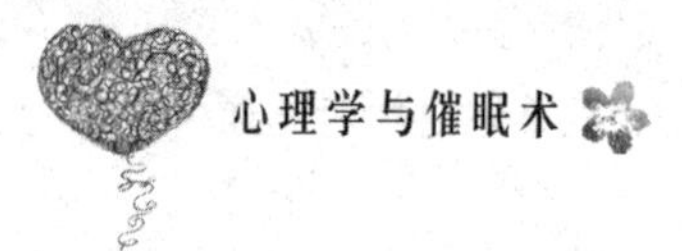

互尊重而且是被催眠者接纳的。

在催眠过程中，这一部分的工作是很重要且必需的，直接影响我们后面的引导工作能否顺利进行。在催眠开始阶段，如果省略了这一关系的建立而直接引导，那么，即便你的催眠技术很娴熟，最终的结果肯定也会让你很失望。

将这一点放到自然界的现象中，情况会有所不同，比如，对于电梯催眠、高速公路催眠这种非人际互动情况，此时，我们可以将其理解为和当时所处环境的关系，比如，当时的环境是否安全。至于人际互动的情况，比如，和朋友一起吃饭，一起出去游玩，这里应该看到的是双方之间的关系是否达到了上述我们提到的人际契合的关系，假如一起活动的两个人关系不好、话不投机，催眠现象在他们之间是很难发生的。

很多情况下，被催眠者事先是了解自己即将被引导进入催眠中的这一事实，关于这一问题，后面我们会谈到，但此处，我们要说的是，在亲人和朋友之间是存在很高的信任度的，但在催眠中，最好还是不用或者少用为好。我们建议，对于初学者而言，最好不要把自己熟悉的亲人或者朋友作为练习的对象，否则一旦失败，你的自信心会受到打击。如果你实在想运用催眠术来对朋友、亲人即兴催眠的话，你可以找其他技术娴熟的催眠师对你进行协助，或在较为轻松和自然的人际互动中进行。

2. 吸引被催眠者的注意力

这一过程要达到的目标是，吸引对方的注意力，并测试确定，你吸引了对方的注意力。

当然，要想达到这一目标，方式方法有很多，只要我们注意避免不尊重和攻击对方，就能达到目的，那么，你就可以充分发挥自己的想象力，找到你认为合适的方法。也就是说，此时，你说怎样引导对方的话并不是最主要的，重要的是你能够持续吸引对方的注意力。

3. 逐步弱化对方的意识

这一过程要达到的目标是：搁置意识心理过程，减少无意识心理被占用。

弱化意识心理要达到的目的是：希望被催眠者的意识暂时被放置在一边

或者使意识暂时处于休息状态。

在平日里，无意识主要负责一些心理活动，比如，心跳、呼吸，还有控制各种身体运动；比如，说话时的嘴唇、舌头等运动。在催眠过程中，催眠师一般为了减少无意识被占用，会要求催眠者保持固定的某个姿势，合上眼、不说话，并说一些轻松的暗示语，暗示对方进行全身的放松。

为了让对方的注意力始终保持集中，催眠师会使用平缓而单调的语气与被催眠者进行沟通，还使用佯装问题、附加问题等，而为了让对方避免产生抵抗，催眠师还会使用间接方法，比如，催眠师可能会让他数数，以绕开可能的敌对（阻抗）。

不过，可能还有一些人想进入催眠，却又无法摆脱自我意识的干扰，那么，这样做是行不通的，此时，催眠师最好使用沉闷、分心、超载、混乱技术等来弱化他的意识心理。

4. 进入无意识心理

这一阶段的目标是：放大无意识心理过程。遵从无意识心理特点，扩大催眠效果。

从以上四个方面，我们对催眠引导进行了分析，这样做，是为了便于学习和研究，当然，这几个过程并不是独立的，也没有明确的分界线，催眠引导是连续的过程，是你中有我，我中有你的。

举个最简单的例子，一般来讲，催眠师都是用缓慢低沉和单调的语气与被催眠者说话，这样做，既起到了放松的作用，同时也能弱化意识心理。

从这里，我们也可以看出，催眠是需要一个过程的，是随着催眠信号的出现效果不断放大的。也就是说，如果我们非要弄清楚是什么时候进入催眠的，我们又为催眠做了什么努力的话，那么，这对心理治疗是无益的。

现在，我们可以对传统催眠程序总结出四个步骤：

1. 询问解疑

这样有助于了解被催眠者内心的想法和需求，并解答对催眠的各种疑问。

2. 敏感度测试

在传统催眠心理学看来，催眠是心理暗示的结果，所以，催眠师在对受试者进行催眠之前，都会对其进行一个敏感度测试。

3. 催眠诱导

一般有比较固定的引导方法，比如，渐进放松法、眼睛凝视法、深呼吸法、想象引导、数数法、手臂上浮法等。

4. 催眠深化

加深催眠深度，常用方法有手臂下降法、数数法、下楼梯法、搭电梯法等。

现代催眠和传统催眠在对催眠的理解上是有差异的，两者的催眠关系也不同，所以，在引导时，也产生了不同的方法，但只要我们对两者进行分析，就会发现，其实，正因为两者的催眠关系和对催眠的理解不同，决定了在引导时，它们的众多方法不同。但只要细细分析，就会了解到“发展契合关系”包含了“询问解疑”，但同时，又远远超过其工作量和目标。

另外，现代催眠认为催眠是情境的结果，每个人都拥有进入催眠的能力，所以现代催眠没有“暗示易感性”概念，也不存在“阻抗”的问题。

最后，在诱导和深化上，因为传统催眠的程序更标准化，也易学，所以更适合初学者学习。而现代催眠更注重灵活利用，所以我们需要特别提醒的是，现代催眠只会说明两者的区别，而并不是持推翻传统催眠的观点，相反，只要在有需要的情况下，现代催眠也会对传统催眠中的某些做法进行再利用。

第02章 催眠其实并不难——看懂简单实用的心理催眠知识

在日常生活中，我们常在电视或者网络上看到一些神奇的表演，催眠师似乎有着神奇的魔力，只要他们说几句话，参与者就对他们言听计从，或者催眠师对他们下达什么指令，他们就做什么，这就是催眠。然而，催眠并不像我们想象的那样神秘，只要我们愿意学习，掌握一些简单的心理学催眠知识，你会发现，催眠其实一点也不难。你也可以是催眠师，在本章，我们将讲述一些简单实用的心理学催眠知识。

一分钟就能掌握的催眠引导法

很多读者都认为，催眠是神秘的，不是人人都能“触碰”的高超技巧，更别说掌握高超的催眠技术了，其实不然，不少催眠师通过实践经验也进行了总结，整理出不固定的引导方法和引导词，初学者只要稍加学习，就能掌握，毫不夸张地说，这个过程大概需要一分钟。

事实证明，这些固定的引导方法和引导词，通过临床实践检验，只要善加利用，对大部分人都是有作用的。如果针对同一个人运用，那么第二次应该有所变化和调整，这样会更有效。

不过，我们还是要注意，在已有固定的引导词的情况下，我们依然需要灵活运用，而不是照本宣科。就像你背熟了一本烹饪技巧，但从未下厨操作过，你依然不会做饭。所以，你还需要进行大量的练习，提高自己的操作能

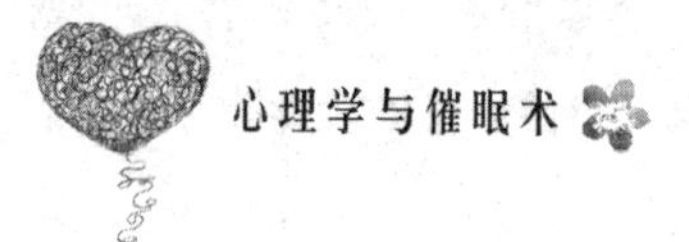

力和灵活变化的能力，只有这样你才能提高成功率。

下面，我们就来学习运用最简单实用的渐进放松引导法。

所谓渐进放松法，指的是循序渐进地引导对方进行全身放松的过程。一般是从上至下，从外到内，也就是说，从头部开始到脚趾，从外部的嘈杂环境到内在的呼吸和心跳声。随着引导词的使用，被催眠者会逐步进入催眠状态或者中度催眠状态。

放松的顺序一般是这样的：头皮、眼睛、面部、鼻子、嘴、耳朵、下巴、脖子、肩膀、胸部、双手、背部、腹部、臀部、大腿、小腿、脚掌等。

一般来说，只要下巴和肩膀两个部位放松了，其他身体部位也能很快放松下来，反之，其他部位也就很难放松，要想进入催眠状态就很难了。

除了使用声音外，在语速上，刚开始引导时，要先跟上被催眠者的语速，随着进程的深入，可以逐步放慢，音调要和“暗示语”相配合。我们也常听到催眠师在引导被催眠者进行身体放松时，当说到“放松”这个词时，会自然而然地将音调往下拉；还有，在说“放松”这个词，要呼气时读出，我们不难想象，对于人的身体而言，放松时会呼气，绷紧时才会吸气。

通常情况下，催眠活动都在安静的环境下完成，但是我们不能保证会出现一些意外的情况，比如，电话突然响了，你要看看当时所处的引导进度是怎样的，然后进行合并，以免影响催眠活动。此时，你要说的引导语应该是：电话铃响了，却不会影响你更深地沉浸于放松之中。

渐进放松法示例引导词：

在对被催眠者进行询问解释和敏感度测试完成后，你可以请对方坐下来或者躺下来，并说：你可以尝试一下调整你的姿势，只要你自己舒服就好，请你轻轻地闭上你的眼睛，然后开始放松自己，现在，你正坐在/躺在这里，并且你的眼睛已经闭上了，你可以专心地听我说话了，闭上了眼睛，这样可以更专心地听到我说的话，为了在这个过程中，我们能随时保持联系，请你允许我的声音像影子一样伴随你。

通常，这时催眠师都会让你做缓慢的深呼吸，这能让你更好地放松和让自己的心沉静下来。他会使用这样的引导语：吸气……呼气……吸气……

呼气……很好，就是这样……你可以慢慢地放松……不用着急，因为现在，我还想跟你说一些话，我也不清楚你会在一分钟之后进入催眠……还是会在15分钟后进入催眠……抑或其他你认为合适的时候进入催眠……一切都有可能，只是我明白，你会放松下来，……并且感觉安全的情况下……才会进入催眠……在这个过程中，你是自由的……

（暗示催眠随时可能发生，就在接下来的10多分钟里。）

接下来，就请跟随我的声音，进行全身的放松……

放松你的头部……当头部放松下来，会感觉更宁静……

放松你的眼睛……当眼睛放松下来，会感觉更平静……

放松你的面部……当面部放松下来，会感觉更轻松……

放松你的下巴……当下巴放松下来，会感觉很舒服……

放松你的肩膀……当肩膀放松下来，很容易有种气球泄气的感觉，

全身都松下来……

放松你的背部……当背部放松下来，会感觉更轻松自在……

我不知道，你会先放松你的左手……还是右手……我也不知道，你的左手会更放松，还是右手会更放松……这并不重要，重要的是，你几乎全身都很放松了……

放松你的臀部……当臀部放松下来，会感觉更宁静……

我不知道，你会先放松你的左脚……还是右脚……我也不知道，你的左脚会更放松，还是右脚会更放松……这同样不重要，重要的是，你全身都已经非常放松了……

你现在全身都已经非常放松了……可以好好享受放松带来的平静……只是这很容易让人浸入其中，彻底放松自己身体的每一部分……不想动……也懒得动……只是静静地……听着自己的呼吸声……感受呼吸时，腹部起伏变化的轻松……

这是一套全新的引导词，没有使用原来的版本，而是进行了一定的修改，其实你也可以发现，在网络上，是随处可以找到原来的版本并下载的，很多人都已经尝试过了。因为容易被预知心理干扰，所以进行了一定的

修改。

经过实践，我们也发现，这套引导词的成效还是不错的。技术娴熟的催眠师在发现被催眠者已经体验过原版本后，会直截了当地告诉对方：我了解你已经十分熟悉这套催眠流程，甚至比我还清楚。所以，现在，我想请你做我的老师，现在就从头部开始往下……放松你身体的每个部分……

当你已经开始引导工作了，却又发现不是十分确定，他的意识还十分活跃，此时，你可以这样引导：也许你知道我接下来会怎样引导！也许你很好奇接下来我将会说什么！然后，你可以观察一下对方的身体有什么反应，如果你言中了，那么，到第二句的时候，他就会对你微笑一下。当然，网络上还有很多其他引导词，只要你稍作修改，都可以为你所用。

如何选择和营造好的催眠环境

现代催眠认为，催眠是情境的结果，是否能营造出好的情境，直接影响了催眠状态是否能产生和催眠效果的好坏。催眠环境有很多种，其中还包括自然环境，易感的自然环境也有助于催眠活动的进行。所以，此处我们要讨论的就是自然环境的选择和布置，以及在自然环境中，当催眠活动正在进行出现突发状况时该怎样应对，以防止催眠活动终止。

我们可以说，被催眠者如果达不到放松状态，是无法真正进入催眠的，一般认为，当催眠环境符合以下几个条件时，更有利于催眠活动的进行。

1. 安全、舒适

安全主要指催眠环境的地理位置和环境布置，比如，你的催眠室如果处于位置嘈杂的地方或者室内布置不好的话，会让被催眠者内心不安。

要知道，很多求助于催眠师的人往往内心都缺乏安全感，当他们第一次来到某个陌生的环境，内心很容易感到不安，所以，催眠室最好选择那些容易被找到而且周边环境比较安静和安全的位置。

当然，环境如何并没有绝对的标准，常常有效的做法是，在选定位置后，可以邀请一些没有到过这个地方的朋友，进行亲身体验。

我们都知道，催眠应用的范围广泛，如果你将其运用到亲子教育中，一般对于孩子来说，家里有安全感，但如果你经常在家里对孩子进行打骂，那么，你最好选择其他的环境对其催眠。

如果被你催眠的对象是你的家人、朋友，那么，你可以选择相对安静优雅的休闲场所，诸如茶馆、咖啡厅等，只要是安静独立的环境即可。我们前面已经讲过，对这一层关系的人进行催眠，最好采用间接的人际沟通式催眠。

在催眠室环境的选择和布置上，如果是专门的催眠室，我们还是建议以简单、单调为主，眼花缭乱的物体更容易分散被催眠者的注意力，影响沟通和催眠活动的进行。其实，你可以在室内放置一张长条沙发 ，这样，对方不仅可以借此来调整安全空间，也可以躺下来，你也可以在他前面放一个茶几，一个为你服务的座椅，还有一个简单的放有一些心理学书籍的书架等，另外，你也可以适当放置一些物品，但一定要给人安全、宁静的感觉，不能破坏整体的简单和单调感。

一些要求较高的催眠师还会在房间内放置可以调控色调的设备，或者可以播放轻音乐的音箱设备。

多大的催眠室合适呢？一般面积为10平方米最佳，太大了让人感觉空旷，太小了又给人压抑感。如果是人际沟通式的催眠，则对催眠室的面积要求小很多，不需要做很大的改变，因为被催眠的对象是你的亲人或朋友，是有一定的信任基础的，环境只要整洁、能让大家放松即可。

所以，我们可以说，在催眠环境的选择和布置上，也是灵活的，没有绝对的标准，留意被催眠者的需要，就不会有太大的问题。

2. 相对安静或规律变化

选择催眠室时，我们不可能绝对地避开嘈杂，事实上，环境过于安静也是不好的，因为我们也明白，有时候，一点声音也没有的环境反而让人感到恐惧，所以，稍带一点杂音的地方才是真实的，才会给人安全感。

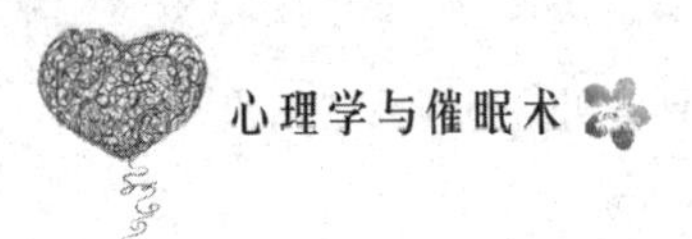

在对被催眠者进行引导的过程中，催眠师最害怕的是突然出现的高分贝噪声，因此，通常来说，催眠师一般会选择那些隔音效果较好的地方作为自己的工作室，抑或催眠师会做些隔音工作，有经验的催眠师会把汽车的隔音棉镶嵌于门缝，进行这样简单的隔音改进后，通常能比较有效地防止外界突然出现的高分贝噪声对正在进行的催眠活动造成影响。

还有一点我们需要说明，噪声杂乱无章，声音与噪声不是同一个概念，一些变化规律的声音，比如，机械钟规律而单调的嘀嗒声，我们就不认为是噪声，只要我们恰当利用，其实它是有助于催眠活动的。

一些特殊的情况，诸如你的朋友在火车上晕车了，此时催眠无疑是让他放松的好方法，怎么做呢？你可以利用火车行进时轮子和铁轨摩擦发出的规律且有节奏感的声音来做引导。

3. 灵活地引导处理

在催眠活动过程中，我们难免会遇到一些突发情况，比如，突然有人敲门、电话铃声响起或者外面的汽车鸣笛等，但只要我们做出一些相应的调整，是能把影响降到最小、继而让催眠继续进行下去的。

对此，我们可以从两大方面努力：

首先，你需要提升自己的催眠能力。

在开始引导之前，你就要做好各方面的准备并且有足够的能力吸引对方的注意力，那么，催眠是能继续进行的。

如果你的引导活动已经渐入佳境、进入中度催眠了，此时突然出现噪声，而你发现被催眠者似乎没有受到什么影响，那么，你可以稍作停顿后继续引导。

催眠开始时，对出现的噪声丝毫不提及，是很不恰当的，此时，催眠师要保持平静，然后巧妙使用合并的方法应对，比如，你可以这样转移被催眠者的注意力："你可以听到外面响起的汽车喇叭声，同时也可以听到我说话的声音……"前一句是对噪声的跟随，而后一句则进行了合作和转移。

其次，如果被催眠者已经进入了较深的催眠状态，你可以将噪声环境也融入引导的过程中，到底该怎样做呢？比如，如果你的催眠情境是你在农村

的家，那么，你完全可以把外面公路上出现的汽车喇叭声比喻合并成情境中家里公鸡的鸣叫。

简单易学的催眠敏感度测试法

现代催眠理论认为，“催眠即是暗示”，按照这一理论，可以根据暗示感受性，我们将接受暗示的人按照不同的易感性分为不同的级别，并对应地代表可以进入不同催眠深度级别，而如何测定易感级别的方法，就是本节将要学习的催眠敏感度测试，下面我们就来学习具体的操作。

1. 测试介绍

为防止即将被催眠的人受预期心理干扰，一般催眠师并不会事先告诉他即将要进行一次心理测试，而是用“游戏”、“趣事”来代替，比如，在开始进行测试前，你可以告诉他：接下来我们会做几个非常有趣的小游戏，做完游戏，你会发现自己的潜在能力有多大。

2. 测试前放松引导

催眠过程中的任何一项活动都要求被催眠者处于身心放松的状态，所以，在测试前也有必要对其进行放松引导。

接下来我们来看一段常用的放松引导词：

请闭上你的眼睛，这样，你会更容易感受到游戏的乐趣，现在一切准备就绪了，所以，闭上你的眼睛并开始放松自己……你先做做深呼吸……吸气……尽可能地深长一些……呼气……感受身体的放松……对，就是这样，稍加留意，你就会发现，在呼气……时，你的肩膀会更容易放松……而当肩膀放松下来，头部……脸部……背部……双手……双脚……也会渐渐自然放松下来……对，很好……吸气……呼气……你可以发现，你越放松……就越平静……越能感受到自己的细微变化……比如能听到自己呼吸的声音……这会让你能更好感受自己潜意识的能力……是的，就这样……继续放松

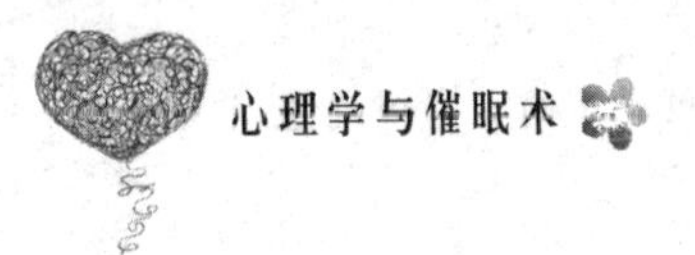

自己……

3. 具体的测试项目

测试示例一：苹果观想

当你确定被催眠者已经进入了轻松的状态后，接下来你可以这样引导他：

现在，你可以想象一下，摆在你面前的是一只苹果，请你看清楚这是一只什么样的苹果，比如它的颜色和大小，在看清楚的情况下，请你告诉我答案，好吗？

不难理解，假如被催眠者能清楚地看到苹果的颜色、光泽度、大小，并且看到清晰的图像，那么，这表明他的图像联想能力还不错，在催眠引导时，相对于使用听觉语言来说，使用视觉语言效果会好很多，就好比说“这个主意看起来不错”比“这个主意听起来不错”会更有效。

接下来，你可以尝试一下修改引导词，也许效果会更明显：

打个比方说，现在，我拿来一个苹果和一根香蕉，然后把它们放到你面前，我想你肯定能分出来，苹果在哪、香蕉在哪。我想肯定能，不是吗？因为它们的形状、颜色和大小都不相同，现在，我想请你告诉我，你刚刚在心里看到的是一个什么样的苹果？

很明显，我们能看出来哪一种引导方法更好，第二种！与第一种不同的是，第二种营造出了一种意境，并没有提及“想象”一词，这就更为间接和接近自然。其实，生活中也是如此，稍加留意一下，你还可以将测试贯穿到很多情景之中，比如说，逛超市的时候，你就能发现苹果摆放在什么地方。

测试示例二：手臂上浮

当被催眠者进入放松状态后，紧接着可以这样引导：

现在，请把所有注意力集中到你的右手上，再等一下，我会数数，慢慢地从1数到10，我每数一个数字，你就会感觉更轻松和自然，你的潜意识会被我激发出来，能完全对我说过的话产生反应，当我数到10的时候，你就会感到突然产生了一股力量，它能让你把你的右手抬起来，直至举到最高点。

现在，将你的右手动起来，我希望你不要压抑它，也不要刻意控制它，

你可以从客观的角度观察它，看看自己的右手到底能举多高。

1，2，3，4，5，6，7，8，9，10

此时，你可以看看他的右手臂是否能举起来，以及能举多高，从这一方面，你就能大致判断出对方的催眠敏感性。

任何时候，练习的重要性都是毋庸置疑的，现在，你可以再按照自己的想法去修改一下引导词，也可以多在几个朋友身上试验一下，看看有什么不同。

测试示例三：数字障碍

当受试者进入放松状态后，紧接着可以这样引导：

接下来，我会从1数到5，我每数一个数字，你都会更放松，让身心进入更深的宁静的状态，同时，你的潜意识会被挖掘出来，而当我数到5的时候，你将会看到一个惊喜，让你在数数字时会忽略某个数字，即使你的心里明白它的存在，却无法发出它的读音，并且，你会跳过这一数字继续往下数，此时，让你最开心的是你会认识到自己潜意识的强大。

所以，现在，请你留意，过一会儿，我让你睁开眼，从1数到5，当你数到4时，即使心里知道它的存在，可就是发不出声，于是跳过这个数字继续数到5，数成1，2，3，5…1，2，3，5，同时，你会为这惊喜地发现而感到很开心，1，2，3，5…好，请留意听我倒数：

1…这是你的潜意识展示自己能力的机会，可以支持它。

2…当你从1到5数数时，你的潜意识会让你忽略某个数字，发不出它的声音，数成1，2，3，5…1，2，3，5…

3…你会从中认识潜意识的能力，即使心里知道，却发不出它的声音，数成1，2，3，5…1，2，3，5…4…对，就像我这样，心里明明知道，可就是发不出它的声音，数成1，2，3，5…1，2，3，5…5…惊喜就要出现了，1，2，3，5…

现在，请睁开你的眼睛，从1到5数一遍看看，传统催眠认为，被催眠者如果能顺利通过催眠师设置的数字障碍测试，那么，他自身也会提升信心。

当然，在测试工作结束后，你还要解除暗示。

现在，请你再次闭上眼睛，我将从5倒数到1，当我倒数到1时，你就会恢复到原来的状态，又能像原来那样，数成1，2，3，4，5了。请留意听我数数：5—4—3—2—1。

催眠敏感度测试的方法还有许多，比如，身体摇晃测试、双手扣紧测试、眼皮胶粘测试、肢体僵直测试、舌尖柠檬测试、痛觉阻断测试、正性幻觉测试、负性幻觉测试等，这些测试方法的引导语，我们可以在网上找到并下载下来进行练习。

常见的催眠深化技巧

我们都知道，催眠被应用于很多领域，对于很多目的地催眠，比如，催眠治疗或者其他催眠应用中，常常需要在中度或者更深的催眠深度下进行，尤其是对于传统催眠而言，更是如此，因为催眠师只有在深度催眠中，才能通过对被催眠者下达指令来为其做治疗，这些都要求，无论催眠师是哪个学派的，都要掌握一定的催眠深化技巧，只有这样，才能快速将被催眠者引至更深的催眠状态。

下面给大家介绍几则常见的催眠深化技巧：

1. 手臂下降法

这是深受催眠师喜欢的一种催眠深化技巧，因为它十分简单、实用和高效，也是最常用的催眠深化技巧，在逐步对其进行催眠深化的过程中，被催眠者的手臂会自动下降，被催眠者会有很强的体验感。

下面是具体的手臂下降深化技巧示例：

在对被催眠者进行深化催眠时，你完全可以按照原先准备好的引导词进行，也可以在熟练掌握后用自己的语言来表达。刚开始的时候，你可以提醒他：“马上，我会把你的右臂轻轻抬起来。”按照你的引导词，你可以轻轻举起他的右手，如果他是躺着的，那么，他的胳膊与身体就是垂直的，如果

他是坐着的，则胳膊与身体是平行的。

在你需要进行催眠深化时，完全可以按原引导词进行，或熟练后用自己的语言来表达，先提醒受术者："等一下，我会把你的右手轻轻举起来。"然后轻轻抬起他的右手，如来访者是躺着，是垂直的姿势，如是坐着，则是平行的姿势。

接下来，你可以抬起他的右手说："就这样，让手自然保持这个姿势。"再过一会儿，你可以说："等一下，我会慢慢放开你的右臂，你可以让右手完全追随自己的感觉，慢慢地放下来，在这一过程中，每当你的右手往下放一点点，你都会感觉到更轻松，而当你的右手完全放下来时，你会感觉到前所未有的放松，你会进入到比现在更深两倍的催眠状态。当然，到底是几倍，还需要在具体的深化催眠过程中进行观察。

然后，轻轻放开他的右手，同时你可以继续引导："手臂每往下放一点，你都会感觉更放松……"

最后："现在，你已经进入了更深两倍的催眠状态，可以好好体验这份轻松自在。"

当然，如果你认为被催眠者还未达到能进行心理治疗或者其他任何你想要的催眠深度的话，你可以重复进行催眠，当然，你也可以更换催眠深化手法。不过，此时需要提醒的是，如果被引导的对象是异性，那么最好事先征得对方的同意，以免引起不必要的误会。

2. 下楼梯法

这是一个常用的催眠技巧，方法也很简单，通常也能取得不错的成效，能在最短的时间内将被催眠者引至较深的催眠状态。

接下来，我会从5倒数到1，当我将数字念到1的时候，你会发现，不知不觉间你已经来到了一个楼梯口，楼梯口下面是地下室，此时，请轻轻地动一下你的右手大拇指，如果你不喜欢地下室，那么，就请你轻轻地动一下左手大拇指，这样，我看到就明白了。

请留意听我数数：5—4—3—2—1。

如果你观察到的是对方右手大拇指的反应，那么，你可以进行后续的操

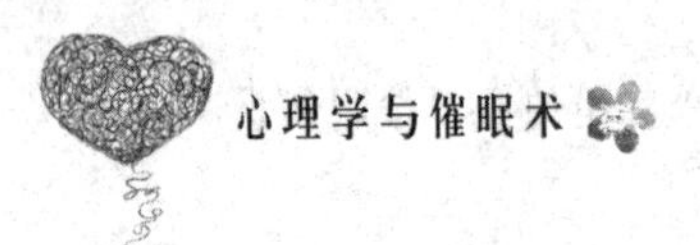

作，相反，如果你观察到的是对方左手大拇指的反应，则应立即停止和寻找其他的深化技巧。

你这样引导对方：

很好，这是一个安全性能很好的地下室，如果你想的话，可以打开墙上的开关，这样，楼道里的灯光也就会被打开……接下来，我将从10倒数到1，我每数一个数字，你可以往下走一个阶梯，此时，你会感觉比刚才更放松……更轻松自在……当我数到1，你下到地下室时，你将比现在进入更深两倍的催眠状态……

10—9—8—7—6—5—4—3—2—1（缓慢倒数）

你已经进入比刚才更深两倍的催眠状态，感觉非常轻松……当然，运用这一方法进行深化催眠时，最好先询问对方的情况，了解其是否对地下室这种封闭的空间感到恐惧等，如果有，则应另寻他法。

3. 间断休息加深法

可能你认为前两种方法都太麻烦了，那么，你可以选择间断休息加深法，这大概是最简单实用的催眠加深法了。

你可以遵循两个步骤：

第一步：引导进入休息。

你可以这样引导对方：

接下来，我将给你一些时间，进而可以完全放松下来，并享受这种感觉，你可以好好休息一下……你每多休息一会儿，都会感觉更放松，进入更深更轻松的催眠状态……请等待我的声音再次回来……

这里，中间给被催眠者休息的时间以3~10分钟为宜，时间不宜过长，否则容易让被催眠者进入过深的催眠状态，对你的心理治疗工作毫无用处。

第二步：重新建立联系。

现在，我的声音又回来了……慢慢又能听到我的声音了……慢慢又能听到我的声音了……当你听到我的声音时，请给我一个信号，轻轻动一下你的右手大拇指，我就知道了……

除了上面介绍的催眠深化方法外，常见的催眠深化方法还有搭电梯法、

过隧道法、数数法等，如果你需要，在网上可以很容易找到。

睁着眼也能进行催眠吗

我们都知道，催眠术的应用十分广泛，比如，亲子教育、感情提升、人际沟通、产品销售等，然而，一般情况下，大部分的催眠活动都不是在静卧或者坐下的时候进行的，以销售为例，如果你的客户行事匆匆，怎么有时间安静地坐下来、闭上眼睛接受你的引导呢？这一切，都需要在人际互动过程中完成。

如果你想真正掌握催眠术，想让催眠术服务于自己的工作和生活，那就有必要认真地学习本节内容，你可以从中学到如何在普通的人际沟通中引导他人进入催眠并且产生相应的心理或行为的变化。

现代催眠理论认为，催眠是情境的结果，催眠的价值取决于情境。所以，催眠是无形的，掌握了这一点，就能做到睁着眼也能进行催眠，其本质就是在人际沟通中，创造出有利于进入催眠的情境，那么要怎样做？又要注意些什么呢？我们要从以下几个方面阐述：

1. 弱化对方意识，或绕过对方意识

在引导过程中，被催眠者经常会受到来自自我意识的干扰，在自我内部，会产生两种进行对话的声音，或者他们自身会被频频的肌肉运动所干扰等。比如，一些人在被引导时似乎总是喜欢动来动去，这些都是干扰被催眠者进入催眠的因素。对于那些逻辑思维能力强、理性的人，这一点在他们身上体现的更明显。此处，容易让人误解的是，催眠学家强调的是被引导者需要专注于自己的体验而非思考，事实上，思考对于催眠是有破坏作用的。

所以，在催眠引导中，你如果想引导对方进入催眠，就必须弱化对方的意识心理，或者避开这一点，只有这样，你才能将催眠继续下去，实现成功的第一步。当然，弱化和避开对方意识的方式和方法有很多。这里，我们

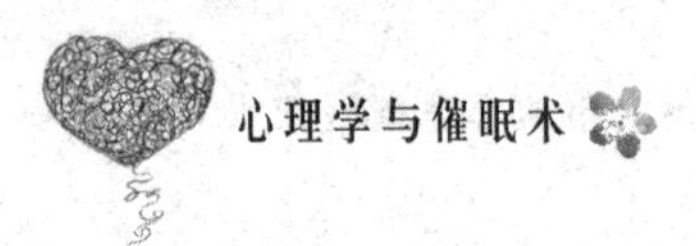

要介绍的是一种被称为“沉闷技术”，也叫分离策略的方法，它还有一种称呼，叫做“喋喋不休”技术。

所谓沉闷技术，就是不断地向对方讲述一些无趣的事，借此逐渐消耗他在意识上的抵抗。你可以不停地给对方讲故事，一个接一个地讲，对方不知道你表达的重点在哪里，也不知道你要做什么，他自己能做什么，刚开始的时候，他尽可能努力跟上你的节拍，然而故事实在是太无趣了。你还在不停地讲，慢慢地，他开始放弃自己的思维，此时你的机会就来了。一旦发现对方放弃抵抗了，你就可以马上开始你的引导工作了。

在你讲故事时，可以尽量细化，多陈述一些体验上的描述，而少一点引发思考的描述，这样更能起到分化对方意识的作用。比如，……你脱了鞋子，然后光着脚，轻轻触碰那片绿油油的草地，你感觉到痒痒的……就像有人轻轻地挠你的脚底……很舒服……很放松……也让人感觉很愉悦……

2. 创造催眠情境

上面是第一步必须完成的，接下来，你就可以切入正式催眠引导，也就是创造催眠情境了。

很多人会产生疑问，要创造什么样的情境呢？如果我告诉你答案，你一定感到惊奇，因为答案本身并不重要，重要的是你选择的情境是否让人感觉放松和安全，而更为重要的是，你要怎样表达这一情境。

举个很简单的例子，同样是月黑风高的夜晚这个情境，如果你选择了不同的表达方式去描述，就会得到完全不同的体验，你有可能感觉是静谧的，也有可能感觉是浪漫的，甚至有可能感觉是恐怖的。

所以，最简单的做法就是，根据对方的背景年龄，再结合自己的生活，选择一个自己和被催眠者都熟悉且感到舒适的情境即可。

3. 示例

我们每个人都熟悉《老和尚给小和尚讲故事》这一故事，事实上，这一单调的小故事十分适合催眠：

“从前有座山，山里有座庙，庙里有个老和尚，老和尚在给小和尚讲故事，老和尚说，从前有座山，山里有座庙，庙里有个老和尚，老和尚在给小

和尚讲故事……”这是一个非常古老而又有趣的故事，在以前没有喜羊羊和灰太狼这类小故事的时候，人们常用这个故事来哄小孩睡觉，屡试不爽。今天，也有不少催眠师运用它来进行人际催眠，效果通常也不错。

这里，我之所以选择这个故事，是因为它很通俗，家喻户晓。当然，在使用这一故事的时候，还要根据实际情况，灵活变化，那么，怎样做会更有效呢？

聪明的催眠师并不会照本宣科，他们通常会在刚开始时给对方按照原来的故事进行2~3个循环，目的是让对方找回熟悉的感觉，进而放松警惕和抵抗，此时，他认为自己完全知道故事怎样发展，继而对你接下来要说的话失去兴趣，他们会马上打破原来的思路，在原故事上进行一些改动，对方的注意力又会被重新吸引，比如“……从前有座山，山里长满了树，在树木下面有一条清澈的小溪……在半山腰上有一座古庙，庙门前有一个大大的铜铸的钟，每天清晨，都会有个小和尚到庙门前敲响这个钟……而在庙堂里有个老和尚，老和尚正在给小和尚讲故事……”经过几次重复之后，对方就会因为这个无趣的故事而彻底放弃意识上的抵抗，这时，也就完成了第一步，接下来就正式进入催眠引导了，同样从“从前有座山”开始，进行正式的催眠情境引导，这次就不必再回到故事的原处了。

几分钟就能学会的催眠秀表演

催眠师向来具有神奇的魔力，在他们对一群人实施了催眠术之后，这些人好像被施了魔咒一样，对催眠师的指令言听计从，让他们做什么就做什么。比如，给他们一个洋葱，让他们把它当成苹果一样吃得津津有味；原本是很热的天，却告诉他们现在正身处北极，他们也会冷得直打哆嗦；你告诉他的名字叫小太阳，他们也会忘了自己原本姓甚名谁；你告诉他们躺在那里，要变成一个承受巨大重量的人体钢板，他们瞬间就会变成人体钢板，即便被悬空架在两个椅子中间，他们也能做到。

你是不是觉得太不可思议了？这些催眠秀是怎样做到的呢？对于不少初学催眠者来说，他们也认为这确实很需要功力，其实，催眠秀也被蒙上了一层神秘的面纱，催眠秀人人都能学会，只要你有足够的自信和表现功底，甚至在几分钟之内就能学会。

那么，催眠秀表演背后到底隐藏着什么秘密呢？接下来就让我们揭晓谜底吧：

1. 靠打扮增添几分神秘感

在有条件的情况下，为了让自己的表演更有感染力，你可以在自己的行头上下点功夫，在这之前，如果你看上去并不像个大师，你甚至可以穿一些类似道士的服装，这样，会更添几分神秘感，会相信你的“功力”，进而信任你，提升催眠的成功率。当然，你的表演力如何，还需要你在日常生活中加以学习。

2. 按2：10寻找足够数量的观众

这是催眠师所归纳出来的一个数据比例，催眠师认为，大约有20%的人是高易感人群，这一人群非常容易被催眠，并容易被引导至很深的催眠状态，他们愿意接受催眠师的引导，进而达到更深的催眠状态，也愿意配合催眠师做更多的催眠表演。

当然，如果你的催眠技术已经相当娴熟，那么，选拔催眠秀表演者的条件就不必那么苛刻。也就是说，只要你有足够的参与者，催眠秀表演就会变得很容易，假如你选出4位朋友来做催眠秀表演，那么，观众人数如果能达到40人，一切就不会有什么问题。

3. 运用催眠敏感度集体测试，选拔出高易感性的参与者

在我们平日里观看的一些催眠秀表演录像或者视频中，你会发现，开始表演前，除了介绍催眠（催眠答疑）外，催眠师总会先做几个催眠小游戏。在电视上曾播放的某知名催眠秀节目中，催眠师让观众朋友们先伸出双手的食指，就像手枪的手势一样，然后双手合在一起呈平行状，而视线从两个平行的食指中看过去，接下来，催眠师就要做催眠敏感度的测试了，并且，他

会从测试结果中选拔出合适的参与者。

为观众介绍催眠师，充分考验的就是你运用语言的能力如何，只有充分吸引观众的注意力，并加入一些催眠预示性暗示，才会有更好的成效，接下来，你的催眠秀表演也会多一分成功的可能性。

4. 使用简单的放松法引导对方进入催眠

在众人之中挑选出一些具备高催眠易感性的参与者，那么，一切就变得很简单了，你并不需要掌握多熟练的催眠技术，只需要熟练地掌握那些催眠引导词，即可引导对方进入很深的催眠状态中，参加催眠秀表演了。

还有一点，为了让引导和表演之间过渡得自然一点，在引导词结尾，你有必要对其稍作修改。

5. 设计好你想要的表演效果

催眠秀表演的最大看点，就是要让人感到出乎意料，比如，让参与者忘记自己的身份、被针扎也不疼或者让其把洋葱当成苹果吃掉，还有人体钢板实验等，这些都能给观众制造出出其不意的效果，并且，这一效果越惊奇，就越能吸引观众，制造出娱乐看点。

所以，如果你想加强表演效果，你完全可以成立一个团队来进行设计和表演。如果你的出发点只是对催眠秀感兴趣，那么，你可以将他人表演过的项目拿过来使用。

6. 注意一定要遵守基本原则

在进行表演秀之前，你最好确保自己的表演不会伤害到被参与者，包括他们的隐私、安全、个人利益等，如果你触犯了参与者，那么，你的催眠秀表演将无法进行，因为他的自我保护机制被你触动了。

也许你会提出疑问，在催眠秀表演中，有一种叫作针扎无痛苦的表演，这不也是伤害参与者吗？为什么就能进行呢？关于这一点，催眠师给出的解释是：首先，在催眠师发出引导的指令前，一般会转化为出发点，比如，引导词一般是："接下来我们要进行的是一个可能令你也不敢相信的、能充分挖掘你潜意识能力的机会，从这里，你会看到，你甚至可以通过它来阻绝身体的疼痛，不会有任何感觉，当你认识到自己的这一能力后，你会更加

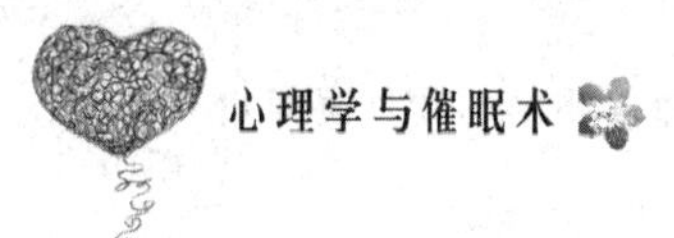

自信。”

从这段引导词里可以知道，催眠师暗示参与者，只要接受催眠，就能让自己变得更有能力、更自信。当然，有些催眠秀表演是十分危险的，诸如银针穿透手掌，这只有经过专业训练的人士才能做到。

7. 表演结束时，一定记得解除催眠指令

在催眠界，有个被大家熟悉的故事，讲的就是因为在催眠秀结束后忘记解除催眠指令而对参与者的生活造成困扰。在表演中，催眠师暗示参与者在他后面有只狗在追着咬他，然后表演结束后，催眠师居然忘记了解除指令，在之后的日子里，参与者总感觉有只狗在后面追他，让他很痛苦。直到接受了心理医生的治疗，他才从此事中解脱出来。

可见，作为催眠师，做事要有始有终，在催眠秀结束后，一定要立即帮助参与者解除指令，以免给参与者带来烦恼。

第03章 催眠的基本手段——技能的掌握是催眠实践的关键

现实生活中，谁都希望成为催眠师，诚然，我们每个人都能做到，然而，要想让催眠起到作用，真正服务于我们的生活和工作，我们还需要掌握催眠的基本手段，也就是一些实用性技能，因为任何时候，书本知识如果不运用于实践中，都只是纸上谈兵，也就是说，催眠的实用性只有在学习技能后才能真正得以实现。本章，我们将一一为你介绍这些技能知识。

催眠师要具备哪些基本素质以及如何修炼

催眠的效果如何，决定的条件有很多，不但与催眠师的学识、技巧和治疗方案有关，还与催眠师的基本素质有最为直接的关系，这是产生良好的催眠效果的基本条件。

那么，催眠师需要具备哪些基本素质呢？

催眠师若希望自己的催眠和治疗发挥作用，就要和被催眠者在意图和表达方式上取得一致。整个催眠过程要想达到的目标其实也就是催眠师帮助被催眠者获得改变，并不是说要催眠师直接改变他，这个过程中，真正的主角是被催眠者，而催眠师只是他的助手。

因此，催眠师也需要做到：

（1）暂时搁置自己的偏见和需要，完全接纳被催眠者的体验。

对于同一件事，不同的人会有不同的看法，然而，作为一名催眠师，必

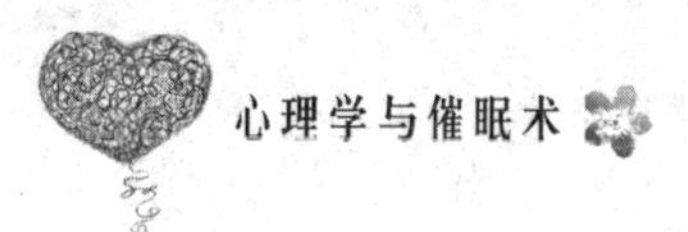

须放下自己的偏见和需要，完全接纳被催眠者自身的体验，尤其是那些在他看来曾经被人认为是羞于见人的经历体验，这是非常敏感的，如果催眠师在催眠引导过程中掺杂了个人偏见，那么，不但会出现阻抗，而且治疗的效果也不好。当然，接纳与接受并不是一个含义，你并不是要同意对方的观点，只是你需要尊重对方。

（2）自我克制。

催眠师不能把自己的想法和观念强加给被催眠者。催眠师需要明白的是，你并不比对方更聪明、更富有智慧，对方的转变也是从自身的学习和能力的提升中获得的，而不是从催眠师的教导中得来的，所以，你需要信任被催眠者，帮助他认识自己的不足，而不是把自己的观点灌输给他。

做到以上两点，需要催眠师和被催眠者真正建立互相信任的同盟关系，这一点，也绝不是简单靠语言就能完成的，即便你认为这有可能，但也是困难重重，要知道，我们常说的“相由心生”，指的是一个人的内心想法总会从他的表情、语言、神态等各个方面表达出来，如果你言不由衷地只是从语言角度表达尊重的话，那么，你很快就会暴露。因此，催眠师必须先进行自我修炼、拓宽自己的心胸，从内心真正做到尊重和接纳被催眠者。

那么，催眠师的自我修炼该怎样进行呢？

1. 做自我检查，并做到处理那些不能接受的体验

在心理学上，我们常提到一个名词——投射，所谓投射，指的是一个人认为自己不能接受某种体验，便同样会回避自己或者他人也可能产生某种体验或与此种体验有任何关系的行为。比如，一个人不能接受犯错，那么，当别人犯错时他们也会表现出不接受；一个人不喜欢自己的傲慢，那么，当看到他人傲慢时也会表现出反感的情绪。这都是投射现象在生活中的表现。

假如一名催眠师在生活中排斥和厌恶暴饮暴食，那么，他很难去帮助一个暴饮暴食的患者戒掉恶习，事实上，如果他不能处理这一障碍的话，他自身的能力也会受到限制，此时，催眠师需要拓宽自己的眼界和心态，从而接受那些不可接受的个人体验。

因此，治疗师需时常进行自我检查，也许你会问，该怎样进行自我检查

呢？最为简便的方法是你可以经常到人群中多看看和听听，当发现周围人身上存有自己不能接受的某种行为和体验，就通过自我搜索，找到与之相应的个人体验，然后通过自我催眠的方法攻克它。

2. 接纳和尊重个体独特性，不要用一般性标准来权衡

任何一件事，从社会的角度看，总会有一般性标准，比如道德、行为准则等，正是因为这些标准的存在，才会被人贴上各种标签。比如，在中国，如果学生有质疑，并在课堂上提出来了，就会被其他学生和教师认为“不尊重老师”。作为催眠师，你需要从心中剔除这些所谓的一般标准，只有接纳催眠者的体验，你才有可能真正帮助其改变。

因此，催眠者一定要尊重个体的独特性，而不可迷恋那些一般性标准。

3. 让被催眠者自己作出改变

催眠师如果想让自己的工作变得有效和轻松，就需要记住一点，被催眠者也是有智慧的，他有足够的能力作出改变，催眠师应该起到的作用是引导，如果你想全权负责被催眠者，那么，不管你的出发点多好，你都会以失败而告终。

求助者有足够的智慧和能力进入催眠和产生治疗性的改变。治疗师负责引导协助求助者，找到自身已经拥有的，解决问题的智慧和能力，而求助者负责改变。不管出发点有多好，假如试图要对求助者的改变负责，那不但会影响你的工作，还会有许多失望和挫败感。

催眠师要掌握的发声技能

我们都知道，在催眠过程中，最重要的是催眠师对被催眠者的引导过程，而承载这一过程的就是语言，所以，对于催眠师而言，声音就是一把利刃，如果你深谙高超的发声技巧，那么，即便是最为普通的语言技巧，也能达到不错的语言效果；如果你的发声技能蹩脚，那么，即便是早已设计好的

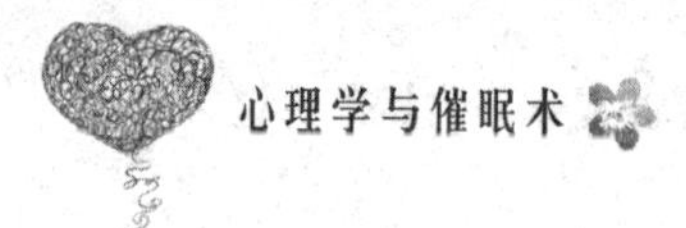

完美语言结构，也可能适得其反。

如果你想更好地体会这一点，你可以随手找一篇文章，然后再找一个朋友来，让他先闭上眼睛，然后听你念，在念之前，你要告诉他在听你念时内心的感受，第一遍，你用较快的速度、较高的音调，然后大声念出来；第二遍，你要放慢你的速度、声音低沉、小声地念，并且越来越慢。两遍都念完以后，你可以让你的朋友告诉你在此过程中，他所听到的内心感受有何不同，在这一点上，你便能对催眠的重要性有更深的体会。

即便是同一个句子，在发声时的语速、音调、音量以及停顿、强调性增加音量、变调和拉长，都会让听者产生完全不同的感受，甚至听出完全相反的意思。举个最简单的例子，这样一句话——从北京来了一个善良的人。对此，你能强调的部分有很多，要么是“北京”，要么是“一个”，要么是“善良”，当然，你也可以使用反问的语气，这样，你表达出来的意思或感受都是不尽相同的。

那么，催眠师怎样训练自己的发声技巧呢？

1. 普通句表达

催眠师对那些催眠初学者提出一点建设性意见，你可以用录音来纠正自己的发声。

一般在催眠中，不是特定用意的大部分句子都是普通句，因此，你需要缓慢、低沉、小声而且平稳地表达，给人一种单调、平和的感觉。

练习之前，你可以做几个深呼吸，然后保持均匀的呼吸速度，当你的心逐渐平稳下来时，你就可以念事先准备好的文章，如此反复练习，直到你能很好地掌握。

2. 暗示性停顿

一些隐藏性指令当然不会直接表达出来，而是隐藏在语言中，被催眠者的意识不会轻易被发现，然而，我们又要让他的无意识能够被察觉，那么，此时，你就可以通过稍作停顿来突出暗示词汇。

比如，你可以这样引导，你发现没有，其实你的下巴随时都可以放松的，你可以在“放松”前稍作停顿，无意识就能觉察到你要突出这里。

3. 强调性加音

当你强调一个句子里的某个词时，就可以提高音量。

比如：你发现没有，其实你的下巴随时都可以放松。

4. 根据词意变调

除以上几点外，当我们读到某个词时，就要根据这一词的含义来改变声调，举个例子，在提到“往上”时，声调也应该往上提，而不能往下压；又如，说到“冰冷”这个词时，声调应该是低沉的；再如，说到“放松”这个词时声调就不能给人一种紧张的感觉，应该和“放松”相对应，由上往下，在吐气的时候说出这个词。

5. 情感注入之意味深长

在引导过程中，当你要表达的情境是最富情感的时候，就不能漫不经心，此时，你需要立即调整你的情绪，然后让自己置身于这一情境之中，并且专注于这一情境，满含情感地引导，只有这样，你才能快速地感染对方的情绪，使其尽快进入被你催眠的状态中。

如何选择对被催眠者最有效的语言风格

通常情况下，人类感知事物是通过五个感官来进行的，也就是人们常说的视觉、听觉、味觉、嗅觉、触觉；而负责储存五个感官感知的信息、回忆、思考等心理活动的则是视觉、听觉和感觉三个器官。味觉、嗅觉及触觉感知的信息归为感觉，为了区分，前者称为外感官，而后者称为内感官。

对于任何一个正常人来说，他们都同时拥有三个感官功能，但在成长过程中，特别是有一些经历后，这些感官功能就不再均衡发展了，而是会有所差别，通常人们会习惯性偏向使用其中的一种内感官，这在心理学上的定义是主要或常用内感官。

例如，人们在陈述某个计划不错时，会有几种说法，第一种是“这个计划看起来不错”，第二种是“这个计划听起来不错”，第三种是“这个计划感觉不错”。第一种用“看”这个字，表示人们常用的内感官是视觉，也就是说，在人们的脑海中呈现出来的是“计划”的影像；第二个用“听”这个字，表示常用内感官是听觉，人们在思考时表现的是内部对话的形式；第三个用“感觉”两个字，表示常用内感官是感觉，也就是说，人们在思考时是通过感知来进行的。

可见，对于催眠师而言，如果你希望自己的催眠更有效，需要你迎合被催眠者的偏好，使用和其常用内感官相对应的语言风格，那么，催眠师如何识别被催眠者的内感官呢？

一般可以通过下面三种方法来识别。

1. 用词判断法

这一点，你可以在日常生活中进行训练，与人沟通中，你可以仔细观察对方所使用的主要用词，从此判断对方的常用内感觉，比如，如果一个人经常使用“看”、“显示”、“样子”、“出现”、“颜色”、“色泽光亮”等，这表示对方是视觉型内感官，而听觉型者经常用“听觉的”用词，比如，“听”、“声音”、“大叫”、“宁静”、“清脆”、“如雷贯耳”等；感觉型者经常用“感觉的”用词，比如，“感觉”、“压力”、“冰冷”、“兴奋”、“感受”、“趁热打铁”等。

所以，在具体的催眠过程中，你可以多留意被催眠者频繁使用哪一类别的用词。

2. 眼球模式判断法

我们身体内部的某个内感官一旦启动时，会在很多地方表现出来，其中就有眼球上的变化。

内视觉的眼球转动模式是往上望，往右上角是在创造画面，往左上角是回忆过去的场景；内听觉的眼球转动模式是左中、右中、右下三种，左中是创造内部声音，右中是回忆过去的声音和说话，右下是自言自语；内感觉的眼球转动模式是左下，当搜索心里味觉、嗅觉和触觉体验时，眼球就会无意识地往左下转动。

不过，即便总结出这套内感觉与眼球之间的关系，也不足以判断一个人的常用内感官类型。因为任何两种内感官并不是矛盾体，它们是可以同时存在的，即便一个人已经习惯使用某种内感官，也不代表其他内感官的缺失，因为被催眠者的思维容易受到引导人的影响。比如，如果询问“你最喜欢听哪首歌”，即便他已经习惯使用视觉系统，在提问的影响下，也会被迫启动内听觉系统。

3. 综合判断法

除了上述两种方法，三种内感官类型在其他方面，又有哪些不同呢？

（1）内听觉型。

最佳沟通距离是90～150厘米，一般来说，他们的手势多放在腰部以上胸部以下部位，多在乎事物的细节，语言较多，一旦开口，就“刹不住车”了，并且说话时会把内容讲得十分详细，并且有重复说话内容的习惯，声音动听悦耳，语调掌握得很好，语言节奏强，擅长唱歌，对语言中的错别字无法忍受，注重用词修饰，常用连接词“为什么……？那是因为……”，这样的人喜欢清幽、安静的环境，不喜欢杂乱无章和嘈杂的环境，做事按部就班、有条理，与人沟通时，喜欢侧着头，喜欢用手按耳下或者按嘴，走路平稳，不快不慢，偶尔喜欢用脚或者手打拍子。

（2）内视觉型。

最佳沟通距离是90～120厘米，他们走路说话时大多喜欢头部上仰，做事说话比较快，不喜欢静坐，小动作多，在着装上喜欢颜色鲜明的衣服，喜欢整齐、整洁，做事说话直接，句子较短，声调平和，声音大，粗枝大叶，呼吸快而浅，惯用胸部呼吸。

（3）内感觉型。

最佳沟通距离是60～90厘米，这类人比较看重人与人之间的关系，喜欢被人关心，与人沟通，他们并不看重语言说得动不动听，而是更看重事情背后的意义。在与人说话的时候，他们常低着头，动作稳重，手势缓慢，坐在椅子上时常坐满整个椅子，并且不爱动，呼吸缓慢，更喜欢用腹部呼吸。

从以上三种判断方式进行全方位的观察和了解，我相信，你一定能驾轻

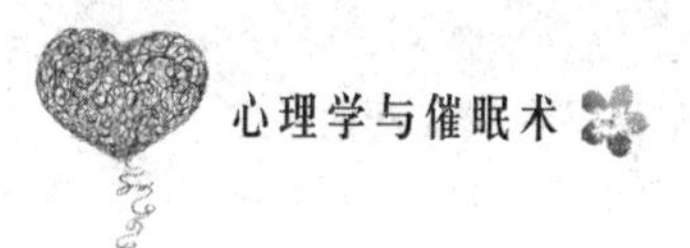

就熟地对你的沟通对象使用内感官类型作出判断了。

什么是弥尔顿催眠语言模式

在催眠界，有个催眠大师叫弥尔顿·艾瑞克森，他被很多初学催眠者奉为先师，他研究出一套能提高催眠效果的语言模式，被称为“弥尔顿模式”，无论是初学者还是催眠师，都在使用这套催眠语言模式，并且成效显著，接下来，我们就详细地介绍一下这套语言模式。

1. 含糊语言

使用技巧性的语言方式能让你的语言更含糊，这样也能让被催眠者听起来更具体，而且，因为这样的语言方式没有指向性，所以这样的陈述适用于多种情况，更概括和笼统，这样，即便催眠师对被催眠者的情况不十分了解也可以进行催眠工作，从而简化了催眠师的工作。

技巧性含糊使用名词化、不明确动词，这样能使句子变得高度概括和不明确，被催眠者就会从自己的角度去理解，会结合自己的经验去解读。比如，引导词是：“我知道你渴望拥有真爱。”这里的“真爱”就是一个含义不清的词，没有具体的含义，那么，被催眠者就会以自己对“真爱”的理解去理解句子。

再比如，作为催眠师的你如果遇到一位女性求助者，她曾无意间成了他人婚姻中的第三者，她为此很懊恼，对此，你也无法直接道明对方的经历，那么，你可以这样告诉她：“我能感觉到你曾经历过一些不幸的事，你为此很懊悔，甚至都不愿意再提起它，我想，你肯定也从中学到了不少智慧，今天的你成熟了很多，你也能创造出不一样的明天。”这样一段话，其实是可以运用于任何情感中的情况的，因为它本身并没有什么特别的含义，有不同感情经历的人，解读起来会有不同的理解。案例中的女子，就会将催眠师说的不幸的事理解为她自己欲言又止的事，而这正是你所想达到的目的，这就

是技巧性含糊语言的奇妙之处，这样，既保护了对方的隐私，又使得治疗师的工作顺利进行。

其实，这一语言方式不仅仅运用于催眠，在任何其他沟通模式中也可以运用，这样，你的朋友一定会认为你是一个懂他人心思、贴心的知音。

2. 假设前提

当你去饭店吃饭的时候，一定会听到聪明的服务员这样问，“你是在这里吃还是打包？”其实这句话内在的含义是，无论你选择哪种方式，你都要在饭店吃，也就是给你一种无形的前提假设。

假设前提是语言模式里最有威力的，你提出一个假设，那么，你就能给对方下一个套，所有的答案都在你的预料之中。比如，如果你希望和女朋友增进感情，那么，你可以这样给她一个条件：“我们在结婚宴上，可以请一个录像师，把所有的过程都拍下来，那么，等我们的孩子长大了，可以让他看看那时候他的爸爸妈妈多么恩爱，你认为如何？”“你觉得我们是去海边还是草地上拍婚纱照？”这两句话都有一个前提：“我们将会结婚”成立。

（1）时间附属句。

这类句子经常会以以下这些词为开头，诸如：之前、之后、在……期间、当、自从、优先、正在等。

比如，我们可以这样说：

“当你把房间整理好之后，要是你能在卧室的阳台上再放一盆植物，那么，整个房间一定会更添生气。”这句话所要假设的前提是你会把房间打扫干净。

“在你减肥成功之前，你真的要把你现在的体型拍下来以做鼓励吗？”此处，这句话把注意力转移到是否要拍相片，而假设减肥会成功。

（2）数字顺序。

在引导词中，催眠师会使用一些表示先后顺序的词，比如，另一个、首先、第一、第二、第三等，暗示顺序。“你可以猜测一下，接下来先放松的是你的左边肩膀还是右边肩膀？”这句话假设左右两边肩膀都会放松，不同的是哪边肩膀先放松。

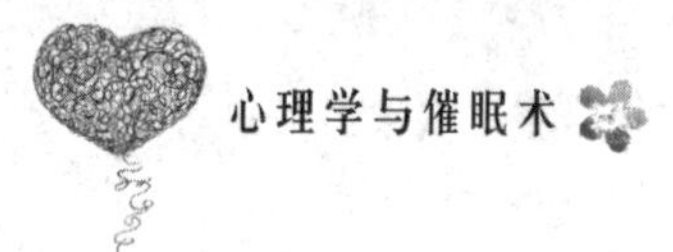

（3）双刃式。

这种句子通常会让对方作出选择，中间用或连接，但无论对方怎样选择，至少有一个会发生。

例如，“您是一次性付款还是分期付款呢？”“你可以选择现金支付或支票支付”，这两者都是假设一定会购买，只是支付时的选择不同。

（4）副词和形容词。

在一句话里，通常使用这类词汇做假设。

“你现在已经进入深度催眠状态了吗？”很简单，这句话是假设对方已经进入催眠状态，只是深浅问题而已。

“你知道你要买的这件衣服是哪个设计师的作品吗？”这句话假设你将要买这件衣服，只是他提出个疑问，让你猜测设计师是谁。

（5）时间动词和副词的变化。

这种句子常会使用如：开始、结束、停止、还、尚且、再、继续、进行、已经等词汇。

“你还是那么喜欢喝啤酒吗？”这句话假设你以前喜欢喝啤酒，不同的是现在有没有改变这一习惯。

“你不必过分在意自己到底在什么时候停止放松”这句话假设你已经处在放松的状态，同时提示不必在意何时停止。

3. 嵌入暗示

嵌入暗示就是要先找出你想传达的观点，然后通过暗示的方法将它嵌入一个更大的语言环境中。因为将暗示拆散了放在句子中，便可避开对方的意识认知，又完全能够影响到无意识起作用，这就是进行间接沟通最简单且最有力的方法之一。当然，你在运用时要注意转换音量、音调等，也可以改变说话时的神态和表情，以此配合你的嵌入暗示，只有这样才会更有效。

（1）直接嵌套。

“我不知道接下来你要花多长时间才能进入催眠状态。”

“小王，其实你可以用自己的方法来放松自我。”

（2）委婉迂回。

采用间接、委婉、迂回的方式，将被催眠者的注意力转移到其他时间、地点或者其他事件上。

“小瑞只要来到这个房间，就感觉全身开始放松。”

“日落后，山下的村庄比村民更早进入了睡梦中，山里一片寂静，人的身体和心灵也开始逐渐放松下来。”

（3）直接引用。

直接将他人说过的话引入引导词之中，当然，这些话并不一定是事实，只是一种间接暗示的方法。

比如，一个朋友曾告诉我：“我们要充分相信无意识，做到这点，就能帮助我们解决很多困难。能帮助自己解决遇到的问题。”

小徐转过头，说：“我知道，我该放下过去糟糕的经历、重新启程了。”

事实上，每个人在做催眠时都应该有自己的风格，以使对方进入放松、无意识状态从而达到一定的催眠效果。

对被催眠者的言语跟随和引导技能

在本节中，我们要介绍几种能增进沟通效果的催眠技巧，即使以后你不能成为专业化的催眠师，你也可以将这一技巧运用于其他领域，诸如人际、亲子教育和婚恋感情中，让你的工作和生活更顺心，这就是催眠中的言语跟随和引导技能。

不少想学习催眠技术的朋友，都知道NLP课程，深知这一课程中有一术语“先跟后带话语术”，当然，言语跟随和引导与之既有共同点又有区别。

我们先来了解两种陈述方式。

1. 跟随式陈述

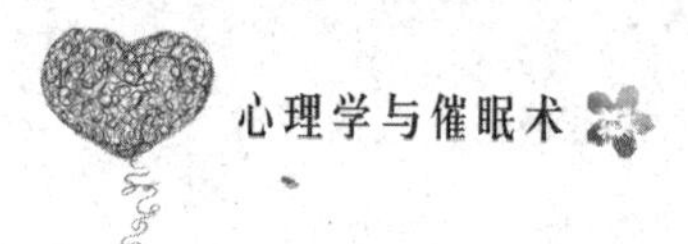

这一陈述方式简单地对所观察到的被催眠者的行为进行描述，情况分很多种，要么是外界的情况，要么是事实，比如，现在你正在看电视，那么，“看电视”就成了已经无法改变的事实，设置为“是”的反应模式，通常以“X”表示。

2. 引导式陈述

你想引导被催眠者关注、发展和建言等方向的陈述，比如，你可以这样引导对方：你可以放松自己；你可以过自己的生活。此时，你想引导对方达到的状态是让他放松下来，提醒他可以拥有自己的生活方式，对此，我们常以“Y”表示。

接下来介绍三种言语结构。

（1）“X和X和X和X和Y”。

比如，此刻，你呼吸通畅，正在看一本书，而我们交流的方式就是书本，你正在学习的就是言语跟随和引导技巧，而你可以将其运用于以后的生活中，用于服务自己的工作和生活等，你可以先进行4个跟随式陈述，再连接1个引导式陈述。

（2）较为分离的形式，如“X或X或X或X但是Y”。

例如，学习催眠，我不知道你的目的是成为专业的催眠师，或者只是对催眠感兴趣，或者只是想服务于以后的生活，但只要你尝试去学习，就会使生活变得更富有乐趣。

（3）因果式的，常用的句式有：既然X，那么Y；X的同时，产生Y；当X时，Y；在X之后，Y。

例如，既然都选择好了学习钢琴，那为什么不好好练；当你获得进步后，你内心会感到高兴；当你读完本书后，你会比其他人更懂得如何与人交往；在你决定放下过去的时候，你就会满怀信心面对未来。

对于X，即跟随式陈述，在沟通时，只要不让对方感到自己被冒犯、让对方感到你所说的是不必否认的事实，那么，内容并不重要。一般来说，只要从你在日常生活中看到的、观察到的进行引导，只要不是过分和敏感性话题，是不会有问题的。

另外，你还需要记住的是，无论你的引导词多么好，一定要配合你的非语言沟通。只有这样，才能达到预期的效果。要知道，那些被催眠者都是需要帮助的，如果你一副冷漠、紧张或者做作的态度，那么，他是不愿意接受你的引导的。所以，在运用言语跟随和引导技能时，跟随式陈述宜以外部陈述为主，一定要和被催眠者保持在同一节奏上，并且表达方式要有吸引力，还有一点，一定要仔细观察被催眠者的变化，一旦出现偏差，就要对引导作出调整和更改。

每个人学习催眠的目的各有不同，但无论希望掌握什么技能，都需要大量地练习，除了练习，没有捷径，当然，这并不是一定要在催眠时才可以练习，生活中随时有可以练习的机会，比如，你可以在与家人吃饭时营造气氛，可以在恋爱之后制造浪漫、增进爱人之间的关系。

非言语的跟随和带领技能

前面，我们已经讨论和分析过言语跟随和带领技巧，这一小节，我们要讨论的是非言语的跟随和带领，提到这一点，似乎概念性强很多，然而，我们举出一个生活中常见的例子以后，一些就会显得十分明朗。例如，在高速公路上，你前面有一辆车，你想追上那辆车，然后与之总是保持着一段距离，对方速度快点，你也会开快点，对方放慢一点，你也会放慢一点，这样一直保持着一段距离，在行驶了一段时间后，你发现情况好像变了，你开快一点，对方也跟着快一点，你慢下来，对方也会放慢速度。

在这一案例中的前半段，我们可以说，你在非言语地跟随对方，而后半段，则是你非言语地引领对方。那么，处于行进中后方的你怎么能带领前面的人呢？这是因为你们之间产生了契合现象（也可称为默契现象）。如果你是个细心观察生活的人，那么，你会发现，在你周围的人和事中，随时都有契合现象的发生。

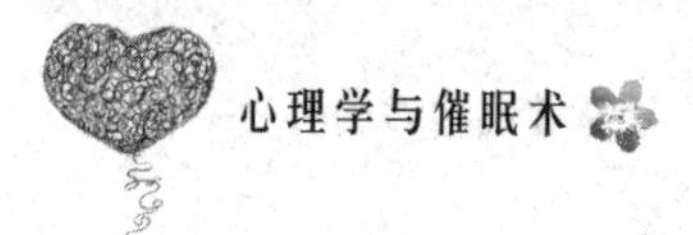

接下来，我们就来学习这项重要的技能。

非言语的基本要素有哪些呢?

主要包括：音量、身体动作、呼吸模式、语速、音调模式、面部表情、眨眼速度等。非言语跟随有三种基本形式：完全跟随、部分跟随、部分间接跟随。

第一种是完全跟随，它是所有部分都进行了匹配，这一点当然很难做到；部分跟随是选择了其中的某些要求进行同等匹配，也许是相同的呼吸速度、说话语速，也可能是说话时表现出的相同的面部表情等；而部分间接跟随是选择了部分要素进行不同频道的跟随，举几个简单易懂的例子，你的语速可能与对方的呼吸节奏同步；当你说话眨眼时，对方会用点头来回应你。相对于前两种跟随而言，部分间接跟随较为复杂，每次进行引导时，最好选择一两个要素跟随为宜，它产生的作用一般是非直接的，所以也更适合那些敏感的被催眠者。

接下来，我们要分析它需要我们注意的地方。

非言语是无意识的直接表现，因此，我们可以认为，就重要性而言，非言语跟随比言语跟随更为重要，在一场引导工作中，如果缺少非语言跟随，那么，言语跟随完成得再完美，你与对方之间也是无法建立起信任和完成合作的。

其实，非言语跟随和带领不是一蹴而就，而是一个逐步推进的过程，带领是建立在跟随基础上，这一过程的发展不会以治疗师的意愿为转移，因此，就治疗师而言，需要用心保护好一份敏感，一旦沟通过程中出现了不和谐的信号，那么，沟通就需要立即作出调整，这是很正常和普遍的，只要你态度真诚，本着帮助对方的态度，不会对对方的某些不和谐信号表现出不耐烦的情绪，那么，对方也不会因此而产生厌烦的情绪。

还有，使用此项技术时，治疗师一定要明白，求助者是有自己的独立个性的，不要总是对对方进行操控，或者内心歉疚，否则就会产生心理对抗，要知道，跟随并不是为了操控和掌握对方，而是可以更好地扮演其助手的角色，进而逐渐发展出信任和合作的关系。

另外，使用非言语跟随和带领技能时，一定要集中注意力，同时还要做到自我放松，要做到如平时拿筷子吃饭一样轻松自如，一切操作都要变成无意识的动作，否则，对方很有可能察觉到你是在完成一项工作，而不是与之一起探索，他会感到自己被排除在外，这不会收到好效果。治疗师还要明白，在完全或部分跟随和带领时，不要太过明显，比如身体姿势、模仿音质等，一旦发现对方有不适的感觉或提高警惕，你应该调整为更间接的部分间接跟随和带领。

我们要说的是，在很多时候，非言语的跟随和引导，是一个逐步深化的过程，会有节奏地、非线性地向预期状态发展，也许你会问，为什么有些非言语跟随和引导没有达到预期效果呢？原因有很多，你可以从以下几个方面排查：第一，在跟随之后，并点缀着足够的跟随；第二，当前情况下，治疗师与对方之间的体验、价值观、能力以及信念是否是相符的，最通俗的说法就是，无论如何，你都不能让对方做他不愿意做或者没有准备好的事。

如何解读和评估求助者的催眠状态

日常生活中，相信不少人都亲身经历过或者看到他人经历过这样一些现象：在公交、地铁、咖啡厅或者电梯里，一些人想事情想得出神，结果坐车坐过了站、搭电梯下错了楼层等，其实，这在催眠学上被称为催眠状态。如果你是个细心的人，你会发现，这些进入催眠状态的人，他们的语言、行为、工作等很多方面与一般状态下是有区别的，比如，他们很少说话，很少走动，面部表情变得松弛等，这也是本节要分析和讨论的内容，我们要看看人在进入催眠状态下他的身体会产生哪些细微的变化，这样，在以后的引导工作中，你就能知道对方在什么时候已经进入了催眠，以及对方是否有醒过来的迹象，还有我们的引导是否已经出现了效果等。

催眠的常见行为信号：

（1）心跳减慢。

（2）假如睁着眼：眨眼反射减少或消失；眼皮跳动；眼睛凝视；瞳孔放大；眼睛追踪外物减少（眼球转动减少）；自发闭眼。

（3）言语抑制。

（4）没有身体动作。

（5）脸部肌肉（尤其是脸颊）平滑（变平）。

（6）肌肉放松。

（7）呼吸变化：变成腹式呼吸；更慢更有节奏。

（8）脉搏减慢。

（9）定向反应（更亮——表明进入更深的状态；更红——说明更深的肌肉放松）。

（10）自发的意念运动行为（如手指颤动、手部抬起、眼皮跳动）。

（11）反应时间延长（如在说话或移动过程中）。

从以上几点，我们能看出人在进入催眠状态下的一些行为和信号，这是我们对被催眠者进行判断的主要依据，然而，这绝不能成为我们判断的绝对依据，因为人是存在个体差异的，某个信号也不是绝对会出现，比如，在人际互动催眠中，被催眠者未必必须闭上眼睛，从治疗的角度出发，被催眠者偶尔也会说话、回答催眠师的问题，甚至有可能出现一些动作、行为等。（一般是重复的规律性动作）。

这些行为信号是人进入催眠状态的表现，但同时也能帮助我们判断对方是否苏醒。例如，当对方在催眠中有苏醒迹象时，可能会有以下信号，如吞咽、睁眼、自发地讲话、身体运动、皱眉、定向反应等，此时，作为催眠师的你不要因此而慌慌张张，你只要接纳和利用这些行为信号，先停止你手头的催眠工作，并开始逐步引导对方再进入深入催眠状态，然后再进一步开展你的工作。

另外，作为催眠师，你还要学会随时观察被催眠者的情绪和状态，要了解对方是紧张、放松、焦虑，还是悲伤等，特别是情绪的强度，例如，假如你在引导对方时所给予的是海边的情境，而被催眠者在中途突然出现了紧张

和恐惧的情绪，那么，此时，你应考虑对方是否曾溺水过，对方可能在海边经历过什么，此时，你要考虑的是终止诱导，通过询问了解情况，或者更换你的引导情境。当然，你并不需要对所有的细枝末节都进行了解。

一般情况下，我们最需要掌握的就是对方的情绪点，也就是说，要判断出那种情绪是不愉快，愉快或者是无关痛痒的。通常来说，如果出现不愉快的情绪，会有以下表现：呼吸中断、脸红、肌肉紧张、流泪、脸的左右两边不对称等；而伴随愉快的情绪产生的表现则是呼吸越来越放松和平稳、轻叹、微笑、“看上去很满足”、左右脸对称、脸肌平缓等。

第04章 催眠术与心理学——催眠对心理治疗有极大的帮助

前面章节中，我们已经提及催眠被广泛运用到很多领域，其中就有心理治疗，在很多心理医生和咨询师看来，一些看似很难解决的心理问题，其实只要追根溯源，找到对方存在问题的心理模型，然后运用催眠法对其心理模型进行改变，就能迎刃而解。本章即将从心理学和催眠术之间的关系进行分析，阐述催眠对心理治疗的作用和帮助，从而帮助我们更好地帮助他人和放松自己，创造更美好的生活。

催眠是保持身心健康所需要的

我们都知道，催眠的一大应用范畴就是心理治疗，因此，近年来，越来越多的人开始接触并学习催眠治疗。并且，中国人也常说，防患于未然，任何事都要居安思危，也就是说，最好在问题发生前就找到预防措施，这是解决问题的根本。这就好比婴儿刚出生时会进行多种疫苗的注射，因为父母知道，与其花很多钱去治病，还不如做好疾病防范工作。然而，让现代社会的人们感到困扰的绝非生理上的疾病，还有很多心理问题。

生活中，我们每个人每天都要为生计奔波，都要面临繁重的工作压力，我们常常需要周旋于各种应酬场合，我们会感到压力大、身心俱疲，我们很少花时间来进行身心的调节。立身于尘世中太久，你是否经常有种孤独、寂寞、窒息的感觉？你不知道自己要的到底是什么样的生活？你的心是否曾经

被一些自私自利的狭隘思想笼罩过？你是否已经变得人云亦云？因此，处于闹市中的我们，需要给自己一段独立思考的时间，而催眠就是保持身心健康的最佳方法之一。

下面，我们就来介绍一下催眠对身心健康有哪些重要作用。

1. 健心减压，离不开催眠

你是否有过这样的感受：夜晚下班回家，远离了应酬，远离了工作，你倒头躺在沙发上，将双脚抬起，任意地摆放着，或者跷起二郎腿，你不用担心有人说你没有教养，接下来，你可以随便找本杂志盖在脸上，闭上双眼，让眼睛也好好享受一下，然后你可以放一段自己最喜欢的音乐，打开你的心，任凭思绪翻飞，你的记忆库被打开，开心的和不开心的回忆都会跑出来，想到忘情之处，脸上有温热的液体慢慢滑下，你不知道这是幸福还是痛苦，但你已经深陷其中。徜徉在记忆的迷宫里，享受着亲情友情爱情，正如浓烟袅袅升起。

其实，这就是一种自我催眠，进入催眠状态，我们能忘记所有烦恼，能看到最为简单和质朴的快乐，然而，都市生活中的人们，又有多少懂得通过催眠来减压呢？

曾经有位事业有成的年轻人，他在朋友的劝谏下来看心理医生，因为他觉得自己的工作压力太大了，心灵好像已经麻木了。

诊断后，医生证明他身体毫无问题，却觉察到他内心深处有问题。

医生问年轻人：“你最喜欢哪个地方？”“我不清楚！”“小时候你最喜欢做什么事？”医生接着问。“我最喜欢海边。”年轻人回答。医生于是说：“拿这三个处方，到海边去，你必须在早上9点、中午12点和下午3点分别打开这三个处方。你必须同意遵照处方，除非时间到了，不得打开。”

于是，这位年轻人按照医生的嘱咐来到海边。

他到达海边时，正好9点，没有收音机、电话。他赶紧打开处方，上面写道：“专心倾听。”他开始走出车子，用耳朵倾听，他听到了海浪声，听到了各种海鸟的叫声，听到了风吹沙子的声音，他开始陶醉了，这是另一个安静的世界。快到中午的时候，他很不情愿地打开第二个处方，上面写道：

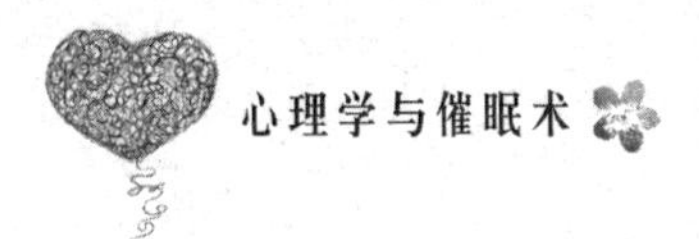

“回想。”于是他开始回忆，他想起小时候在海边嬉戏的情景，与家人一起拾贝壳的情景……怀旧之情汩汩而来。近3点时，他正沉醉于尘封的往事中，温暖与喜悦的感受，使他不愿去打开最后一张处方。但他还是拆开了。

“回顾你的动机。”这是最困难的部分，亦是整个“治疗”的重心。他开始反省，浏览生活工作中的每件事、每一状况、每一个人。他很痛苦地发现他很自私，他从未超越自我，从未认同更高尚的目标、更纯正的动机。他发现了造成疲倦、无聊、空虚、压力的原因。

这个故事中，这位年轻人遵照医生的建议来到海边，进行了自我催眠，通过倾听、回想、回顾三个过程，最终认识到了自己的缺点——自私、从未超越自我、从未认同他人，这就是他感到空虚、压力大的原因。

心理学家曾说过：“人是最会制造垃圾污染自己的动物之一。”正如清洁工每天早上都要清理人们制造的成堆的有形的垃圾一样，我们要想彻底消除倦怠，就必须经常进行自我催眠，从而反省自己，时刻清洗心灵和头脑中那些烦恼、忧愁、痛苦等无形的垃圾，真正让自己时刻心如明镜，洞若观火，以最好的状态投入工作中，而释放这些不健康心灵毒素的方法之一就是——催眠。

我们知道，当人进入催眠状态后，如果任何事情都不做，仍然会有一个重要的作用，那就是可以让我们的心灵得到充分的放松和休息。临床中，常常见到有些人进入催眠后，因为太放松而不愿那么快醒来的现象，当从催眠中醒来后，会感觉精力充沛，接下来的几天都休息得很好。

因此，要保持身心健康，平时就要注意给身心减压，适时地接受催眠，或通过自我催眠，来给自己的身心减压，是非常有必要的。

2. 催眠是保持身心健康和完整所必需的

现今社会竞争之激烈早已不容分说，然而正因为如此，人们都变得越来越理性，逐渐隐藏起自己的感性，这一做法，被很多人赞同，然而，随着时间的推移，会造成人们情绪的堵塞，因无法得到释放而累积，另外，为了逃避自己的情绪，这些人又会更加理性，结果就像滚雪球一样越滚越大。正如很多人说的：“我活得就像个机器人。”

所以，要保持身心健康，就要保持自己的情绪通道是畅通的，每天的负面情绪都能得到及时的释放，这样才能身心轻松，快速恢复活力。在正常情况下，我们需要周期性地进入自我催眠，来保持情绪通道畅通。

总的来说，对于现代人而言，催眠都是保持身心健康所必需的，我们也有必要学习和将其运用到平日的工作和生活中，进行身心调节。

也许你不知道，人的性格可以在瞬间变得开朗

在现实生活中，有这样一句俗语，“江山易改，禀性难移”，这句话说的是人的性格心理具有稳定性。我们发现，不少性格内向者对自己的个性不满意，因此，他们希望借助心理医生或者其他方法来改变自己的性格，他们希望自己能外向一点、为人处世时活泼一点。也许你也会感到诧异，人的性格是可以改变的吗？当然可以！只要我们善于借助催眠这一手段。

我们都知道，人的性格可以简单分为外向和内向两种。在心理学上，首先提出人的性格有内向和外向之分的是荣格，他指出，在任何人的人格中，都有着这两种倾向，只是在日常生活中某种倾向占据了优势并显现出来，而另外处于劣势的一方就被收进了“个人的无意识”。

文学家高尔基曾说：“人是杂色的，没有纯粹黑色的，也没有纯粹白色的。”同样，我们这里所谈及的人的性格内向和外向也是如此，任何一个人，都不可能是绝对的内向或者外向，而是二者的结合，具有两面性。

生活中，我们常说的“兔子急了也会咬人”也是这个道理，人性毕竟是多面的，是无法进行准确定义和精确估计的。我们在不少的文学著作中都发现一点，作家通常会赋予作品中的人物以鲜明的个性，比如，泼辣狠毒的王熙凤、多愁善感的林黛玉、有勇无谋的鲁达等，这些突出的性格形象也是作家所塑造的重点，然而，现实生活中是立体的、多面的，人的性格也要复杂得多，并不如文学作品中的那样单一。

所以，从某种程度来说，人的性格在具有稳定性的同时还具有可以相互转化这一特点。因此，催眠师告诉我们，如果合理地运用催眠术，性格就可以在瞬间发生改变。经验丰富的销售员似乎都是技术娴熟的催眠师。我们来看下面这一案例：

某天，某礼品店来了一位小男孩，站在橱窗旁对着一个音乐盒看了半天，也不说话。销售员问他需要什么，也不应声。这时，另外一名销售员走过来，对小男孩说："小朋友，你是喜欢这个音乐盒吧？"

客户："嗯……"

销售员："喜欢就买回去吧。"

客户："……"这位小男孩并没有回答，而是又走到另一副工艺品面前。

销售员："这个也很漂亮。你是想选个礼物送人吗？"

客户："嗯……"

销售员："想送给谁呢？"

客户："想送给妈妈，明天是母亲节。"

销售员："是啊，我差点忘了，你母亲真幸福，有这么孝顺的孩子，还记得给妈妈买礼物。你刚开始看到的那个音乐盒就很适合啊。"说完，销售员走到橱窗边，打开了音乐盒，里面缓缓地飘出了一首美妙的钢琴曲。

接着，销售员说："如果你送给你妈妈，她一定非常喜欢。而且我还可以免费给你做一个漂亮的包装，你看好吗？"

客户："真的适合吗？"

销售员："我觉得挺适合的，当乐声从音乐盒飘出的时候，你的妈妈一定很感动，不过我们这里还有其他的礼品，你也可以看看。没关系，你选择任何一个都可以免费给你做漂亮的包装。"

客户："我还是喜欢那个音乐盒。"

销售员："我也看它最合适了，那么我们就把它打包装好吗？"

客户："嗯。"

案例中，我们可以说，这位小男孩刚开始表现出来的个性是内向的，他沉默不语，最终，另外一名销售员却打开了他的话匣子，并成功推销了这款

音乐盒。这名销售员之所以能做到，是因为他具备良好的观察能力和思考能力，并且懂得如何通过催眠术打开对方的话匣子，然后循循善诱，让小男孩愿意与其主动交谈，最终推销成功。

事实上，每个人，从来到这个世界开始，都会带着怀疑和试探的眼光，他们要确定谁是友好的，哪里是安全的，而对于那些对自己造成威胁的人或事，他们就会隔绝在外，相对于性格外向者而言，内向者的心理活动倾向于内部世界，他们在意自己的情感体验，他们喜欢深思熟虑，做事不盲目，也不为周围环境所影响，对于流行趋势和主流行为采取冷漠或敌对的态度，因此很容易与他人产生摩擦，他们适应新环境的能力较差，人缘也不是很好。

比如，一个人的安全圈里只有家人、亲戚，总是感觉到其他人对自己是有威胁的，那么，很明显，他是不会、不愿、不敢和他人接触，更不会有良好的人际关系，那他会有怎样的人生，也就可想而知了。

庆幸的是，我们找到了帮助他人修正个性中不足的方法——催眠，通过催眠，我们能找到转化其性格的突破口，一旦对方愿意开口，愿意接纳别人，那么，就能让其变得开朗了。

催眠师指出，针对不同性格问题的需要，只要合理运用催眠，性格就可七十二变。

当然，我们要指出的是，在内向和外向两种性格中，没有优劣之分。人没有十全十美的。当然，我们可以努力提高自己的个性优点、改正缺点，人正是因为有不好的一面，才有了不断进步的空间。再者，只要我们把不好的一面控制在安全的范围内，那么，它就不会对我们的人生造成致命影响。

试图消灭心理问题并不可取

在很多方面，现代心理学与传统心理学持有不同的观点。就心理问题的治疗而言，传统心理学认为，心理咨询和治疗的目标就是将对方的心理问题消灭，然而，结果是很多传统心理学家不曾预料到的：就好比是拆东墙补西墙，就好像是暴风雨后即将泄洪的水库，你堵住了左边出口，右边出口又漏水，很快，上面也快决堤了，结果越堵问题越大。比如，某个嗜赌的赌徒，通过心理医生的治疗，他嗜赌的问题解决了，但时间还没过多久，他又开始抽烟成瘾，也许他又去寻找医生的帮助，他的烟瘾也戒除了，但又没过多久，他很可能会暴饮暴食，于是，问题在不断解决，新问题也在不断出现，这大概就是现实生活中人们常说的“治标不治本”吧。

前面，我们提到过催眠界的泰斗艾瑞克森，他在心理催眠方面的治疗是颠覆传统的，他总是反其道而行，先接纳求助者的心理行为，然后再利用其心理特点，这样做，方便又实用。下面来看看，艾瑞克森是怎样巧妙地利用问题来解决问题的。

这天，艾瑞克森接待了一位强迫症患者，他告诉艾瑞克森，他感觉自己患有强迫症，每天出门前，他总是不断检查门是不是已经锁好了，并且，他常感到自己缺乏力量，感觉无力应付外界的干扰。

接下来，艾瑞克森继续了解了一些情况然后告诉他：“这很好呀，安全意识很到位，在你暂时无足够能力应对外界时，我们也认为这样能帮助你解决某些问题，所以，暂时来说，我认为你并不需要戒除这一好习惯。只不过……”

“只不过什么？”这让这名患者感到很惊讶，此时，他睁大了眼睛，想知道艾瑞克森的只不过后面的答案是什么。

艾瑞克森说：“只不过，光检查门还不够，因为即使你已经把门锁好了，可是万一别人强行进入呢？这时怎么办？所以我觉得为了保险起见，你最好在门的后面放一根粗棍子，另外，你还要加强身体锻炼，让自己的身体更强壮，只有这样，你才能与盗贼抗衡，不是吗？”

艾瑞克森说完，他发现患者轻轻地点了点头，这表示对他的观点认同。

按照艾瑞克森的建议，这位患者回家后就在门的后面放了粗棍子，并开始锻炼身体。因为只有这样，他才能足够强壮，才能拿起棍子去抵抗盗贼。

后来，他又找了几次艾瑞克森，在这几次的沟通中，艾瑞克森教给他很

多寻找安全感的技能，比如，如何报警，怎样和邻居建立更友好的关系，遇到灾害如何逃生等。渐渐地，他不再关心门是否锁好，因为此时他已经觉得自己足够有能力给自己安全感了。

很明显，上面这一案例与传统的心理治疗方法不同，这里，艾瑞克森并没有否定患者总是检查门是否锁好这一做法是滑稽的，也没有试图消灭这一心理症状，而是先认可了其心理状态的必要性，这是一种尊重患者对安全的需要，接下来，他才开始支持和帮助对方，使对方逐渐建立起安全感。

其实，艾瑞克森的这一方法可以运用到很多其他情况中，比如，一个女孩因为太胖被男友嫌弃，此时的她正疯狂减肥，如何帮她调整心理呢？此时，你最好认可和接纳她的做法是正确的，支持她减肥，再逐步帮助她获得被爱。

下面我们来更详细地谈谈其心理原理。

我们都知道，人在产生某种负面情绪的时候，通常都会找到宣泄的方式，比如，一个人在愤怒的情况下，可能会摔东西、骂人甚至打人，也有人会求助于自己最信任的人，方法很多，不管是哪种方式，他总是在表达自己的愤怒。

同样，当一个人内心缺乏安全感或者感到不被爱的时候，他们也会有所表现，比如，案例中的总是检查门是否锁好的患者，女孩因为胖被男友嫌弃而疯狂减肥等，只是他们的表达方式已经超出了常态，这在心理学上被称为心理症状或者症状性表达。

除此之外，还有一点，就是数量的多少，我们称之为表达方式范围很小，还以上面两个案例为讨论对象，他们的表达方式只有一种，除此之外，别无选择。

如果一个人受了委屈，却因为某种原因，我们告诉他不准哭，不许闹，更不许对别人闹情绪，那么，在无法表达的情况下，更严重的心理问题就产生了。这里，我们就可以下结论：试图单纯地减少表达，消灭某些心理症状，不是明智之举。

可能你会产生疑问，既然消除心理症状不明智，那为何不直接将心理

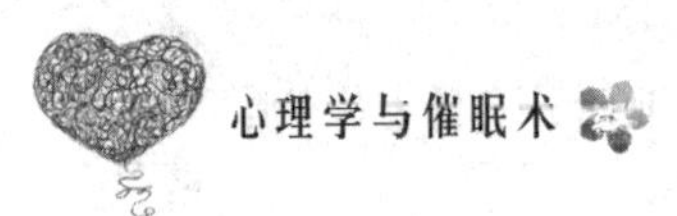

问题从根本上消除呢？这样就能“治标也治本”了，乍一听，这句话十分有道理，但这句话是完全建立在消除人类各种需要的基础上的，可以说是滑稽的。我们都知道，人有各种需要，有些是必需的，有些则是非必需的，比如，对生存的需要，我们都要吃饭穿衣，对爱的需要等，可以彻底消除吗？也许是可以的，但你的人生就不完整了，你会像机器人一样没有感情和情绪，你的人生也会失去色彩。

可见，面对各种心理问题，我们不仅要看到其心理症状，更要看到其症状背后所要表达的需要。很多时候，我们完全不必费尽唇舌地寻找心理问题的根源，只需要认同并扩大其表达范围的方式，将其内在动力或能量，引导到建设美好未来这个方向上来。

如果你对心理催眠感兴趣，那么，无论是从心理保健还是帮助他人这一角度来说，你都应扩充自己的表达方式，因为这样，你的身心会更健康，你的生活也会更丰富多彩。

失去灵活性就是自我设限

生活中，任何问题的解决都和解开绳索一样，处理问题时要想厘清思路，就要知道问题的症结在哪儿，知道结是怎么打的，否则，当我们解开一个结时，发现又套在了另一个结里。同样，要解除心理问题，也和解绳索一样，需要明白心理问题的形成和运作的一些基本原理，否则，不管你掌握了多么高超的催眠技术，都无济于事。接下来，我们要讲述的就是一些简单心理问题的原理模型。

现在，我们先从中国人常使用的筷子说起。众所周知，在很小的时候，我们就学会了使用筷子，一旦学会，不管我们到了什么年纪，去了什么地方，都不会忘记如何使用，随着时间的推移，也许你可能在使用筷子上并不那么熟练，可是你仍然会使用，并且，只要你学会了如何用筷子夹肉，那

么，接下来，你就不用再费心怎样去夹菜或者夹水果，这就是触类旁通。

还有一点，使用筷子并不会耗费你的注意力，也许刚开始你会专心学习怎么使用筷子，但熟练之后，你完全可以一边看电视一边吃饭，或者吃饭时聊天、思考等，如果我们每天都要在起床后再学习一遍使用筷子，那么，我们每天就什么都不用干了，在这一心理模型的基础上，你才可以腾出更多时间和空间去学习、工作，做更多的事，并且，心理模型是由潜意识控制和自动进行的，因为这一心理模型的存在，它替代意识处理大量重复和类似的工作，节省了大量的注意力，这样，我们才能同时做几件事。这就是心理模型在日常生活和工作中的重要性。

曾经有人提过这样的问题，假如一个人是游泳运动员，他想通过游泳自杀，那么，他能做到吗？当然不能！这是因为身为一名游泳运动员，他已经形成了一个心理模型，这也是一种心理保护模式，它就像一个坚硬的外壳一样，所以，对于这名游泳运动员来说，无论他多么希望自己能通过游泳自杀，都是无法成功的。

事实上，我们的心理就是由类似的、一个个的心理模型组成的，并且随着我们不断成熟和长大，得以丰富和修正。在日常生活中，我们并不会将注意力集中到这一点上，所以也无法察觉到它的存在，然而，这并不代表它不存在，在被我们忽视的领域里，它们像智能化机器一样默默地处理着各种问题。

如果我们一直听从于心理模型的指挥，我们的心理就不再灵活了，那么，结果会怎么样呢？还是以学习筷子使用为例，假如一个人学会了使用筷子，并且，他不会根据所夹东西的重量去调整自己的力度，那么，无论他夹的是青菜、肉、豆腐还是铁块，均使用相同的力度，久而久之就会出事。

看看下面这位来访者的苦恼。

这天，有一位年轻人来求助于心理医生，他告诉医生，他的苦恼是，他好像对事物的反应总比别人快和强度大，他周围的人都说他神经有问题，只要周围有一点动静，他的反应就会很大，比如，女朋友晚上起床去洗手间，只要发出了一点声响，他就会突然坐起来，大声喊“你想干什么”；又如，

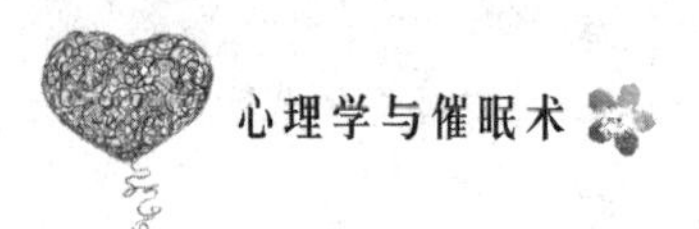

搭电梯，如果有人碰到他，他就会猛然大喊“你想干什么”。这虽然是一个不大不小的问题，但却让他的人际关系陷入紧张的状态之中。他也知道自己这样不好，应该改一改，但却不知道怎么做。

心理医生在与他聊了一段时间以后，发现他曾有过这样的经历：大学刚毕业的时候，他和很多年轻人一样满怀梦想地来到这座大城市，他希望自己能闯出一片天地，这个城市的一切看起来都那么新鲜，他很兴奋，但万万没想到，此时他已经被小偷盯上了。

果然，很快，他就被小偷算计了。他走到一个路口的拐弯处，发现前面的人口袋里掉出了一张百元大钞，他就赶紧叫住前面的人，然后把钱捡起来还给对方，对方连连感谢，夸赞他拾金不昧，被如此夸赞，他自然很高兴，但是还不到一分钟的时间，他脸上的笑容突然僵住了，因为他发现，自己背包里的钱包、身份证和手机都被偷了。

那一天，他饿着肚子走了很远的路才回到家。

从那以后，他走在大街上，都会悬着心，他总感觉自己会被人伤害，也不再信任那些陌生人，渐渐地，他就变得对周围的人和事都十分敏感。

我们每个人都会有一些经验、经历，这能让我们不断学习和成长，这也会让我们形成某些心理模型，就像案例中的这个年轻人一样，怕再被偷，他变得敏感，不安。很明显，他的心理模型已经失去了灵活性，变得僵化。一些情况下，即便他们自己不愿意，他们只要受到别人的触碰，就会自动地作出反应。

心理学家称，失去灵活性的心理模型，就是一种常见的心理问题模型，很多在我们生活中被提及的，比如洁癖、多种恐惧症等大部分心理问题，均可简单地用失去灵活性的心理模型来解释。

心理模型除了会失去灵活性外，还有个问题——过时，一些心理模型经过搁置以后就会过时，比如，一个贫苦出身的人经过奋斗以后发了家，他依然会有节省的习惯，他一直以节省为美德，尽管现在他已经发家致富，但是他也陷入了矛盾之中，每每桌子上摆满了美食，他也无从下筷，因为他觉得每一筷子美食，都是对自己的一次责备。

在学习了以上几点外，你就能了解该如何处理生活中的一些心理问题，比如，面对那些总是强迫自己洗手的求助者，你就不会再劝对方没必要这样做；在你能引导对方进入催眠状态后，你也就不会再不知所措了，所以，无论你是希望帮助他人还是放松自己，一切都会变得更轻松，更有效。

要想成功，就别再内斗了

可能很多人都认为，学习催眠术，难就难在其枯燥无味的理论，因此，本小节我们将从一个生动的例子开始讨论，这样更能说明问题。我们在深刻体会他人故事的同时，也能轻松地学习。我们不妨先来看年轻人小陈的故事：

小陈是一个自认为很失败的年轻人，在他还在上高中的时候，他就有一个梦想——成为一名出色的演员，成为人人羡慕的大明星。为了实现自己的这一梦想，他一直努力学习文化知识以及表演知识，他的目标就是中央戏剧学院，他确实表演天赋极高，他的指导老师也十分欣赏和喜欢他，那时的他对未来充满信心。

然而，命运似乎跟他开起了玩笑。艺考前一天，为了能让自己放松一点，他跑到附近的公园，准备好好玩一下，很快，他就玩得满身大汗，但却没有用干毛巾擦汗，因为非常热，他又赶紧去吹风扇，结果回到家的时候，他就发现自己感冒了，到了晚上，他还发烧了，尽管打了针也吃了药，但效果似乎并不是很好。第二天，他只好拖着疲惫的身体去参加考试，结果可想而知。

落榜后的他十分失落，痛苦万分，总是责备自己，“为什么要去公园玩呢？”“出汗了为什么急着吹电风扇呢？”从此他像变了个人似的。

他最终还是决定复读一年，再给自己一次机会，然而复读这一年他的状态并不好，他总是忧心忡忡，担心自己在高考考试中又发挥不好。虽然复读了一年，但成绩不但没有提高，反而下降了，他开始着急、焦虑、失眠，严重时出现呼吸困难、窒息感。就这样，他硬挺着坚持到高考。

转眼，又到艺考的时间了，他吸取了上次的教训，哪儿也不去，就在家待着，然而，他并没有感到内心平静，而是陷入了恐慌之中，夜里，他居然又莫名其妙地发烧了。

第二天，他还是和去年一样，拖着疲惫不堪的身体去参加考试，结果他连最普通的艺术学校都没考上，他又落榜了。

再次失利让他几乎崩溃了，他无法接受这样的事实和这样失败的自己，于是，他开始对自己全盘否定，指责和埋怨自己，并且学会了抽烟、喝酒等，不管家里人怎样安慰和劝谏都无济于事。

他没有信心再去读书，也没有热情去工作，他觉得做什么都打不起精神，他反复暗示自己“我就是一堆烂泥”。

在与心理治疗师沟通的过程中，他告诉治疗师，自从第一次高考落榜，他就感到在自己的身体内部住了两个人，这两个人一直在打架，而且一直争得你死我活，然后他会听到一个声音：“你不行的，一定还会落榜的！”

这里，我们可以发现，从第一次高考失利开始，小陈就不愿面对现实，不愿意接纳自己考试失利的事实，并把高考失利的责任全部揽到自己身上，然后在内心做斗争，这其实就是一种内耗，哪还有精力放到学习上，所以情况只会越来越糟糕，也由此引发了更多的问题。

很多催眠师和心理专家都遇到过这样的患者，他们因为自己犯了我们看来无关痛痒的错误而一直责备自己，甚至产生了一系列的心理问题。其实，这种内斗是无益且有害的，它会消耗一个人的精力，并且，内斗得越激烈，做其他事就越缺乏精力。

也许你会问，什么是内斗呢？内斗又是怎样消耗人的精力的呢？形象地说，我们可以将人的心理比喻成两个人赶同一辆马车，一个名叫外在的自己，还有一个是内在的自己，前者负责的是要去哪里、走哪条路、经济费用以及观察前方情况等，他所擅长的是逻辑理论上的知识和能力。

另一个名叫内在的自己，他主要负责的是驾驭马车、车辆保养、照料马

匹等，这类工作多半是经验性的、类比性的，这种能力被认为是智慧的。

这里，我们可以看出，要想达到目的地，这两个人就必须互相配合、缺一不可，他们配合得越和谐，马车就走得越顺利。

当然，合作的过程中，难免会出现一些分歧和矛盾，很简单的道理，就是这两个赶车的打起来了，后果是什么呢？通常是这样开始的，比如，马车在走的过程中，不小心陷进了泥潭里，本来他们可以合作把马车拉出泥潭，可叫外在的自己没有这样做，而是坐在马车上破口大骂，指责赶车的内在自己："你怎么这么笨呢！把马车赶进泥潭里……"想想看，假如你是赶车的内在自己，你会怎么样呢？肯定会反击对方，不是吗？于是，两个人就打起来了。这就是内斗的形象比喻模型。

任何一个人，要想实现成功，就绝不能内斗，要做到这一点，就要让自己实现身心统一，就要做到自我尊重和接纳，要做到自信，要相信自己能成功、能做到。如果你曾自我否定，那么，从现在开始你可以学习这一方面的知识，进行自我调整，或者寻求心理医生的帮助，如果现在的你情况已经较为严重，那么，你最好在催眠状态下进行修复，那样更有效。只有修复了和自己的关系，身心实现统一了，才能充分挖掘和调动自己的潜力、经历，才能以轻松的状态投入到未来的生活和工作中。

道理都明白，为何总是做不到

生活中，不少人提出这样的困扰，他们明知道做某件事不好，但就是改不掉，比如，"我也知道酗酒不好，可就是戒不掉"；"我也知道打骂孩子不好，可就是改不掉"；"我也知道总是窥探爱人的隐私不好，但就是忍不住。""我知道反复检查门是否锁好没有必要，但就是做不到"……的确，道理谁都懂，但是似乎我们都被下了魔咒，总是无法控制自己。

那么，既然道理都明白了，为什么还是做不到呢？心理学家给出的答案是：人们明白的只是浅显的道理，而没有改变其心理模型。

举例来说，你做菜很难吃，一直不知道自己为什么总是做不好，你为此很苦恼，直到有一天，一个真诚的朋友告诉你，你每次做菜时总是少放了些盐，你知道原因后，厨艺提高不少。又如，每次你和女朋友出去约会，似乎对方总是与你保持一定距离，你很纳闷，差点闹分手，直到某一天，你的死党告诉你，你身上有异味，女孩子对这味道比较敏感，于是你意识到了应该勤换衣服。

现在，你应该知道为什么在明白道理之后，有些人可以立即做到了吧？你需要改变的是做一件事的程序，也就是完成一件事的步骤和方法。而对于某些事来说，诸如前面我们提到的酗酒、打骂孩子等，这已经成为固有的心理模型，是很难改变的，而心理模型是由潜意识控制的，有着坚硬的保护壳，以此来防止被恶意破坏，所以，要改变一个人固有的心理模型，首先我们要做的就是剥掉其坚硬的保护壳，然后从其潜意识进行改变。

另外，我们还未曾意识到的一点是，“道理都明白，可却做不到”，这句话里的“明白”，其实并非真正明白，明白的只是概念上的含义，是对某种做法或者观点表示认可，而不是真正明白，是停留在意识层面的，其潜意识层并未改变，所以，只是明白道理而无法真正做到也就是情理之中的事。

生活中，我们也明白，任何一个人，要想改变固有的习惯都是艰难的，都需要一个长期的过程，我们的心理模型何尝不是呢？要强行改变是痛苦的，需要受到很大的精神折磨，一些人在改变不成的情况下，反而让自己陷入更糟糕的境地，比如，有人减肥不成，反而吃得更多；一些人戒烟不成，反而抽得更多等。

我们何不反其道而行之呢？如果你想戒烟，那么，你不要强迫自己远离香烟了，就在自己的口袋里随时放一包烟，因为一旦你口袋里无烟，你就会内心空空、心中烦躁，很快，你就会奔向超市购买；而如果你的口袋里有烟，则心里会踏实很多，你会在潜意识里告诉自己：“现在我有烟，不用担心了，就再等会儿吧，我要看看自己能扛多久。”在拖延症的“帮助”下，你可能会烟瘾越来越小，久而久之，你可能会把烟戒了。

此时，你肯定会产生这样的疑问：那要怎样才能做到，修改心理模型呢？催眠师给出的答案是：运用催眠术。

随着催眠师的引导，被催眠者会逐渐进入催眠状态，他原本已经形成的坚硬的保护壳也会逐渐松软下来，直至全部自动拆除，潜意识完全显现出来，此时，即可轻松地修改、重组心理模型了。所以，要修改一个心理模型，最直接、彻底、见效最快的方法就是运用催眠术。

一般来说，引导进入、运用催眠，可分为两种情况。

第一种情况是，引导者是催眠师或者学习过催眠术的人，被催眠者在他人的帮助下进入催眠状态或者自我催眠。一般来说，这类催眠有着自己的特定的目的，其中修改某一心理模型就是目的之一，引导进入催眠状态的方法，从自然产生的催眠现象中学习总结而来。为区分自然中产生的催眠，此情况暂且称为人为催眠。

当前，催眠术主要应用于心理治疗，也常应用于教育培训、人际沟通、产品销售、品牌建设、广告设计、潜能开发、创意创作等方面。

第二种情况是，自然而然产生的催眠。

科学家曾经研究指出，在人的生命中，平均每90分钟，人就会自动进入一次催眠，催眠深入根据个体的差异而定，并且，催眠界泰斗艾瑞克森指出，进入催眠是每个人心灵成长所需要的。

其实，日常生活中，人们自然进入催眠的状况有很多，比如，人们常说的白日梦、陶醉于音乐中的人、热恋中的男女等。

分析到此处，你可能会产生一种错觉，自然中产生的催眠似乎是毫无用处的，因为随意性很强，事实上，我们只能说，认为催眠更具针对性，而自然产生的催眠更注重人的内在的需要。每天的工作和生活结束后，我们都会感到疲惫，而此时如果我们能进行自然状态的催眠，那么，我们会获得更多的自我修复。

如果你试图用理性来阻止自然催眠的产生，那就是阻碍自我修复，长此以往，假如用过度的理性思维来阻止自然催眠的产生，那就是阻碍自我修复，久而久之，就会不适应社会环境的发展，也会产生一些心理问题。

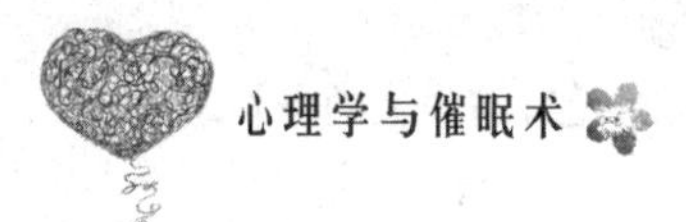

所以，不少催眠师和心理专家建议，任何一人，再忙也要抽出时间休息，要注意劳逸结合，休息的方式有很多种，如听音乐、欣赏诗词歌赋等，哪怕做做白日梦也好。也许你一直紧绷自己，告诉自己一定要自信，一定要成功，短期内你的潜能可能会被激发出来一部分，但从长远来看是毫无益处的，甚至会产生更多危害。一个人，一旦形成某种固定的心理模型，很容易失去灵活，而不进行自我修复，最终也会脱离现实，身心俱疲，失去发展和进步的空间。

一切已成为过去，别让过去成为你的包袱

我们都知道，人生如变幻莫测的天空，刚才还晴空万里，转眼间阴云密布、倾盆大雨。但这些都是上一秒发生的事，人要向前看，不管过去多么悲伤失意，过去的总归过去，只有向前看，才会有希望。

莎士比亚曾说过：“聪明的人永远不会坐在那里为自己的损失而哀叹。他们会用情感去寻找办法来弥补自己的损失。”因此，请抛却那些失败之后的不安吧，如果你想取得最后的成功，就必须破釜沉舟，就必须勇于忘却过去的不幸，重新开始新的生活。

曾经有人对人生作了一个很恰当的概括：人的一生可简单概括为昨天、今天、明天。这“三天”中，“今天”最重要。因为过去的已经成为事实，再去追悔已经无济于事，而对于明天的事，我们谁也不能打包票，因此，我们要做的就是活在当下！

本节将要谈的是，我们该怎样面对自己的过去，才对自己最为有利，不至于变成包袱拖累自己，才能转化为经验资源，转化为建设美好未来的智慧。

袁先生原本有个美满的家，有个美丽的妻子，但就在他30岁那年，命运跟他开了个玩笑，刚怀孕五个月的妻子在家中滑了一跤而流产，后来，妻子

被诊断出不孕症。整天郁郁寡欢的妻子又在一次交通意外中丧生。一段时间以来，袁先生早已心力交瘁，但他还是坚持努力工作，并担任了几个小公司的兼职顾问，虽然很劳累、很操心，甚至很压抑，但是他不曾流过一滴泪，朋友都夸袁先生是条硬汉！

后来，袁先生感觉自己的头总是很疼，吃了一些头疼药也无济于事，后来，在朋友推荐下他去求助一位心理医生。心理医生告诉他，他内心的悲痛压抑太久了，如果想哭，就哭出来。在医生的建议下，他将长久以来郁积在心中的苦楚全部以泪水的形式宣泄了出来，整个人也轻松了很多。

很显然，生活中和袁先生一样有类似经历的人有很多，如果背着过去沉重而巨大的心理包袱，是无从谈未来的，要开启全新的人生，就必须丢掉这些包袱，从接纳并尊重自己的过去开始。

有这样一篇日记：

“刚开始的几天心里面真的很难受。我是一个很固执的人，认为自己再也走不出记忆了。现在我都不太清楚那些天是怎么过来的，曾经我强迫自己去忘掉，可是越是这样，那些画面在我的脑中越清晰。“悲伤”、“难受”这些词根本无法诠释我当时的心情。也不知道是从什么时候开始我接受了这个事实，不再刻意地去想以前，我努力地生活，努力地让自己快乐，我关心着身边的每一个人。渐渐地我让自己走出来了，偶尔听别人提到他，也忍不住去关心一下他，但是我知道这已经与爱情无关了。”

恐怕很多人在爱情路上都曾受过伤，也都有过这样一段“疗伤”的经历。人活于世，谁都不愿提起和想起伤心往事，这被人们称为“旧伤”。它不像电脑程序可以被人删除、剪切，它只能靠我们自己来修复。那么，我们该怎样从心理的角度“修复”那些“旧伤”呢?

催眠师和心理学家指出，要修复自己的心态，调整自己的状态，就要接纳和尊重自己的过去和昨天，因为下一秒，现在也将变成过去。

所以，对于糟糕的昨天，我们应该先接受它，我们越是抗拒，越是无法平和地面对。因此，不要再不断地反问自己：“我怎么会这样呢？”“我怎么会遇到这种事情？”这样，只会让你的痛苦加剧。

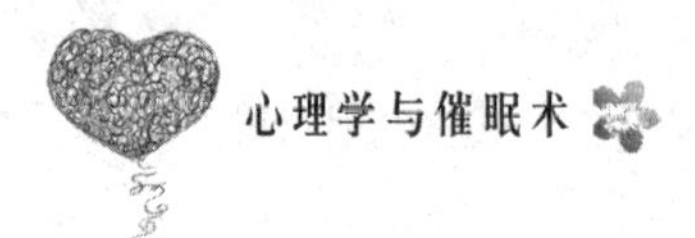

如果你能减少抗拒的时间，那么，你就能较早地走出来。比如，你的亲人去世了，你肯定会伤心、痛苦，但如果你能告诉自己："逝者已逝"，那么，你会逐渐变得平和起来。反过来，对于既定的事实，你越是长时间抗拒，越是痛苦，你处于低潮期的时间就越长。只有接纳，才能摒弃消极不安的状态。接纳并不意味着，"算了，认命吧。""我不会再有什么发展了。""接受这种状态吧。"而是一种积极进取的态度，只有不断地采取行动，才能取得理想的结果。

从催眠的角度分析，作为催眠师，在引导求助人的过程中，一定要保持中立的态度，这样才能让对方感受到尊重。在催眠师的引导下，对方能进入未来或过去，但效果如何，还要取决于对方进入催眠状态的程度。所以，你要知道，有效的催眠治疗绝不是走过场。

如果求助人存在心理问题，而催眠师难以从过去的经历中寻找"根源伤害事件"时，你可以先将对方引导至催眠状态后，顺着线索找到其心理问题，并将这一问题以合适的方式呈现出来，并建立联结。比如，如果对方在事业上遭受挫折，在他的潜意识里，他就可能把这一情况解释为在路上遇到了"拦路虎"，而当"拦路虎"被赶走之后，他原本受挫的心理也会逐渐发生变化。在催眠界泰斗艾瑞克森催眠治疗技术中，他所提出的间接治疗的理论基础就是这一点，比较典型的是，如果遇到的是个别坚信人是有前世的求助者，他往往会利用这一点，引导对方进入前世，然后解决其在前世遇到的遭遇。

还有一点，你需要注意，为了确定心理解释情境和所要解决的心理问题之间已经建立了内在联系，你可以尝试去触碰某一点，然后你可以观察对方的身体、语言和神态上的变化，如果对方的反应是在预料之内的，这就表明两者之间已经建立了联系，接下来，你就可以着手做自己的工作了。

第05章 催眠暗示与催眠现象——催眠与现实生活的紧密关系

不少催眠初学者会提出疑问，催眠与暗示之间有什么关联呢？暗示可否运用到催眠中呢？催眠暗示又有哪些呢？接下来，我们就来看一下催眠暗示与催眠现象，从而找到催眠与现实生活之间的紧密关系。

催眠可以提高身体的肌肉力量和柔韧性

前面，我们提到在催眠中出现的一种很有趣的现象——催眠秀，其中有这样一个催眠秀表演，催眠师告诉他们躺在那里，要变成一个承受巨大重量的人体钢板，他们瞬间就会变成人体钢板，即便被悬空架在两个椅子中间，他们也能做到。再或者，对于一个体重只有50公斤的人来说，他们被催眠后，居然能承受65公斤的重量，这是为什么呢？你也许感到不可思议，但这就是催眠对身体的影响，人被催眠后，身体的肌肉力量和柔韧性都会大幅提高。

我们可以这样说，人在进入催眠状态后，他的身体能进入平时很难达到的意识状态，因为催眠能激发人的潜能，其中就包括提高人的肌肉力量和身体的柔韧性。我们不妨先来看下面一个案例：

最近，某催眠师接待了一位女性，她遇到了一件让她困扰的事。她在周围姐妹的“怂恿”下开始学习拉丁舞，事实上，她也喜欢舞蹈，每每在电视上看到那些舞蹈演员翩翩起舞样子，她就心生羡慕。然而，她没想到学习拉

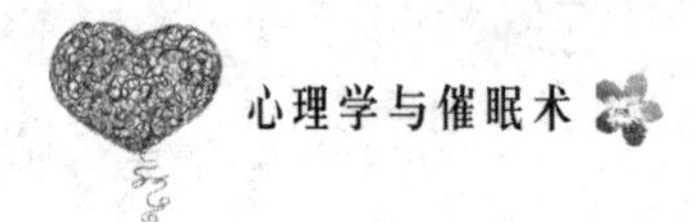

丁舞是这么困难的事，教练总说她太笨拙，身体缺乏柔韧性，甚至直接说她不适合跳拉丁舞，这让她很受伤，她对自己全盘否定："为什么别人可以，我就不可以，我怎么这么笨？"她不仅开始质疑自己的舞蹈天赋，还否定自己其他方面的能力，慢慢地，她感到自己做什么都没意思，整个人的精神状态很差。

一天，她的朋友推荐她寻求心理医生帮助，希望能得到改变。听了她的叙述后，心理医生很快知道了原因，便决定用催眠法帮助她。在对她进行了一番引导后，心理医生说："下面我们来做个前驱运动，要知道，你的身体非常柔软，肌肉拉伸性很好。"按照催眠师的引导，她居然轻松地将指尖触碰到了地面，接下来，她又做了个下腰的动作。

又过了一会儿，医生将她从催眠中唤醒，然后对她说："现在，你来做个前驱运动。"按照医生的指示，她的指尖只碰到了距离地面16厘米的地方。这名女性很沮丧，此时，医生告诉她："现在，我们来看一段视频好吗？"视频录的就是刚才她在催眠状态下的表现，看完后，她很吃惊，医生继续说："其实，你一直在限制自己的身体潜能，如果你相信自己，不要太在意教练的话，也许你会有更好的表现。"

看完心理医生后，她想了很多，认为医生的话很有道理，于是，她还是选择坚持去练习，不到几天的工夫，她的柔韧性果然好了很多，她的生活也开始步入正轨，工作顺利、开心。

从这一案例中，我们可以看出，人在催眠状态下的身体柔韧度比平时强很多。人的力量也是如此。

俗话说："狗急跳墙。""兔子急了也会咬人。"这其中也包含了一层意思，人在关键时刻，是会发出惊人的力量的，就连平日里拿不起的重物，也能提起。如果在平时，很有可能造成肌肉拉伤。因为人会无意识地不过度使用肌肉力量。

事实上，催眠能提高人的肌肉力量已经被广泛认可。催眠师曾做过实验，实验证明，如果一位二十来岁的女性做俯卧撑，那么，她在清醒的状态下一次只能做一个，但在进入催眠状态下，却能增加到五个，而如果做俯卧

撑的是一个三十多岁的男性，他在清醒状态下能做七个，但在催眠时却能增加到十五个。在这一过程中，催眠师会告诉他们：“现在你就像个超人，你拥有超人一样强大的力量，你的能量是惊人的。”

总之，催眠能使人的身体发生奇妙的变化，能激发人身体里潜在能量，这就是催眠暗示的作用之一。

催眠可以唤起无意识

众所周知，在当今社会，随着心理学和催眠术逐渐被人们认知和认可，我们越来越多地把关注点放到人们的内心世界，相信不少人都听过“无意识”这一词语，那么，什么是无意识呢？无意识也就是潜意识，是指那些在正常情况下根本不能变为意识的东西。最先将无意识这一概念引入心理学范畴的，是精神分析学创始人西格蒙德·弗洛伊德。

弗洛伊德出生在一个犹太大家庭中，他上面还有两个同父异母的哥哥，下面有两个同胞弟弟和五个妹妹。弗洛伊德从小天资聪颖，他在中学时代就显示出非凡的智力，成绩一直名列前茅，17岁考入维也纳大学医学院，1876年到1881年在著名生理学家艾内斯特·布吕克的指导下进行研究工作。并在1881年开始私人开业，担任临床神经专科医生。

弗洛伊德认为无意识具有能动作用，它主动地对人的性格和行为施加压力和影响。弗洛伊德在探究人的精神领域时运用了决定论的原则，认为事出必有因。看来微不足道的事情，如做梦、口误和笔误，都是由大脑中潜在原因决定的，只不过是以一种伪装的形式表现出来。由此，弗洛伊德提出关于无意识精神状态的假设，将意识划分为三个层次：意识、潜意识和无意识。

我们都知道，人睡着以后，就失去了意识，但是此时，人的无意识就会起作用，并且，它一直存在，在我们清醒时是不会察觉到它的存在的，一旦进入睡眠状态，它就会活跃频繁。

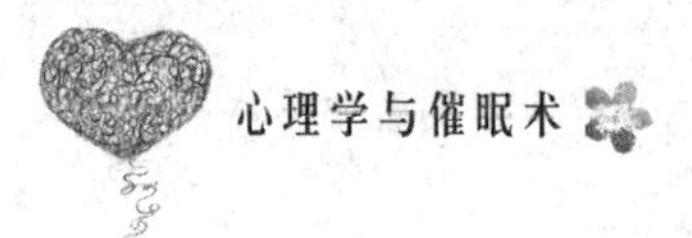

比如，内心深处被压抑而无从意识到的欲望。正是所谓“冰山理论”：人的意识组成就像一座冰山，露出水面的只是一小部分（意识），但隐藏在水下的绝大部分却对其余部分产生影响（无意识）。

生活中，一些人患有脸红症，也就是一到公共场合，就会条件反射般开始脸红，这是因为在人前让他们感到不安和恐惧，虽然一些人也知道这样会让自己和对方尴尬，但还是无法冷静下来。

为此，催眠师提出建议，要想克服脸红症，可以从催眠这一角度入手，如果我们是催眠师，我们可以唤醒对方的无意识，因为在催眠状态下，人的意识会减弱，此时，无意识就会“站”出来。

其实，无意识也经常出现于我们的生活中，很多情况下，一旦人们的某种行为自动化，就不再受意识控制了。还是以用筷子吃饭为例，一旦我们学会了使用筷子，那么，我们便可以一边吃饭，一边看电视、打电话或者看书了，因为此时的吃饭已经成为一种无意识行为。

另外，我们也会发现，在现实生活中，人们的一些怪诞的行为，也可能与无意识有关，平时，隐藏在他们无意识中的记忆，他们自身或者周围的人可能都觉察不出，但只要潜意识被唤醒，这些行为也就出现了。我们再来看看下面这则故事：

奇奇今年18岁了，刚上大学的他和同学相处融洽，但就是有一点，他晚上睡觉不敢关灯，到了熄灯时间，他只好自己打开手电筒，就这样，他打扰了室友们的休息，以致，他不得不回家住。父亲意识到儿子的睡眠障碍必须调整，于是，他强制儿子晚上去地下室，谁知道，他竟然昏倒在地下室。

后来，父亲不得不带儿子去看心理医生，在医生的鼓励下，奇奇说出了自己的心里话。原来，在他很小的时候，有一次，他和邻居家小朋友一起玩，对方给他讲了一个鬼故事，故事讲的是一个巨人专门吃10岁以下小孩子的心，还会喝他们的血，挖他们的眼。听完故事后他满怀恐惧蹒跚回家。

过了几天，他和几个小伙伴从游戏厅出来各自准备回家，他经过一条没有路灯的巷子，在巷子里，他发现有个巨大的身影一直跟着自己，他吓得出了一身冷汗，还没走出巷子，他就晕倒了。醒来时，他已经在家了，他问父

亲：“我的心还在不在？”当时，他的父亲没有留意孩子为什么会这样问，只觉得好笑。

再后来，他听说某家住宅的地下室，一对男女曾做了丑事，被人发现，结果女的羞愤自杀。不道德的行为和罪恶的感觉以及黑暗、地下室连在一起，使他对黑暗产生了恐惧。

故事中的奇奇之所以不敢关灯睡觉，其实是因为他对黑暗产生了恐惧，这种对黑暗的恐惧大半是从幼年期开始的。因为在此期间，儿童们最爱听有关鬼、神的故事。通常来说，这类故事的背景、内容及人物的出现，又常常是在晚间或平常人所看不到的黑暗中，以显示神秘性。久而久之，在孩子们幼小的心里，便形成了一种心理定式，那就是妖魔鬼怪都是出现在黑暗中的，就形成了对灯光的依赖，导致不敢关灯睡觉。其次，在某一黑暗的情境中意外遭遇到可怕的事情，或在黑夜做了一个噩梦，这些恐怖的经历未能及时排遣，也可能造成对黑暗的恐惧。对此，我们可以告诉他，他在黑暗的巷子里遇到的巨大的身影并不是鬼怪，而是人的影子得到了放大的结果。另外，我们可以帮助他重新模拟当天晚上的情景，从而帮助他从潜意识里逐步消除恐惧。

总的来说，催眠能唤起人们的无意识，也是与无意识发生关联的重要手段。

催眠可以增强记忆力

生活中，不少人可能都有这样的感触，有时候，当你遇到某个人，你明明认识对方，知道他的名字，仿佛他的名字已经到嘴边了，可就是说不出来。而且往往你越是用心去想，越是想不起来，当你准备放弃的时候，奇怪的是，你又突然想起来了，你一拍额头：“哎呀，就是他呀。怎么我的记性这么差？”

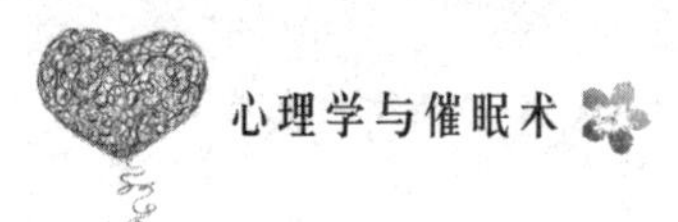

在前面一节中，我们已经介绍，催眠可以唤起人的无意识，一些在童年的记忆能被唤起，一些不正常的行为也和曾经的记忆有关。本节，我们要分析的是，人在催眠状态下，记忆力也会得到增强。

比如，某次考试，看到某道题目，你明知道答案是什么，可是不知道为什么，你突然什么都想不起来了，此时怎么办？你最好不要用力去想，你越轻松反而答案越能自动浮现。

你只要做个深呼吸，在内心跟自己说："这个很简单，等一下就会自动想起来了！"这样，你就给潜意识下了一个指令，潜意识会自动执行任务。然后你停止钻牛角尖，先去做其他题目，我保证你做其他题目时，会忽然福至心灵，潜意识已经自动帮你把答案提交出来了。

记忆，就是过去的经验在人脑中的反映。它包括识记、保持、再现、回忆四个基本过程。其形式有形象记忆、概念记忆、逻辑记忆、情绪记忆、运动记忆等。记忆的大敌是遗忘。

不少人产生疑问，人在被催眠的状态下，记忆力真的会提高吗？答案当然是肯定的。

接下来，我们不妨再看一个实验。

实验者的目的是看人们在催眠状态下可以记下多少英语单词。实验的对象是几个高中生，实验的方法是看他们在清醒和被催眠状态下各自能背诵多少单词，以此进行比较。

首先，无论他们是清醒时还是被催眠时，都教给他们20个单词，这20个单词难度不无差别，然后让他们将单词的意思一个个说出来。再过一段时间以后，让他们回答各个单词的意思，结果在我们的意料之中，对于这20个实验对象，他们在催眠时的成绩都比清醒时要好。有个特别的案例，有个高中生在清醒状态下能记住8个单词，但在催眠时却答对了17个。

为了确认这一结果，催眠师又继续做了几个实验，实验内容是关于历史年号和英语单词的拼写，结果同样是催眠时的记忆效果更佳。

不过，我们需要说明的是，在每次实验时，人数并不是绝对充足的，所以关于实验的结论不能妄下断言，不能说人在被催眠时的记忆力绝对比清醒

状态下好，更为重要的一点是，每个实验对象都有个体的差异，有的人在两种状态下的记忆差距大，有的人则差距小，最终，我们可以说，没有人的记忆力因为被催眠了而有的飞跃性的提高。

根据催眠师的实验和研究，得出结果，对于一些有意义的事，人们在催眠状态下比非催眠时的成绩更好。而对于没有意义的事，在清醒和催眠状态下并没有多大区别。还有一点，对于那些有意义的事，在催眠时，人们的记忆量会增多，同时，时间上也会增快。对于回忆过去有意义的事件，也是同样的结果，对于那些有意义的事，人们在催眠状态下比清醒时会更好地回忆起来。

催眠可以诱导人做梦

我们先来计算一下，假如一个人的寿命为70岁，每天有三分之一的时间用于睡眠，那么，也就是有27年的时间，在这27年的睡眠当中，用于做梦的时间至少有五六年。但可能令很多人感到好奇的是，人为什么会做梦？奥地利著名精神病学者和心理学家弗洛伊德曾经指出："一切梦的共同特性，第一就是睡眠。""梦是愿望的达成。"

我们知道，即使在熟睡时，人体和周围环境也并非完全隔绝，某些外界刺激仍能通过感觉系统传入大脑，去唤起大脑中某些细胞群的"觉醒状态"而做起梦来。这就是说睡眠中大脑的某些区域仍可对外界刺激保持一定的联系，这就是做梦。

做梦能使脑的内部产生极为活跃的化学反应，使脑细胞的蛋白质合成和更新达到高峰，而迅速流过的血液则带来氧气和养料，并把废物运走，这就使得本身不能更新的脑细胞会迅速更新其蛋白质成分，以准备来日投入紧张的活动。因此，从某一方面说，做梦有助脑功能。 脑中的一部分细胞在清醒时不起作用，但当人入睡时，这些细胞却在"演习"其功能，于是形成

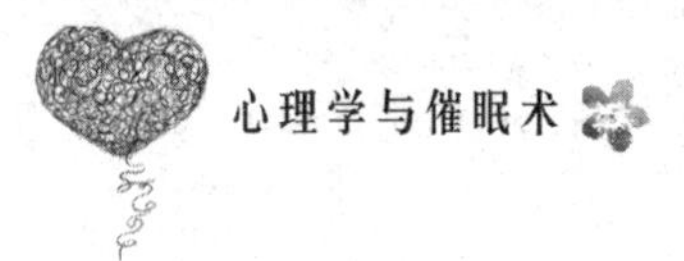

了梦。

梦境可帮助你进行创造性思维，许多著名科学家、文学家的丰硕成果都得益于梦的启迪。有人对英国剑桥大学卓有成就的学者进行调查，结果有70%学者认为他们的成果曾在梦中得到过启发。瑞士日内瓦大学对60名数学家也做过类似调查，有51人承认许多疑难问题曾在梦中得到解答。如果人不会做梦，则有可能在某种程度上导致心灵及个性上的紊乱，甚至影响思维灵感的发挥。

弗洛伊德认为，人不停地产生愿望和欲望，这些欲望在梦中通过各种伪装和变形表现和释放出来，这样才不会闯入人的意识，把人弄醒。也就是说，梦能帮助人们排除意识体系无法接受的那些渴望和欲望，是保护睡眠的卫士。

那么，人只有在睡眠时才会做梦吗？当然不是，人被催眠师催眠后也会做梦，催眠师可以通过暗示使对方看到像晚上睡觉做的梦一样的梦境，只不过，此时做的梦称之为催眠梦。

催眠的绝妙之处在于它可以使人在催眠过程中和觉醒后都能出现梦境。如果催眠师告诉已经进入知觉支配催眠状态的人："接下来，你会看到梦境。"那么，正如催眠师所引导的，他真的能看到梦境，而且，觉醒后，他还能记住自己在催眠状态下做的梦，并将这个梦的内容说出来。这就是梦的诱导。

在诱导对方进入梦境的时候，催眠师可以按照以下方法暗示对方：

"接下来，一旦我把手放到你的右肩上，你就能看到和你睡觉时一样做的梦，这是一个能告诉你现在所需要的信息的梦，你可以按照自己的想法去理解这个梦表达的是什么，在梦结束的时候，你能全部记住你自己看到的梦。并且，你还可以将你在梦中看到的故事都告诉我，还有你理解的关于梦的意义，你也可以跟我分享。"

我们都知道，梦是无意识的反映，能提供给我们很多无意识的信息，而这些信息对于催眠治疗能起到很大的作用。所以，催眠师在对被催眠者进行梦的诱导时，会事先将梦的内容指定好。

催眠能使人的触觉发生变化

前面，我们已经讨论过一个现象，人在进入催眠状态后，会听从催眠师的指挥，催眠师对其下达什么指令，他就会做什么，甚至能做出一些让我们感到吃惊的事，比如，被催眠以后，他们即使被针扎，也不感到疼痛，这是为什么呢？这是因为催眠能使人的触觉发生变化。

催眠师认为，人的催眠深度一旦达到知觉支配阶段，可以通过暗示使对方的机能发生变化，除了使被催眠者不感到疼痛以外，催眠还能使对方感到其他的触觉变化。

比如，催眠师可以这样暗示被催眠者："现在，在你的右手背上有一只蚂蚁，它正来回爬动，现在你的右手感到很痒。"在对方接受了你的暗示后，他的手背就会抽动，或者真的像蚂蚁爬过一样。同样，不只是痒这种感觉，如果给对方很凉、很热、寒冷等触觉的暗示，对方也会真的有这样的反应。

除了以上几种触觉外，我们还能让对方产生一种无感觉的状态，在这样的状态下，无论对方的四肢、皮肤受到了怎样的刺激，他都不会感受到。

那么，如何给对方这样一种无感觉的暗示呢？我们可以这样暗示对方："现在，你的右手被一层厚厚的布裹起来了，你的手被裹得很沉，你已经分不清哪里是手，哪里是布，慢慢地，你的右手变得很笨拙、迟钝，你的手已经没有任何感觉了，现在，你感觉到自己人还在这里，但手已经不知道去哪里了，你的右手已经毫无知觉了……你的右手已经毫无知觉了。"

于是，在这一暗示下，无论对方的手是被针扎了，还是被人掐了，他都不会感觉到疼痛，更有甚者会纹丝不动，这种在手部的状态同样会出现在身体的其他部位。正是认识到了这一点，为了缓解病人的疼痛，一些医生会在治疗中使用催眠法，比如牙医。不少牙医都学了催眠术，目的是当病人来寻求他们的帮助时，让病人在拔牙或者治疗中达到口腔的无痛状态。

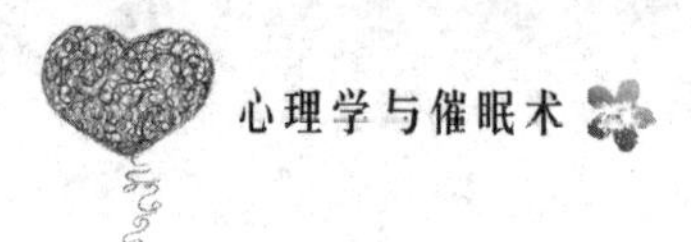

快速进入催眠状态的方法

可能不少对催眠感兴趣或者正在学习催眠术的人都会有一个困惑：为什么一些催眠师使出浑身解数都无法引导被催眠者进入状态呢？有什么方法能立即让被催眠者进入催眠状态呢？答案是：关键字法！一些关键字就像某种指令或者咒语一样，只要被催眠者听到催眠师所说的关键字，就会瞬间开启自己的催眠模式。

所谓关键字法，就是催眠师利用某种特定的话语或信号，也就是我们所说的关键字，对被催眠者进行催眠梦暗示，使得对方立刻进入催眠的方法。

在催眠治疗中，这种方法起到了无可替代的作用，当然，这需要我们让被催眠者对某种固定的信号或者话语产生反应。

接下来，我们来看这样一则引导案例："你从催眠状态清醒后，深呼吸会变成你每天早上的一种习惯，当你对着书本、正在上课或者考试的时候，你会自然而然地深呼吸，并且当场就应该深呼吸，而且，你能像现在这样以安静、平和的心态学习，即使考试时，你也能这样。"

一旦使用了这种关键词催眠法，在接下来的催眠诱导中，方法也会容易和简单很多。我们可以事先使用关键字对对方进行暗示，使得被催眠者迅速进入催眠状态，这样可以大大节约催眠师的诱导时间。

具体来说，催眠师可以这样做：

下面是几种催眠引导语："从今天开始，以后任何时候，只要我对你说'安宁、舒适、平静'时，你就会比今天更加容易进入催眠状态。""在你下次感到恍惚的时候，我会像这样敲五次三角铁，这样一来，你就会很快进入与今天相同的舒服的催眠状态。"

关键字法不仅可以用于对他人的催眠中，在自我催眠中，也可以熟练地使用。你需要明白哪些关键字能对你进入自我催眠状态起到作用。对此，我们可以按照以下方法开展自我催眠："从现在开始，到以后任何时候，每次只要我在心中反复默念10次'恍惚'这个词，我就能像现在这样快速进入自

我催眠状态。”

分析到这里，我们还要申明一点，我们在电视节目上经常看到的催眠师只要一打响指，被催眠者就能进入催眠状态的场景，所以，不少人认为，任何人都可以简单地进入催眠状态，其实这是一种误解，尽管关键字法能引导他人快速进入催眠状态，但也需要我们提前做出一番努力，要找到能对对方起作用的固定话语或信号。

运用年龄倒退法找寻遗失的记忆

我们都知道，催眠被广泛运用于心理治疗这一领域，因为催眠具有一项重要的功能，能帮助被催眠者回到过去，重复曾经的记忆，通过找回遗失的记忆来抚平心灵的创伤。

那么，怎样帮助他人找寻遗失的记忆呢？催眠术中有一个重要的方法被称为年龄倒退法。所谓年龄倒退法，指的是利用催眠追溯到过去，使对方遗忘的记忆复苏的方法。

在心理学上，我们经常提到一个名词“童年阴影”，童年时的某种遭遇和经历会对经历者成年后的思维或者生活产生某种影响，一些人甚至会产生一些心理问题，为此，心理咨询师或者医生通常会利用年龄倒退法将患者带回童年时期，使其在童年的记忆再现，进而找到患者的心灵创伤。

当然，一般情况下，我们通过催眠要达到的年龄倒退，是倒退到其小时候，但在必要的情况下，从理论上来说可以让对方倒退到任何阶段。

催眠师在工作过程中发现，让被催眠者的年纪倒退到小时候，无论是其心理还是生理上都会完全返回到其童年阶段，比如，对方可能在行为、语言上也像个孩子一样，不过，对于被催眠者的记忆多半是制造出来的。虽然我们并不能否认这些记忆的真实性，但我们必须承认的是，在这些记忆中，多少含有现在的自己的安排的记忆成分。

然而，不管被催眠者对记忆进行了多少程度的倒退，都会给催眠师或心理医生一个可以找寻问题根源的突破口，特别是对于那些总是被曾经记忆困扰的人，一旦找到他们产生心理问题的源头，就能解决因为那一根源而引发的一些不正常的行为模式和心理。

当然，将对方年龄倒退的方法有很多。被广泛使用的是从对方现在的年龄开始一岁一岁地往前倒数。还有一种暗示方法：直接让对方回想记忆发生的时间："现在你回到造成某某症状的那个场面。"这样，对方就会直接回到心灵创伤的那个场面，我们也可以这样暗示对方："现在，你可以回到你认为有必要返回的过去的某个时间。"

另外，我们需要注意的是，如果对方有心理抵抗，是无法回到当时的场面的，因此，在进行催眠之前，我们最好先与对方建立信任和尊重，进而消除其心理抵抗。

催眠能带你体验未来的自己

前面，我们已经提及，催眠可以唤起记忆，在催眠状态下，曾经发生的事能再次上演，催眠师也能借助这一方法帮助对方克服曾经的某些心理障碍。不仅如此，催眠还可以带我们去未来，让我们体验一下未来的自己，去未来旅行，看看未来的自己和生活是什么样的。

你也许会感到吃惊，真的有这么神奇吗？的确如此！在催眠状态下，让被催眠者看到时间在前进，让对方去未来体验自己就是催眠学上所说的发展催眠。比如，在引导对方进入催眠的过程中，你可以暗示原本只是30岁的他现在已经40岁了，让他看到40岁时的自己。不过，这并不是真的让时间前进的方法，也不能让对方真正体验到未来发生的事，只是对方在无意识之中去想象自己的未来。

那么，如何让我们的意识去向未来呢？方法有多种，在这里，我们要讨

论并分析的是将现在的年龄逐步递增的方法。

“时间现在在一步步往前前进，前进，接下来，我会数数，我每数一个数，你就会往上长一岁，现在，我开始数了，30、31、32、33…39、40，现在，你的年纪是40岁，那么，你现在在做什么呢？你人在哪里呢？”

现在，在被催眠者的意识中出现的是未来的他现在的心理状态的反应，如果出现的未来是消极的、否定的，那么，此刻他的心理状态就是不安的、焦躁的、恐惧的，那么，作为催眠师的我们工作的目的就是消除这些否定的、消极的情绪，使被催眠者积极地面向未来，那么，对方的心境也会随之好起来。

接下来，我们可以问询被催眠者是否重新开始自己原本的人生？如果他的答案是肯定的，那么，我们就要问询对方，要怎样开始这一过程才能让自己的人生更美好。比如，我们可以这样暗示：“如果你现在再努力一点、积极一点，对人热情一点，十年后的你是什么样子？”也许对方的回答是：“我将成为一名受人尊敬的领导。”又如，“如果你按照现在的样子继续生活的话，十年后你是什么样子？”“按照现在的趋势发展下去的话，公司员工晋升名单中肯定没有我，我将会被冷落。”这样，对方在对比之下，自然有所选择，以使自己的未来变得更光明。

让你内心深处感到压抑的是什么

在我们的生活中，大概每个人心里都有一些说不出的苦恼，都有一些压抑之事，有些人甚至因此而产生一些心理问题，那么，我们该怎么办呢？不少人求助于心理医生的帮助，医生建议，催眠能帮助我们找到内心深处的压抑。

在催眠术中，有一种方法叫自动记录法，就是与本人的意志无关，手自动地写字或者涂鸦的现象。

在过去，人们会认为这是神灵的指示，是为了传达某种信息。现代催眠术中，催眠师会使用这种方法找出对方无意识的心理纠结或者被压抑的愿望等。催眠师要想让这种方法成功起到作用，就要事先引导对方进入深度催眠状态。

接下来，我们可以这样暗示对方：

“来，请拿着这支笔，然后用你在平时写字时相同的力度握住它，笔的下方是一张厚纸，接下来，我从一数到三，你可以用笔写下任何你想写的内容，你让这支笔自由地活动，而不是你让它动，你在写的过程中，并不知道自己在写的是什么，就好像这支笔是被别人掌握的，你的手会不自觉地涂鸦，因此，暂时放弃你的思维，只需要让你手中的笔自由活动。”

在一次心理治疗活动中，催眠师遇到了这样一个青年，他在对这个年轻人进行催眠的过程中发现，这个年轻人一边拿着笔涂鸦，一边流泪，其实，他完成的文章，只不过是一些横七竖八的线条而已，催眠师完全不知道他写的是什么意思。他说自己即便睁眼，也能保持在催眠的状态，所以，催眠师暗示他，只要睁开眼读一下，就能明白自己写的是什么了 。他告诉催眠师，在他很小的时候，他的父母就离异了，他跟着父亲生活，二十多年从未见过母亲一面，而他涂鸦时想表达的内容就是他很想念母亲，很寂寞，他多希望自己还能像小时候那样在母亲怀里撒撒娇。

第06章 催眠中的身心竟然如此神奇——不可思议的催眠术

在我们的现实生活中，相信有过催眠经历的人都会认为催眠简直是不可思议，因为一个人一旦被催眠后，就会变成与日常生活中完全不同的模样，甚至拥有常人不可能拥有的“超能力”，诸如人体钢板、透视眼等，的确，大多数情况下，被催眠者会接受催眠师的指令。那么，为什么催眠如此神奇呢？接下来，我们就来揭开这一谜底。

为何催眠术如此神奇

前面，我们已经提及，催眠术被运用到很多领域，其中就有心理治疗。可以说，催眠术是一项古老而又充满活力的心理调整技术。

那么，到底什么是催眠术呢？其实，当一个人与自己的感觉进行沟通，或者他正在与自己的内心进行沟通的时候，他便处在一定程度的催眠状态了。

我们提及过，我们无法对催眠进行确切的定义，但是催眠术却是能被阐述清楚的，所谓催眠术，指的是通过特殊的诱导使人进入类似睡眠而非睡眠的技术。

人进入催眠状态后，他的意识就会进入一种相对削弱的状态，人的潜意识开始活跃，包括感知觉、情感、思维、意志和行为等心理活动都和催眠师的言行保持密切的联系，就像海绵能充分汲取催眠师的指令，能导致这种状

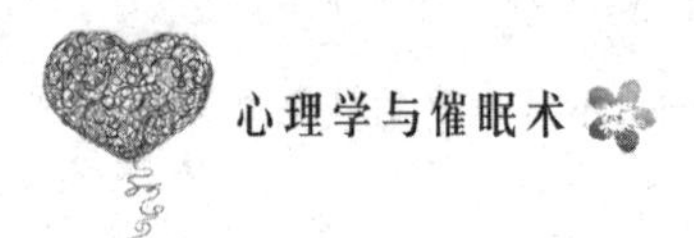

态的技术就叫催眠术。

现实生活中，在催眠师的帮助下，我们能改善情绪，调节压力，解开心结，开发潜能。这就是催眠术能够起到调节身心作用的原因。

我们先来看看催眠在心理治疗中的功用：在催眠治疗过程中，当事人始终处于一种自我放松的状态，那么，他的心理防卫自然会降低，即便在平时有所顾忌的想法也会吐露出来，也就是说，压抑在心底的想法和情绪都会被释放出来，他们也就更能倾听到内在的声音，进而做到接纳自我，解开心结。

日常生活里，人们追求灯红酒绿、光怪陆离的刺激，很少有时间去探查自己的内心，去找寻最本真的自我，更是很少向内寻找问题的根源。而在催眠状态下，当人们闭上眼睛的时候，在与外界隔绝的情况下，在催眠师的引导下，人们的心才开始重新探访自己。

精神分析学大师弗洛伊德也发现，那些心理失调的人之所以表现出一些行为上的怪异，是因为他们无法控制自己的潜意识，而催眠能帮助他们解决这一问题。

有一次，弗洛伊德接待了一位年轻的女性，她告诉弗洛伊德，她有只手的手臂是麻痹的，没办法工作，更没办法做家务，她为此感到很痛苦。

听完她的叙述后，弗洛伊德检查了一下她的手，发现她手臂部分的神经和肌肉都是健康的，生理上是不存在任何问题的，既然如此，那一定是心理上出现问题了，于是，弗洛伊德猜测，一定是她的潜意识渴望自己生病。

经过了解，弗洛伊德发现，原来这位女性是独生女，她的父亲丧偶又残废，她必须照顾好自己的父亲。后来，她吸引了当地的一名男子，该男子向她求婚，她没有答应，但是她内心又无法放下，最后她还是与对方断绝了来往。

随后，她的手就麻痹了。

弗洛伊德很明白，这名女性是陷入了情感的两难境地，她希望自己能找到爱人，能成家，但她还必须照顾父亲，这两者无法同时存在，所以她感到痛苦，她无法接受这种负面情绪，只好压抑下去，直到结束了那段感情之

后，她的这种压抑就转化为手臂的麻痹，如此一来，她也就和她的父亲一样成了病人，也就不必承担照顾父亲的责任和义务了。

从这里可以看出，压抑，表面上解决了一个问题，实际上，相对制造了更大的问题，而且，因为不能正大光明面对问题，整个人格发生扭曲，问题反而更加严重。而催眠却能帮助人们释放自己，消除心理压抑。“催眠就是在意识与潜意识之间搭起一座桥梁，使人可以在意识清醒的状态下，直接与潜意识沟通。”有时候我甚至会进一步说：“催眠，就是与内在的最高负责人打交道。”

实际上，每一个催眠师都了解，凡是单调、重复、刻板的刺激都可能诱发不同程度的催眠，不少人也都有这方面的体会，而催眠术的神奇之处就是能将人带入轻松的状态，从而认识最本真的自我，正因为如此，催眠术总是能调整人的身心状态，提高我们的生活质量。

你知道催眠术的神奇功用吗

我们都知道，催眠在现代社会中被应用到很多领域。那么，催眠对我们有哪些好处？能够为你做什么？催眠术的神奇功用又有哪些呢？

很多经验丰富的催眠师根据多年的工作经验，总结出以下用途：

1. 帮助我们认识自己

这是最为重要的，也是催眠最为根本的功用。

人心叵测，其实，只有自己才是这个世界上最难认识的，所以很多人说自己才是自己最大的敌人。早在2000年前，古希腊人在德尔斐神庙的一侧刻上了“认识自己”的警世之语。几千年了，这句话仍然在风雨之中傲视着世人。遗憾的是，迄今为止，人们仍然无法肯定地说自己已经实现了“认识自己”的远大目标。

在现代社会，生活节奏越来越快，竞争越来越激烈，人们的物质需求越来越高。然而，假如不能很好地认识自己，知道自己所真正追求的是什么，不知道人生的目标是什么，那么，就很容易形成自满、自负、自我陶醉的心理，甚至还会产生虚荣心理。在物质利益的诱惑面前，很多人把持不住自己，盲目地炫耀追求利益而做出很多有违人性的事情。还有的人虚荣心膨胀，喜欢哗众取宠、炫耀自己，无法客观地、正确地评价自己。与此相反，还有的人总是喜欢和比自己能力强或者物质条件好的人相比，很容易产生心理落差，觉得自己一无是处，因而自我贬低。

其实，这种人原本很有才华，只要努力就能够做出一番成绩，但是却因为自我贬低而伤害了自己的自尊心，导致自己止步不前。为了避免上述种种情况的发生，我们每个人都应该正确地认识自己，意识到每个人都有自己的长处和短处，都有自己拥有的而别人却没有的东西，都有属于自己的幸福。只有这样，才能以平静的心态坦然地面对生活。

那么，我们该怎样认识自我呢？答案是催眠术。

当我们处于催眠状态下，身心放松而宁静，意识清晰而专注，我们就能打开自己的心扉，就能把各种心理垃圾清除掉，就能看见原来的自己。

2. 催眠是心理治疗的最佳方式

心理治疗发展到今天，各种治疗方法百花齐放，都有各自的妙处，但无论如何，催眠都是各种心理治疗技术的基础。

如果你懂得自我催眠，那么，你还可以运用催眠术来处理自己的心理问题，当一个人懂得自我催眠，把自己治好，那种感觉会令人气定神闲，生活得稳如泰山。

3. 处理身体的疾病，改善身体健康

现代医学已经认识到身体的疾病很多时候都来源于心理问题，凡是因心理偏差引起的身体问题，都可以通过催眠来治疗。

遗憾的是，现代社会已经有很多人很久体会不到放松的愉悦了，事实上，只要你能进入催眠状态，能体会到催眠带来的安宁和放松，那么，这本身就是一种治疗了。

4. 催眠可以帮助人们戒除不良成瘾行为

人类的成瘾行为种类非常多，大致有烟瘾、酒瘾、毒瘾、赌瘾、色情瘾，对于现代社会的青少年来说，还有各式各样的上瘾症，如购物瘾、偷窃瘾、收集瘾、美食瘾等。这些成瘾行为，都有心理形成机制，凡是心理因素引起的问题，都在催眠治疗的应用范围之内。

5. 止疼

催眠界不少权威都一致认为，催眠是一种有效的止疼方法。无论是大大小小的外科手术，还是催眠助产，都可以采用催眠术。

6. 增强记忆力，提升学习效果

要提高学习效果，学习者需要注意很多方面的问题，比如，要有足够强的学习动机、有效的学习方法，还要有良好的学习心境等，这些都可以采用催眠法。

学习者可以听一些催眠录音，以此让自己静下心来，如果你熟悉自我催眠的方法，那么，你也可以通过自我催眠来提升学习效果，拥有更好的记忆力。

7. 镇痛、助产

到目前为止，很多医院都有因为使用了催眠法而使孕妇生产更顺利的案例。因为孕妇在进入催眠状态后，心情会获得放松，催眠能降低她们的负面想象，以此达到助产效果。

另外，催眠还能大幅减少怀孕过程中因为担忧而引起的心理折磨。还能让孕妇拥有更好的睡眠，更能缩短生产的时间。总之，一个宝宝的诞生是需要母亲付出很大心血的，而在这条艰辛的路上，催眠是孕妇的最佳良伴。

8. 加速入睡

现代社会，不少人都有失眠问题，而且很多人一失眠就服用安眠药。据报道，台湾一年通过保健医疗体系开出来的镇静安眠类药品有13.5亿颗。其中尤以新一代安眠药“Zolpidem”（唑吡坦）用量最大，一年开出8000多万颗，是同类药品之首。

安眠药服用多了，还可能会产生副作用与后遗症。

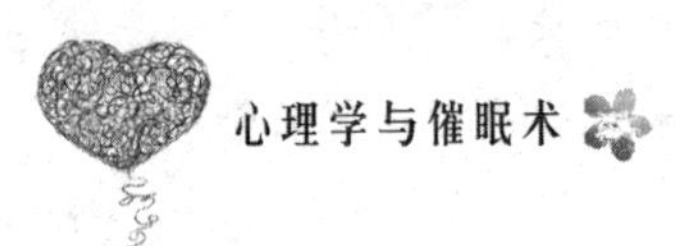

催眠可以说是最容易见效的，也是最为自然的助人安眠的方法。

无论是为了进入放松宁静状态以顺利入眠，还是处理心理问题，解除扰人入梦的烦忧，催眠都值得一试。

9. 催眠是最好的解梦方法

我们每个人的一生，大概有三分之一的时间都在做梦。催眠的方法能帮助我们再现梦境，自然轻松解梦。

10. 催眠能解决各种稀奇古怪的问题

不少人在遇到了下面这些烦恼都会找催眠师而不是心理医生：

对人生感到迷茫的人，他们希望催眠师能告诉他们接下来的路该怎么走；

一直觉得自己很倒霉，希望催眠师能帮助他们改变自己的运气；

总觉得自己被恶魔缠身的人，希望催眠师能赐予他们降妖除魔的正能量；

丢了东西，忘记了把东西放在哪里，希望催眠师帮自己唤醒记忆；

因为感情、事业、压力等原因，希望催眠师能帮助自己探清自己的前世今生；

修炼气功的人，希望催眠师能帮自己调整能量状态；

……

当然，我们还可以列举出更多的例子。

总之，催眠是可以与人的潜意识进行沟通的，是能激发潜在能量的，也能让人看清自我，所以，催眠总是能为我们处理各种问题，帮助我们更好地生活、工作。

被催眠了我为什么没有感觉

在平日的生活里，不少有过催眠经历的人都会产生这一疑问：“我真的被催眠了吗？”答案当然是肯定的。然而，人们新的疑问又出现了：“那

么，为什么我没有感觉呢？”

对于这样的疑问，催眠师可能会报之一笑，“不知道求助者要的是什么感觉。”事实上，很多被催眠者之所以认为催眠有某些感觉，是受到了舞台催眠秀或者电影、小说等对催眠的夸张描述。他们认为，被催眠应该有一种非常特殊的感觉，自己会进入一种非常戏剧化的状态，比如，一些人会认为自己进入一种很深层次的无意识状态，或者在感官上会受到一种刺激，像被灌醉了或者吃了迷幻药一般。

然而，催眠师们给出的权威观点是，任何一个人，除非是进入很深的催眠状态，否则，在轻中度的催眠状态下，被催眠者的意识依然是清醒的，并且，因为做到了绝对的放松、摒除了内心的杂念，他们会比平时更清醒。

这些对自己是否进入了催眠状态心存疑惑的人，可能还有一点，他们会假设自己依然处于现实中的状态，这样会产生催眠效果吗？答案自然也是肯定的，催眠师也必须承认的是，几乎所有的催眠治疗都是在被催眠者依然处于感觉清醒的状态下进行和完成的。他们对被催眠者提出建议，如果你确定自己被催眠了，可以从以下几个方面进行判断：

1. 抛开个人意志，从其他方面体会进入被催眠状态

比如，一些催眠师会要求被催眠者放松自己，让对方完全松软下来，然后在摇动手臂、身体颤动或者食指会动的情况下来回答催眠师的问题等。

2. 调动自我意志，但总是没办法克服催眠者的禁制指令

比如，你下达某个指令，暗示对方，让他从1到10数数，并且要隔开数字7。对于那些数到6之后拼命想也想不起来数字7的人，这大概是一次难忘的经历。

3. 被催眠者表现出平时不曾有过的突出能力

曾有一位催眠师在某宗教场合做催眠示范，他挑选了催眠敏感度极高的人作为自己的催眠对象，在一番诱导之后，他对对方下达指令：“过一会儿，我会拍三下你脑袋的后面，此时，你睁眼看看，你可以看见人体的气场，能清楚地看见包围在人体周围的灵光，然后，你要看清楚在场的每一个人。”接下来，催眠师补充道：“你获得这种超能力的时间是五分钟，当五

分钟过后，一切都变回原来的模样。”

这场催眠表演的结果是，这位催眠师称，在他所有的催眠示范中，这次是获得最多回应和反响的一次。

在这次催眠活动结束之后，当时接受催眠的那位先生又主动来找他，然后恳切地表达了自己再想被催眠的想法，因为他想再拥有这种透视眼的能力，催眠师对此报之一笑，然后也诚恳地告诉他：“所有的一切都该顺其自然，不是吗？这样的能力你已经拥有过一次，你也知道自己有这样的潜能，有一天，当你这种能力再恢复了，就是时机真的到了，再不需要我的诱导，这样不是最好吗？”

听到催眠师这样回答，他随即点点头：“老师你说得对，我现在懂了。”

可见，当被催眠者被引导进入催眠状态后，他们能表现出某种与众不同的能力，一定会令被催眠者感到惊奇，这也会让他们感到自己真的被催眠了。

人一旦进入催眠状态会不会醒不过来

看过电影《盗梦空间》的人可能都熟悉电影中的一个情节：很多人开始做梦，然后一层层地掉入了梦的最深处，这群人一起置身于某个幽暗的房间，他们依然是活着的，他们有呼吸、有心跳，都有各自的梦，但在肢体语言上却没有什么动静。主人公为此感到好奇，便问那个为这些人注射药水的人：“难道他们每天来这里就是为了更好地睡一觉吗？”医生的答案是：“不，他们到这里，是为了更好地醒来。”的确，这些人完全处于混沌的状态，分不清现实与梦境了，这是因为他们做梦的时间太久，也太深了。

看到这里，对催眠感兴趣的人也不禁会产生一个疑问：“人在进入催眠状态后会不会醒不过来呢？”可能不少催眠师都会被读者追问这样的问题。这里给出明确的答案是：不会。

有些幽默的催眠师被人这样问时，可能会调侃道："会，因为催眠太舒服了，所以不想醒来。"

当然，对于被催眠者来说，偶尔他们的确希望自己不要醒来。一些人在现实生活中压力很大、身心失调或者晚上经常失眠，当他们来到催眠室之后，在催眠师的引导下，他们可以暂时摆脱困扰他们的很多事，所以，一些人会在催眠结束后依然对催眠师说："可不可以不让我这么快醒呢？"

这时候，催眠师可能会说："那好，你可以尽情享受这轻松的感觉和个中美妙的体验，等你想醒过来的时候再结束吧，那时候你可以睁开眼，你整个人绝对轻松多了。"

不少被失眠困扰的人也希望自己被催眠的时间久一点，他们难得进入梦乡，当他们睡着的时候，他们全身放松，像一只松软的旧袜子，甚至还会发出轻微的鼾声，面露安详的表情。好的催眠师此时也不会打扰他们的美梦。

我们都知道，夜间，无论我们的睡梦多么深沉，第二天我们总会醒来，其实催眠何尝不是如此呢？深陷催眠状态无法醒来的状态是不可能发生的。

然而，我们也发现一个问题，确实有个别案例中催眠者在催眠结束后没有醒过来，这是为什么呢？

对此，我们可以分为两种情况：

1. 催眠秀：假装没有觉醒

一次，一位催眠大师到某学校进行演讲，其间，他对在场的一些学生进行引导催眠。

结果，催眠结束后，当大家都觉醒时，一名女生一直没有反应，催眠师使用了各种方法试图叫醒她，但是该女生依然没有醒过来。

演讲就要结束了，很多台下的学生也感到奇怪，催眠这么可怕？人进入催眠会醒不过来吗？

随后，催眠师当场宣布今天的演讲到此结束，可以离开了，但大家先不要动这位同学，以免打扰他在催眠状态下的心理活动。

接下来，他说，他要请一位高手来，是一位更厉害的催眠师，他能处理眼前的情况。所以，等大家都离开时，在大厅内，只剩下了这二人，此人对

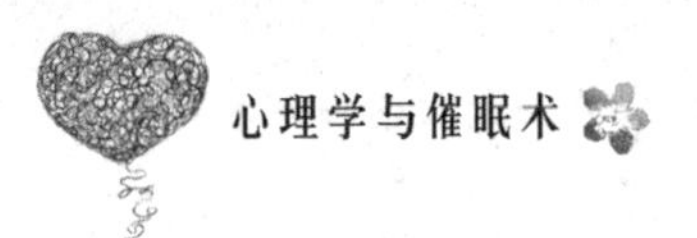

该女生说："好了，大家都走了，你也可以醒来了吧！"

这位女生当下就睁开眼睛，站起身来，笑笑走了。

这只是一场催眠秀而已，很明显，该女生是为了配合催眠师而故意没有清醒过来而已，这不禁为催眠蒙上了几分神秘的色彩。事实上，催眠秀要达到的就是这一效果。

2. 被催眠者的主观意识在控制

这是另一种情形。

当被催眠者进入了比较深的催眠状态后，他会沉浸在自己的世界里，是与现实世界隔绝的，也许他会需要很长的时间才能调整好自己，真正清醒过来。

曾经有这样一个案例：

催眠师正在为某位女士做催眠，治疗刚结束，另一位被求助者来了，于是，催眠师赶紧叫醒现在这位女士，女士就匆匆提包离开了。

她告别催眠师来到街上，看着过往的车辆，看着行走的路人，突然不知道自己身在何处，心里空荡荡的，她就感觉自己像个走失的小孩，不知道回家的路在哪儿。

她茫然地站在那里，过了十多分钟，她才清醒过来，很庆幸，她没有出什么意外。

这件事让她十分愤怒，再也不找那个咨询师做催眠了。

从这里，我们可以看出来，作为催眠师一定要有爱心，要从求助者的角度思考问题，应当给他们足够的时间让他们恢复常态。

人会不会受催眠师摆布而做出不该做的事

在现实生活中，不少人都看过各种各样的催眠秀舞台表演，我们看到被催眠者在催眠师的指令下会做出各种让我们拍案叫绝的事，而这些事是人们

在平常的生活中绝对无法表现出来的，于是，不少观众会暗暗思忖：“如果我也被催眠的话，那么，催眠师会不会对我下达一些负面的指令，让我去做一些违反道德、法律以及良知的事情，我会不会任由他摆布呢？”

对于这一问题，不少催眠师回答，他们认为自己没办法在被催眠者进入催眠状态后，对被催眠者下达指令，让其做违背个人意愿的事，更不可能指派他们去做一些违反道德和法律的事，也不会让被催眠者充当实现自己利益的工具。

事实上，美国的催眠大师米尔顿·艾力克森认为，催眠师即使对被催眠者进行引导，对他们下达指令，让他们做违背指令的事，他们也办不到，这是因为被催眠者会对某些不合理的指令有抵抗情绪，一旦他们接收到这些指令后，他们自动就醒了。

曾经有这样一个案例：

几个医学院的男生找来一位女生做实验对象，试图催眠她，他们能诱导她做出一些被谋杀、被抢劫的幻觉，但是当她被暗示要脱光衣服时，这个女孩突然惊醒了。

可见，很多情况下，即使被催眠者处于被催眠的状态，但是他们依然有保护自己的意识，遇到一些不合理的指令，他们是会拒绝的。

然而，林子大了什么鸟都有，我们不能保证每个催眠师都会恪守职业道德，都以解决被催眠者的问题为原则，而且，催眠术太深奥了，如果真有人想利用催眠术来作恶，他完全有机会成功。

在催眠史上，这样的案例太多了。

1939年，罗伦做的响尾蛇实验一直在催眠界被人津津乐道。

在一块安全玻璃中间隔着响尾蛇和被催眠者，然后，催眠师对被催眠者下达指令，希望他们去摸响尾蛇。不过，被催眠者完全看不到那块安全玻璃。

催眠师告诉这些被催眠者，那些响尾蛇只不过是橡皮管而已，最后，在4个被催眠者中，有3个真的去摸了。

另外，还有43个人是没有被催眠的，在他们接受了同样的暗示后，有41

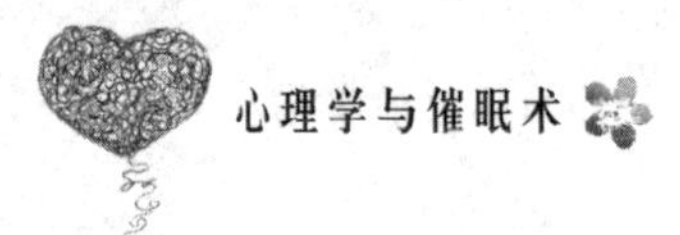

个人完全不敢去摸响尾蛇。

罗伦还做了另一个实验：

他让被催眠者拿起一个杯子，让他把杯子中的硫酸朝别人泼出去，结果被催眠者真的泼了，当然，我们知道，杯子里装的并不是硫酸，而是水，不过被催眠者并不知道。

所以，我可以说，通常情况下，对于那些明显有违道德和法律的指令，被催眠者是抗拒的，比如，拿刀子去刺伤别人，但如果催眠师在指令中做一些“手脚”：暗示被催眠者站在他面前的只是一个稻草人，而不是真人时，他真的有可能拿刀刺过去。

韦尔斯（Wells）在1941年的报告中说，他能做到催眠一个人，然后让此人去偷钱，并且让此人在事后对整个过程没有任何记忆。

又如，在一般情况下，你暗示被催眠者，让其脱光衣服，也许他会因抗拒而清醒过来，或者对你的指令置之不理，但是如果你暗示他，他现在所处的环境是炎热的沙漠、满头大汗，而他面前出现的是一片绿洲，还有清凉的湖水，现在，他可以好好洗个澡了，那么，此时，他真的有可能会脱下衣服。

服务于德国警署的梅尔医生报告过一个精彩的案例：

1934年时，一个法蓝资·瓦特的男子催眠了一位已婚妇女，这位妇女不但心甘情愿与其性交，还在被其催眠的情况下成为性服务工作者，把赚的钱都交给这名男人，并把自己已经存在银行的钱全部给他。

最后，瓦特还下指令让她谋杀丈夫，但到第六次失败后，这名女性的丈夫才意识到事有蹊跷，最终，他因起疑报了案。

梅尔医生被请到警局才参与这起案件的调查，经过调查他发现，原来这位女士被瓦特催眠了，除了做出以上有违道德和法律的事外，她还被下达指令，要求绝对不要对任何人提起。

当然，最后，梅尔医生顺利破解了瓦特复杂的指令系统，让她完全说出真相。

这件事的最后结果是，瓦特被判10年徒刑。

从以上案例和分析中，我们可以看出，虽然催眠师教唆被催眠者做一些有违道德和法律之事并不常见，但人确实可以在被催眠的情况下被催眠师操控而做出不该做的事，所以，专家提醒被催眠者，一定要选择那些德才兼备的催眠师进行催眠治疗。

好的催眠师该如何挑选

尽管催眠术已经风靡全世界，但是到目前为止，我国依然没有健全的相关法规来对催眠进行规范。所以我们在电视和网络上看到过一些人利用催眠来招摇撞骗。可以说，在国内，不少能提供催眠治疗的催眠师，要么是精神科医生、心理医生，要么是受过训练的护士、社工，也有些专科医生会通过这种方法来止痛、麻醉等。

当你想接受催眠治疗时，你是否想找到一位好的催眠师？其实这确实有难度，要知道，那些专业人士一般都有执照，即便如此，也不能保证就是好的，更何况那些不被法规约束的催眠师。

面对这样的情况，就需要我们自己来调查、打听、筛选，找到最适合自己的催眠师，其实这就好比购买某种产品，如果你周围的朋友都认为某品牌的产品好，你会毫无疑问地购买，但如果你身边没有人购买，你只能靠自己了。

如果你身边的确没有认识催眠师的人，那么，你可以先在网上搜索，找到那些知名的催眠师，然后你继续搜索，看看每个催眠师的教育背景、专业程度以及近几年的学术成就等，另外，你还可以在网上搜到催眠师撰写的文章，进而了解其知识水平、治疗成效等。

也许你还能搜索到一些催眠师，他们虽不是科班出身，但颇受好评，总是热心助人、能力突出、态度真诚，那么，他们也是你值得考虑的对象。

当然，催眠治疗是需要付费的，你还应该关注每个催眠师的收费标准。

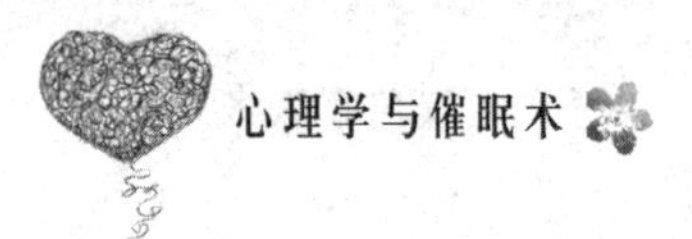

接下来，你就可以寻找该催眠师的预约方式了。如果接电话的正好是催眠师，那么，需要你细心点，在电话里，你就能感受到他的态度、人品、专业能力了。

如果在沟通中，你发现自己不太舒服、没有被尊重，那么，相信你自己的感觉，放弃这个催眠师，别勉强自己，你总能找到真正帮助自己的催眠师。

如果接电话的是他的助理，那么，这位催眠师肯定工作繁忙或者名气大等，你需要先与其助理或者秘书预约。这样也不错，至少表明这位催眠师帮助了不少人，是有权威的。

接下来，就到了你和催眠师会面的时间了。当你走进催眠室的时候，你可以从以下十个方面来考核：

（1）催眠师是否有抽烟、喝酒的习惯。

不少前来寻求催眠师帮助的就是为了戒烟戒酒，所以，真正有职业操守的催眠师是烟酒不沾的。

（2）催眠师是否让你受到感染，是否让你变得有希望。

（3）你觉得催眠师尊重你吗？

（4）与催眠师相处时，你感到轻松吗？

（5）当你说话时，催眠师是否专心倾听。

（6）你在他工作室感到自在吗？

（7）催眠师是否对你的问题感兴趣，是否尊重你的需求。

如果他在你说话时表现得心不在焉，或者对你的问题感到不耐烦，那么，他一定不是一个好的催眠师。

（8）催眠师对你提出的问题以什么样的态度回答？

（9）催眠师的道德操守是否值得信赖？

一般来说，催眠会在封闭的环境里进行，如果催眠师让你有不安的感觉，那么，最好放弃，否则，即使接受了催眠，也不会有好的疗效。

（10）当你有不懂的地方，是否有耐心回答你？

要知道，只有有足够耐心的人，才是好的催眠师。

同时，你还可以通过以下问题来检测催眠师。

1. 我可以录音吗

如果催眠师回答：“当然可以，你可以反复聆听治疗过程，以此来巩固治疗效果。”那么，这位催眠师就是值得信赖的。

2. 您认为我的情况需要多长时间可以治愈

如果催眠师很明确地告诉你一次、两次或者三次，那么，他的话反而不值得信任，你要小心。而专业的催眠师绝不会对你保证什么，因为治疗还没开始，变化太多，也不会给你绝对的答案。

3. 在有需要的情况下，我可以带我的朋友一起来吗

你要相信，正派的催眠师为了让你获得安全感，一定会答应你的这一要求。

4. 催眠师有没有出版催眠CD（或催眠录音带）

好的催眠师一定会答应你这样做，而不是一味地推销自己的催眠治疗。要知道，催眠CD比催眠治疗的费用少很多。

5. 可以教我自我催眠吗

好的催眠师从不吝啬自己的技能，他会在治疗的同时教你做自我催眠，以此来巩固你的治疗效果，并真心希望你早日康复。

6. 请问你觉得我的问题出在哪里

如果催眠师用看起来千篇一律的答案来回答你，那么，他一定是敷衍你，比如，他会用所谓的童年阴影、前世情缘等，那么，你就必须小心了。

我们都要记住，人是复杂的动物，每个人的经历都不同，催眠师必须像侦探一样去了解在你身上真正发生了什么，只有这样，才能找出问题的根源，真正让你痊愈。

还有一点，你可以从某个细节洞察一切，在与催眠师近距离接触时，看看他的口腔是否清洁和卫生，要知道，在对方对你做催眠引导时，他会靠近你的耳朵和鼻腔，如果对方嘴巴有异味，那么无论他的催眠技巧多么好，除非你自备防毒面具，不然最好快逃。

好吧，分析到此处，我们该对这一问题进行总结了：

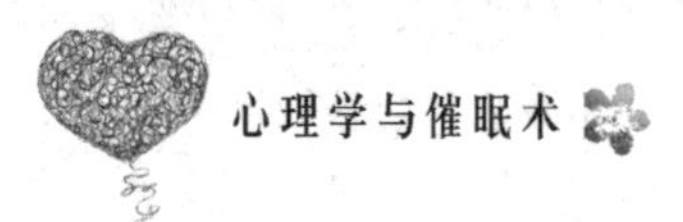

要选择好的催眠师，我们就不能完全指望催眠师，找上门的催眠师未必可靠，你需要先把功课做好：不妨先查清楚你要寻找的催眠师的资料，多读一些他撰写的文章，了解其背景和专业成就等，总之，你要相信自己的直觉，只有让你感到安全和轻松的催眠师，才能真正地帮助到你。

为什么有些人很难被催眠

前面，我们已经提过一个名词——催眠敏感度。所谓催眠敏感度，指的是一个人进入催眠状态的难易程度，顾名思义，催眠敏感度高的人，越容易被催眠师影响而进入催眠状态，相反，则较难或很难进入催眠状态。

很多催眠师在第一次接触前来求助他们的被催眠者时，都会对他们进行一次催眠敏感度测试。催眠专家经过研究发现，一般来说，大约有95%的人都有相当程度的催眠敏感度，其中5%的人非常容易被催眠，另外5%的人很难被催眠。

也有一些专家认为，只要一个人心智正常，那么，他就能够被催眠，只是有些人需要重复地引导和暗示，有些人需要的时间短些而已。比如，我们可以说，任何一个催眠师都是无法接受接连两三个小时的工作负荷的。对此，催眠界大师弥尔顿·艾力克森就经常使用那些重复、单调的语言对那些看起来很难进入催眠状态的人进行引导和暗示，当然，虽然经历了很长的时间，但每次他都做到了。

可能不少经验丰富的催眠师会有这样的感触，如果你遇到的是一位催眠敏感度极高的人，那么，你可能一点诱导工作也不需要做，只要对方一躺到治疗床上，闭上眼睛，你就可以告诉他："现在，我会从1数到3，当我数到'3'的时候，你就会回想起过去某件对你影响很深的事，你的眼前会浮现整件事的画面，画面十分清晰，并且，你会从中获得极大的帮助。"当你真的数到"1、2、3"的时候，他真的就能把那些过去发生的精彩故事回忆并叙述

出来。

对于不少催眠初学者来说，可能更希望自己遇到的是这样催眠敏感度高的人，因为对于他们来说，只要稍微诱导，就能让对方快速进入催眠状态，也容易建立起自信心。

事实上，催眠敏感度是人的个性特征中一项十分稳定的特征，在每个人的青春期以前是最高的，随后逐渐降低，而到了七十岁以后，要催眠它难度就大多了。

不过，我们也要指出一点，每个人都是存在一定的个体差异的，也有一些年逾古稀的老人，他们在做治疗时很容易放松下来，进入催眠状态。

那么，哪些人的催眠敏感度会高呢？我们又该怎样判定？催眠敏感度高的人一般会有以下特征：

（1）容易放松。

（2）愿意信赖催眠者。

（3）想象力丰富。

（4）专注力高。

（5）好奇心强。

（6）智商高。

不少催眠专家通过临床经验发现，一些有练瑜伽、打坐、练气功等习惯的人，他们更容易被催眠，因为有这些习惯的人，他们比其他人更了解如何改变和转换自己的意识状态，也能更好地控制自己的心念，而这些都是有利于催眠活动的。

可能你会认为，那些表面上看起来更容易被人哄骗的人极易进入催眠状态，实际上，这也是大部分人的误解。在我们周围，不少社会精英精明、能干、成就高，但他们却很容易被催眠。相反，一些自认为十分聪明的人，他们常常眼里只有自己、固执，这样的人很难进入催眠状态。

还有一点，是需要我们阐明的，被催眠和进入催眠状态其实是同一件事情。只是在心态上有少许差异。前者中心在催眠者身上，而进入催眠状态，主动性则在被催眠者身上。

“所有的催眠，都是自我催眠。”这一观点是所有催眠界的学者和专家一致同意的，因此，如果有人产生疑问：“为什么我不容易被催眠？”这会是一种比较消极的态度，倒不如问：“为什么我不容易进入催眠状态？”以这样的方式提问，明显积极很多，这样，提问者会更容易提升自己与内在的联结，强化与自己的潜意识沟通，从而调动自己的主动性。

中篇

催眠的日常应用

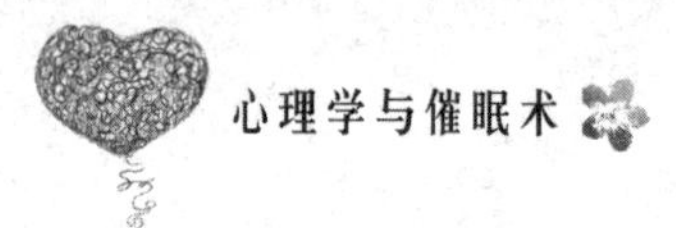

第07章 释放心理压力，解除心灵枷锁——催眠与压力释放

现代社会，随着生活节奏的加快，竞争日趋激烈，人们内心的压力越来越大，以至于一些人内心慌乱、手足无措，实际上，我们每个人都可以找到解压的方法，其中催眠就能达到释放压力的目的。因为催眠是一项帮助他人放松躯体和思维的活动，从催眠室走出来的人一般都如卸下了一身重担，当然，除了催眠外，能释放心理压力的方法还有很多，每个人可以根据自己的情况，寻求到最佳的方法，只有这样，我们才能正视自己的内心，抵达心灵平静的彼岸。

让催眠术助你释放内心压力

现代社会中，人们的压力到底有多大？无形的压力主要源自三个方面：工作、经济、健康。每天面对这些烦琐的问题，人们难免产生不良的情绪。于是，越来越多的人渴望能自我减压和放松。那么，怎样减压呢？不同的人有不同的方法，但几乎所有人都不会反对催眠是一项“有病治病，无病放松”的好办法。事实上，催眠的减压作用也越来越被人们所认可，我们先看下面一则小故事：

孙女士是一位医生。自年初医院对主任们实行末位淘汰制以来，心理压力很大，经常感到头昏脑涨、四肢乏力、心浮气躁，脾气也越来越不好。半年以后，孙女士瘦了不少，气色也不再红润，有人说她得了抑郁症。近几个

月，同事们普遍反映：以前那个心浮气躁、总感不适的她摇身变成了稳重大度、耐心敬业的人。是什么让她放下压力、乐观地工作与生活？孙女士说，是催眠，她有个朋友是催眠师，最近，她每周都会催眠三次，她还学会了一套自我催眠术，自从学会催眠术，她每天感到自己神清气爽，浑身有使不完的劲儿。

生活中，像孙女士一样存在心理问题的人并不少。生活中的种种问题让他们情绪不佳，但却不知如何宣泄。其实，催眠就是一个很好的方法。据统计，有50%的人一周内至少有一天会感到疲惫。而催眠能让人释放身体的疲惫感，增强能量。

心理学家曾说过："人是最会制造垃圾污染自己的动物之一。"正如清洁工每天早上都要清理人们制造的成堆的有形垃圾一样，我们要想彻底消除倦怠，就必须经常清洗心灵和头脑中那些烦恼、忧愁、痛苦等无形垃圾，真正让自己时刻心如明镜，洞若观火，以最好的状态去投入工作。

因此，如何让自己的心灵更纯净，释放压力就显得尤为重要。那么，催眠为什么越来越受到大家的青睐呢？这不仅在于催眠的独特魅力，而且作为一种最自然、最具亲和力的放松方法，它适合于任何年龄段的人。催眠能从以下几个方面帮助人们驱赶阴霾：

1. 安抚情绪，可以驯悍

经常去做催眠的人都称自己逐渐改变了火爆脾气。当然，你也可以学会自我催眠，多做深呼吸，自然就学会放松，你会找到让内心宁静的方法。

2. 放松身心，获得安宁

催眠最重要的是放松、平衡，获得宁静。在催眠状态中，被催眠者的身体会松软得像一只旧袜子，完全放松下来，最后，松了眉头，心脏就舒展了，身体就放松了。

3. 增进健康，延年益寿

可能体验过催眠的人都有这样的感觉：从催眠中觉醒后原本僵硬的身体放松了，原本无力的四肢有劲了，好像看到的世界也不一样了，他们能找到当下生活中所缺乏的，能看到自己的不足，能看到生命的可贵，他们以全新

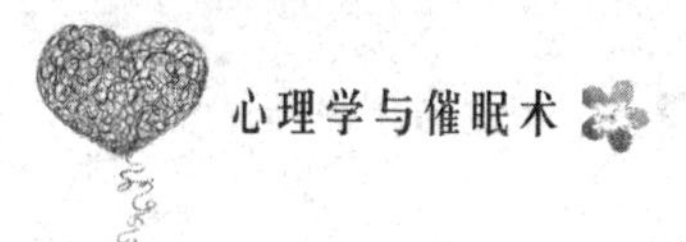

的心态和状态去生活，所以，催眠也是保养身体的重要方法。

4. 自我催眠，增加自信

任何年龄，任何职业，只要是地球人都可以学习一些自我催眠的方法，也可以把催眠术作为自己的兴趣爱好。当你把催眠融入自己的生活中，坚持下去，你就会有所进步，就能让催眠服务于你的生活，并从中获得自信。

可见，现代社会，对于想减压和放松身心的人们来说，催眠术无疑是不二之选。当然，你最应该注意的是要找到好的催眠师和通过正规途径学习催眠术，否则，不仅容易进入误区，还可能效果欠佳。

怎样通过催眠术让你摆脱童年阴影

我们都知道，人类本身就生活在一定的环境里，任何人都不可能完全不受环境影响，而童年时期，人的心智、思想等方面还未成熟，一旦遭遇某些不幸，比如，虐待、失去双亲、缺少关爱等，就很容易导致人格缺陷、性格扭曲等，这也会对他们成人后的人生观、价值观等各个方面产生负面影响。

英国《精神病学》杂志上曾经发表过英国伦敦大学国王学院科学家的一项研究：这项研究的研究群体是出生在1950年和1955年间的7100人，研究人员发现，这些人中，年幼阶段遭遇一些不幸经历的人在性格上都比较犹豫，即使成年后，他们也没有走出阴影，同时，他们也比一般的人更容易遇到一些因健康导致的下岗问题。

后来，又有心理学家提出，如果在童年时期遭遇某些压力或者不幸，很可能导致人的健康问题甚至早死；在这些压力或不幸中，贫困和虐待会引发心脏问题、发炎并加速细胞老化。

可见，童年时期的不幸遭遇，会对人们成年后产生剧烈的影响。那么，该怎样摆脱童年阴影呢？

我们先来看下面一个故事：

钱先生如今事业有成，家庭幸福美满，妻子也是事业单位的骨干，他们还有个可爱的儿子，学习方面也从不让钱先生操心，在外人看来，钱先生应该生活幸福，毫无烦恼，但实际上，钱先生却长期失眠，总是做噩梦。备受困扰的他不得不寻求心理医生的帮助。

后来在专家的催眠式引导下，钱先生说出了童年那些不愉快：曾经，他有个幸福的家庭，父母都是知识分子，他有个可爱的弟弟，他常常带着弟弟和周围的小伙伴嬉戏，说到这里，钱先生嘴角还露出一丝微笑。但后来，命运跟他和他的家庭开了个玩笑，在一次车祸中，他的父母双双丧生，剩下兄弟俩相依为命，直到成年后，钱先生凭借自己的努力在事业上取得了一定的成功，也拥有了一个幸福的家庭。可是，他不快乐，这种挥之不去的痛苦来自弟弟。钱先生的弟弟阿强是个烂泥扶不上墙的人，由于仕途不顺，他自暴自弃，还沾染上了赌博的恶习，并且习惯了对哥哥的依赖。钱先生一次又一次地替他还清赌债，每次善后都无比痛苦，他内心很挣扎，弟弟的不争气让他屡次想放弃帮他，可是每次这种念头出现的时候，钱先生就会梦见去世的父母。梦里的他常常因愧对父母而大哭，在矛盾心理的折磨之下，钱先生患上了轻度忧郁症。

对于钱先生的痛苦，心理医生给出了以下建议：

让他的弟弟也接受心理咨询，认识到自己已经不是孩子，不能一辈子在哥哥钱先生的保护下生活，认识到自己早已成人，应该承担自己应尽的责任，为自己的行为负责；他需要将父母与弟弟区分开。明白父母已经离去，自己不是弟弟的父母，不需要承担父母的责任；他的家庭是幸福的，享受和家人在一起的时光，和他们分享自己的感受，而不是把注意力放在已经成年的弟弟身上。

从钱先生的经历中，我们更加肯定的是，童年时期遭遇的不幸，会对成年后产生深远影响。人类本身就生活在一定环境里，任何人都不可能完全不受环境影响，而童年时期，人的心智、思想等方面还未成熟，一旦遭遇某些不幸，比如，虐待、失去双亲、缺少关爱等，就很容易导致人格缺陷、性格扭曲等，这也会对他们成人后的人生观、价值观等各个方面产生负面影响。

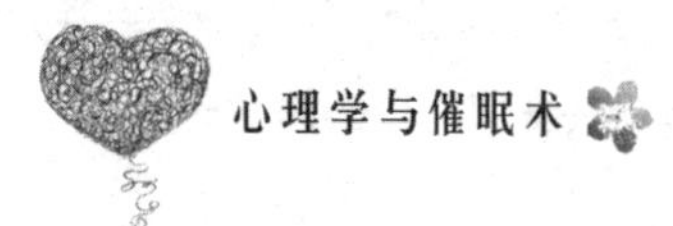

但是，凡事都有两面性，那些有童年阴影的人，其实完全可以把这些经历转化为人生的宝贵财富与体验。有研究说明，85%的成功者在童年都会遭遇不幸或磨炼，比如，美国总统林肯、女作家三毛等世界知名人士都是经历过很多不幸的人，但是这些经历并没有影响他们的健康发展，反而助他们成为最伟大的人。

所以，无论遇到什么，都不能成为我们消极处世的理由，最重要的是对待生活的态度和挫折承受力的培养。也许你认为自己是世界上最不幸的人，但实际上，并非如此，别人可以从阴影中走出来，你为什么不可以？

如何走出童年心理阴影呢？催眠界的专家一致认为，催眠能帮助人们找到童年的记忆，能帮助人们追根溯源，找到心理失衡的根本原因。当然，这需要一个过程，在催眠师的引导下，你需要先面对、再接纳、包容，然后才能超越，获得健康快乐的心理状态。

律动的音乐，让你获得精神的放松

现代社会中的人们，每天都必须面临繁重的工作压力和生活压力，难免会有情绪低落的时候，当人们心情处于低潮时，对任何事情都提不起兴趣。所以，要想摆脱这种心情，首先应该转移注意力。前面，我们已经提及，催眠术能帮助人们释放压力，放松心情。而在催眠术中，成效显著的音乐疗法能帮你舒缓心情、调节身心。

在古希腊，人们相信音乐是神赐予的。传说中，奥菲斯弹奏阿波罗送他的那把七弦琴，可使野兽平静、树木跳舞、河水停止流动。他的音乐深深地打动着人心，可谓余音绕梁、三日不绝。人们甚至相信，他曾用自己的音乐说服了阴间之神释放他心爱的尤莉狄斯。

可见，音乐是一种可以唤醒沉醉灵魂的力量。音乐作为一门艺术，它之所以能打动人，是因为它能以动感的声音方式表现出一种情感，它所蕴含

的宁静致远、清淡平和，可以使终日奔忙、身心俱疲的现代人得到彻底的放松。

奔波于现代闹市中的你，一定要懂一点音乐。在音乐的圣殿中，我们能暂时忘记生活的烦琐，工作的不顺心，能获得音乐给予我们的心灵滋养。音乐是一种可以抚慰心灵的媒介，它可以和心灵产生共鸣，并把心中的不良情绪释放出来，还可以让你浮躁的内心恢复平静。当我们为现代生活所累时，不妨尝试使用音乐疗法，那么，什么是音乐疗法呢?

音乐疗法是通过生理和心理两个方面的途径来治疗疾病，一方面，音乐声波的频率和声压会引起生理上的反应；另一方面，音乐声波的频率和声压会引起心理上的反应。听音乐时，音乐能够启动大脑的情感中枢，这一大脑区域与人体在受到食物、性以及麻药甚至毒品刺激时变得异常活跃的区域完全一致。这一发现具有非常重要的意义，因为音乐不会像药品那样直接对大脑产生作用，所以这种间接作用就显得更为神奇。我们再来看下面的故事：

琳达今年28岁，曾就读音乐系的她毕业后不得不接手家族生意。每天，她都要亲自处理公司的很多事，她需要经常游走于各个谈判桌、饭桌之间，不停地出差，不停地坐飞机，她已经厌烦了这种生活，甚至有些恐惧。她觉得自己必须放松一下了。于是，这一天，她开着车，带上学生时代最爱的小提琴，来到了离市区很远的河边。

听着潺潺的流水声、空谷中鸟儿的啼叫，呼吸着新鲜的空气，琳达拉起了小提琴，那熟悉的旋律又浮现在脑海中，那些所谓的客户、订单、酒桌等都抛到脑后的感觉真好，不知不觉间她在车上睡着了。醒来后，她感到了前所未有的放松，她心想，也许只有音乐能让自己的心静下来。

从那以后，琳达重拾了自己当年的爱好，每周末，她都会花半天的时间练小提琴，陶醉在自己的音乐里，她很享受。

的确，生活中，很多人都和琳达一样，因为工作、因为生活，不得不四处奔波，硬着头皮在喧嚣的尘世中闯荡，长时间下来，他们疲惫不堪、精神紧张，却不知如何调节。其实，如果你能通过音乐来自我催眠的话，你的心情会得到舒缓。

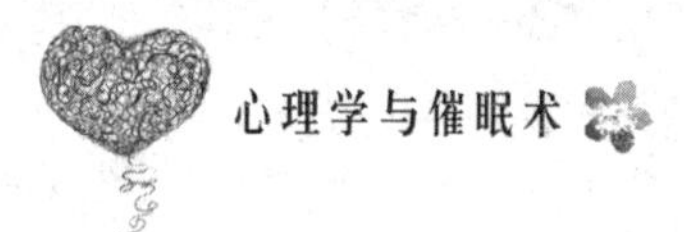

音乐疗法是一种令人感到愉快的自然疗法，它能提高大脑皮层的兴奋性，改善人们的情绪，激发人们的感情，振奋人们的精神。同时，有助于消除心理、社会因素所造成的紧张、焦虑、忧郁、恐怖等不良心理，提高应对能力。

催眠术中的音乐治疗在以下几个方面的疗效是显而易见的：帮助我们排解负面情绪和心灵毒素；改善身体机能；提升情商；帮助我们改善人际关系；提高我们的处世技巧、提升专注力；缓解身体病痛；提升学习兴趣；增强身体灵活性，提升人生价值和确定人生方向，让人生充满乐趣。

总之，音乐是人类美好的语言。听轻松愉快的音乐会让人心旷神怡，沉浸在幸福愉快之中而忘记烦恼。放声唱歌也是一种气度，一种潇洒，一种解脱，一种对长寿的呼唤。

好气味帮你进入催眠状态

我们的生活中处处充满着气味，您想了解这些气味与情绪之间的关系吗？研究表明，气味对人情绪的影响远远超出人们的估量。

催眠师们也一致认为，在催眠过程中，合理使用一些凝神静气的气味，能帮助被催眠者更快进入催眠状态。

科研人员认为，气味对情绪与记忆等产生影响，是因为处理气味的嗅觉中枢与大脑的情绪和记忆区有密切联系。当吸入不同气味的物质时，通过神经传到嗅觉中枢，从而影响嗅觉和大脑的情绪记忆区，产生情绪和记忆的变化。

所以，我们无论是接受催眠还是自我催眠，都可以利用好气味对心情的修复作用。据俄罗斯《观点报》日前报道，研究人员发现，如果一个人毫不隐讳地说对方身上的味道令自己难以忍受，那么，或许真的是对方的体味在作祟。

另外，据美国西北大学的研究人员所说，两个人初次见面时，双方的嗅觉都会比平时更加灵敏，他们会在无意识中捕捉和分析来自对方的最轻微的味道，这在很大程度上决定第一印象。

的确，除了食物可以改变人的心情外，气味也可以改变一个人的心情。因此，我们心情不佳时，不妨置身于香味布置的“迷魂阵”中：

玫瑰香：在恋爱中选用，能增加心情的喜悦。

水仙与莲花的幽香：令人产生脉脉温情。

紫罗兰和玫瑰香气：给人以爽朗、愉快的感觉。

苹果气味：可以缓解人的狂躁心情。

海水气味：容易引起人们对童年的回忆，对焦虑情绪有缓解作用。

玫瑰、茉莉、辣椒气味：有兴奋作用。

柠檬和由加利树香味：能让人提高警觉，使你不会打瞌睡（如看电视时），适用于客厅。

菊花香味：能为你消除一天的疲劳，适用于浴室和洗手间。

白芷花香味：能刺激家务做得更快。适用于厨房。

熏衣草：最适宜放一束在睡房床边，它亦可用来做枕头，令你睡得更安稳。

橄榄花香气：提神，让人对生命产生热爱。

天竺葵的香气：使人镇静。

牡丹、茉莉花香：能使人们产生轻松美好的回忆。

桂花香气：消除疲劳。

薄荷香：使人思维清晰，乐于活动。

檀香：能治疗抑郁症和起到镇静作用，使人心安神宁。

可见，生活中，我们的周围充满着各种各样的气味，但每个人都有自己喜欢的味道，无论它是实际意义上的还是意念上的，它都能对人的情绪产生一些积极的影响，有的使人缓解压力、有的使人平衡情绪，有的减轻悲伤，所以常被催眠师们使用。

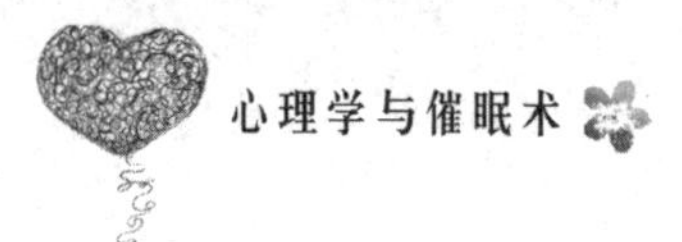

动起来，运动法助你排解所有压力

我们都知道，催眠是一项静态的活动，通常情况下，催眠师会让被催眠者躺下，然后对其进行引导，以达到让被催眠者获得身心放松的目的。然而，放松自我的方法绝不止有静态活动，运动法同样能帮助我们排解压力。人们常说："生命在于运动"，运动是保持身体健康的重要因素。早在两千四百年以前，"医学之父"希波克拉底就讲过："阳光、空气、水、和运动，这是生命和健康的源泉。"生命和健康，离不开阳光、空气、水分和运动。长期坚持适量的运动，可以使人青春永驻、精神焕发。

现实生活中，许多人会面对工作、生活、学习等方方面面的压力，不良情绪常常不期而至。对此，有些人选择向他人发泄，有些人选择闷在心里，也有的人感到无所适从。殊不知，运动是排解压力的一种行之有效的方法。

我国著名的地质学家李四光，在著名的伯明翰大学学习期间，正值第一次世界大战爆发。以英、法、俄为一方的协约国和以德、意、奥为一方的同盟国，为重新瓜分世界，争夺殖民地，展开了生死大战。一时间，生活物资日益短缺，物价开始上涨，生活极度困难，许多留学生由于无法忍受，纷纷离开英国。但李四光硬是凭着顽强的毅力和从小养成的坚忍精神，节衣缩食，克服了种种困难坚持学习。他常常利用假期，跑到矿山做临时工，赚钱维持生活，继续完成学业。

在这样艰难的日子里，他乐观旷达，劳逸结合，偶尔在假日走进公园，看看名胜古迹，并利用业余时间学会了拉小提琴，成了终生的爱好。

的确，一个真正会学习的人不会打疲劳战，而是懂得通过锻炼身体来调节。

不知你是否有过这样的体验：本来你情绪低落，但是被朋友拉到了一场体育活动中，而这一活动一直是你热爱的，你很快发现原来的不快被抛之脑后了。为什么会这样呢？这是因为人在进行身体锻炼后缓解了内心的焦虑和紧张，也分散了对那些不快事情的注意力，从而让自己重新获得好情绪。另

外，很多时候，人们之所以会情绪低落，是疲劳所致，适度的体育活动也有助于缓解疲劳，从而在一定程度上减少或避免了某些疾病的发生。

美国运动医学院的研究表明，正确的运动可帮你持久保持健康活力和苗条体态的程度高达70%，更健康的心脏和更低的患癌风险是运动带来的最为显著的两大益处。

另外，适当有效的锻炼基本上可以保证拥有更好的体态。美国宾夕法尼亚州大学的研究发现，随机选择一些女性，在经过4个月的步行运动或瑜伽练习后，即使体重没有发生任何变化，但她们却感到自己比以前更加性感、更有吸引力了。锻炼可以增加生殖系统的血流量，让人置身于爱的情绪中。华盛顿大学的研究发现，只是一次20分钟的骑单车运动，就可以将女性的性吸引力指数提高169%！而且这一益处可以经受住时间的考验：哈佛大学对游泳者进行的研究发现，那些平均年龄超过60岁的人，仍然像年轻时一样获得性满足。

对大多数人来说，日常生活中，只要我们多参加运动，适当调节自己的心情，就能获得快乐的心情、赶走不快的情绪。因为运动的效果是积极的，它可以激发人积极的情感和思维，从而抵制内心的消极情绪。此外，运动时能促进大脑分泌一种化学物质——内啡肽。内啡肽可以帮助我们降低抑郁、焦虑、困惑以及其他消极情绪，通过改善体能，也能增强自我掌控感，重拾信心。

另外，运动分为有氧运动和无氧运动两种，无氧运动一般都是短时间高强度的，对人的意义不大，弄不好还容易伤到自己。最好还是选择有氧运动，对人不但有锻炼身体的效果，而且还能调节情绪问题，有效地应对情绪中暑。

然而，有人说运动会出汗。运动当然会出汗，这是毋庸置疑的，但除了汗水之外，我们会收获更多，我们的身心也会在汗水中得到释放。再者，并不是所有的运动都像人们想象的那样出很多汗，比如游泳，夏天，最好的运动方式莫过于游泳。当然，无论哪种运动，出点汗都是好事，出汗之后，只要能迅速补充体液和矿物质，再洗一个热水澡，那么剩下的就是舒舒服服的

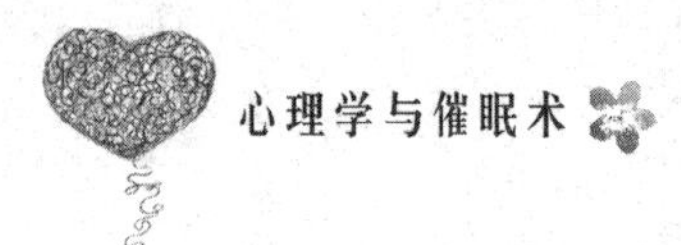

感觉了。尤其是经过了一段时间剧烈运动后，那些所谓的烦恼都被抛到九霄云外了，你会觉得身心畅快。有科学研究表明，运动后人体内会产生一些类似于兴奋剂的物质，让人感到愉快。

当你心烦意乱、心情压抑时，适度运动可带来好心情。虽然运动对于人排解不良情绪有益，但应该把握适当的度，否则会对大脑机能造成损害。并且，你要选择自己喜欢的运动，这样才能持久地练下去。

远离尘嚣，大自然才是最好的催眠场所

身处于世，我们难免因为尘世中的琐碎事情而影响心情，烦恼不断增多，日积月累，我们心灵的垃圾就会堆积起来，压力越来越大，这对于我们的身心健康是极为不利的。因此，现代城市人都在努力寻求一种释放压力、忘却烦恼的方法，当然，不少人都找到了催眠这一极好的方法，然而，我们并不需要总是寻求催眠师的帮助，我们完全可以自我催眠，其中，自然就是最好的催眠场所，因为大自然的奇山秀水常能震撼人的心灵。登上高山，会顿感心胸开阔。放眼大海，会有超脱之感。走进森林，就会觉得一切都那么清新。

曾经有个男青年，他与相恋两年的女友分手了。男青年十分钟情于女友，分手之后的那段时间，他终日茶饭不思，夜不能寐，十分痛苦。身体也大不如前。爱恨交织之下，他居然萌生了报复女友的念头。

男青年的一帮朋友看在眼里，急在心上，生怕男青年出事。后来，他们想到一个方法——多带男青年出门走走。于是，周末带他走进大山大河，投入大自然的怀抱。他们寄情于山水之中，并用许多事实和道理开导他，让他学会忘却。山的博大胸襟，江的容纳气度，水的坚韧品质，朋友们清泉般穿透心田的良言，终于让他明白了许多。渐渐地，他从伤痛的阴影中走了出来。

的确，当我们心理不平衡、有苦恼时，应到大自然中去。

那么，大自然为什么是最好的催眠场所呢？

从生理上来考虑，山区或海滨周围的空气中含有较多的阴离子。阴离子是人和动物生存必需的物质。空气中的阴离子越多，人体的器官和组织所得到的氧气就越充足，新陈代谢机能越盛，神经体液的调节功能增强，有利于促进机体的健康。越健康，心理就越容易平静。

的确，大自然是神奇的，充满着人类所未知的力量。古人讲究天人合一，也正是想从大自然中汲取万物之精华。现代社会，生活节奏越来越快，人际关系越来越复杂，处处充满了诱惑，使人心神不宁，那么，怎样才能静心呢？其实答案很简单，假如你能够全身心地投入自然，拥抱阳光，就能汲取自然的力量，坚定不移地追求人生至真至善至美的至高境界。记住，自然，是最好的静心空间。

如今，越来越多的人涌入城市，飞速发展的城市更是人类走向文明和成熟的标志。但是，凡事都有两面性，在走进城市的同时，我们无疑失去了大自然。大多数人身处闹市，整日面对着鳞次栉比的高楼，在闪烁的霓虹灯之下，我们已经遗忘了大自然的味道。猛然惊醒的时候，我们才发现自己更需要一轮满月的天空、一份清新纯净的空气、一汪清澈流淌的河水……绿是生命的颜色，代表着无限的希望。很多人都听说过“绿色覆盖率”这个名词，其实，一个城市的绿色覆盖率指的是一个城市的氧气指标值以及空气净化度的最快提升因素。有人去过高原，一定知道高原上氧气稀薄，这主要是因为恶劣的高原环境让植被无法存活下去，而植物的光合作用则可以迅速生成人类所需的氧气。为此，有植物的地方更适合人类的生存。其实，人们应该为自己生活在平原地区而感到幸运，假如生活在一个植被丰富的城市，更是一种莫大的幸福。如今，很多楼盘以“森林城市”命名，其实就是为了说明这座城市正在被森林所环抱。

大自然让人感到亲切。人类是在大自然当中生存发展的，人类本能对自然界有种亲切感，而大自然的节律有利于人类的发展。

我们应掌握两点在大自然中进行自我催眠的操作诀窍：

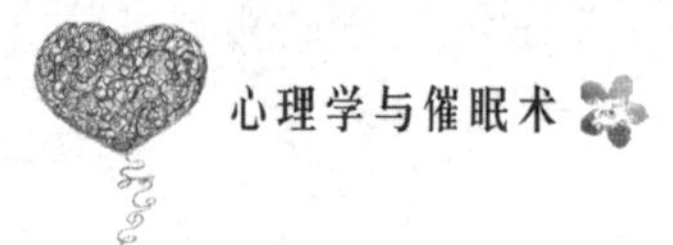

1. 一旦走入大自然，就要全身心地投入当中

比如，到草地上躺躺，到大树下睡一觉，将脚放进流淌的清泉里，还可以钓鱼、赏花，或者只是呼吸品味大自然中的气息……

2. 出去时最好带上自己信任的人，如家人和好朋友

这样做的好处有两个：第一，如果你在大自然中做自我催眠，有信任之人的陪伴，会减少很多危险因素；第二，一边在美丽的风光中游览，一边和身边的人聊聊心事。这样会收到意想不到的减压效果。

有条件的话，最好到真正的大自然当中，比如郊区。如不具备条件，可考虑到城市公园等人造的自然风光中，当然效果会打些折扣。在走入大自然之前，还得考虑时间、金钱等问题，多数情况下，这一切都是值得的。

现代人虽然远离大自然，但是本能和遗传的原因还是让人能感到大自然的亲切。这种亲切感会让人倍感放松。心理学的实践证明，当有心理问题的人走进大自然，会全身心融入自然，忘却烦恼，并由此产生一种感悟，使压力烟消云散。

不良情绪需要宣泄，方能释放沉重的压力

生活中，你是否遇到过这样的情况：一大早，六点钟的闹钟就把你惊醒，因为八点钟之前你就要到公司，而你还必须为孩子准备早饭、开车把他送到学校，然而，你叫了几次，孩子都不起床，正当你为此生气时，你又不小心打翻了为孩子做好的早饭，你更是火冒三丈，眼看着你要失控了；当你好不容易赶到办公室，却发现自己已经迟到了，你的名字已经出现在了迟到者名单上，这个月奖金又没了，你心里倍感委屈，生活怎么这么艰辛？

其实，生活、工作中，类似于这种让我们产生负面情绪的事情实在太多，孩子不听话、同事不合作、上司没来由的批评等，都会成为我们情绪的导火索。此时，如果我们处理不当，就很有可能引发负面情绪。

当然，如果一味地压制这些情绪，问题也不会因此解决，同时，积压在身体内部的负能量反而不利于我们的身心健康，比如会引发头痛、胃病等，所以，压抑绝不是面对愤怒的最好方法。

事实上，我们也发现，生活中那些活得轻松的人，并不是没有情绪，更不是一味地压制自己的情绪，而是懂得以正确的方式排解心中的不快，当然，这不是将情绪传染给身边的人，而是能找到合理的宣泄方式，把情绪释放走。

我们来看下面的案例：

小江和小李在同一家公司上班，两个人关系很好，可是两个人在公司的人缘却不一样。小江在公司里的人缘很好，待人和善，同事几乎没看她生过气。可是，小李却是个把喜怒哀乐都挂在脸上的人，为此和很多同事都闹过矛盾。小李不知道小江是怎样提升修养的。

有一次，小李准备去小江家玩，却发现她正在顶楼上对着天上飞过来的飞机吼叫，于是就好奇地问她原因。

她说："我住的地方靠近机场，每当飞机起落时都会听到巨大的噪声。后来，当我心情不好或是受了委屈、遇到挫折，想要发脾气时，我就会跑上顶楼，等待飞机飞过，然后对着飞机放声大吼。等飞机飞走了，我的不快、怨气也被飞机一并带走了！"

怪不得她脾气这么好，原来她知道如何适时宣泄自己的情绪。这下子小李明白了，小江还告诉小李很多可以发泄自己情绪的方法，比如，到无人的地方大声呼喊、看书等，从而避免把这些负面情绪带到公司和其他场合。

从此以后，小李就尝试着用这些办法发泄自己的不良情绪，果然，这些方法很有效，小李为自己的不良情绪找到了一个出口，把心中堵塞之处疏通了。很多时候，她带给大家的是欢乐，而不是不良情绪，她在公司的人缘一下子好了很多，她的修养也提升了很多。

这里，小江对于发泄愤怒情绪有自己的一套方法。可能你也有所发现，我们的生活、工作中，总是有这样一些修养良好的人，他们对世间万事万物都能泰然处之，这并不是因为他们没有情绪，而是因为他们更能找到及时宣

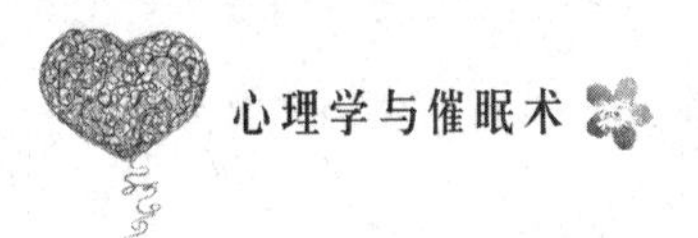

泄自己情绪的方式，其中就包括呐喊的方法，当他们把内心的不快喊出来的时候，心情也就得到了极大的放松。而这样的人也能得到他人的认可，因为他不会让自己的负面情绪伤害到身边的人。同时，他也就成就了自己美好的修养和品质。

据说日本有个很具规模的呐喊节。每年到了这个时节，全国各地的参赛者或观众云集于大山深处，有组织地按规则和程序呐喊。举办呐喊节，旨在引导人们认识和体验呐喊的心理调适作用，鼓励大家在需要时身体力行。正是人们通过呐喊而受益，呐喊节才被越来越多的人所认可并积极参与。

的确，每个人都会产生不良情绪，比如，愤怒，这很正常，我们不要把这些情绪压抑在心中，因为一味地压抑心中的不快，只能暂时解决问题，负面情绪并不会消失，久而久之，就可能填满我们的内心世界，使我们的身心越来越疲惫。因此，除了自我调节和消化外，我们还应该给不良情绪找个宣泄的出口，让它尽快释放出来，正所谓“堵不如疏”，合理发泄情绪，是指在心中产生不良情绪时，在发泄的时候，选用合适的方式方法，选择合理的场所。有以下两种发泄悲观情绪的方法：

（1）倾诉法。当你觉得内心憋闷、心情抑郁时，可以选择倾诉的方式来排遣，倾诉的对象可以是你的朋友、同事，也可以是你的亲人，消极情绪一旦发泄出来，精神就会放松，心中的不平之事也会渐渐消除。

（2）哭泣。人们面对突如其来的灾祸、精神和身体上的打击，都可以选择一个合适的场所放声大哭，当你遭遇突如其来的灾祸，精神受到打击心里不能承受时，可以在适当的场合放声大哭。这是一种积极有效的排遣紧张、烦恼、郁闷、痛苦情绪的方法。

（3）摔打安全的器物。如枕头、皮球、沙包等，狠狠地摔打，你会发现当你精疲力竭时，内心是多么畅快。

（4）高歌法。唱歌尤其是高歌除了愉悦身心外，它还是宣泄紧张和宣泄不良情绪的有效手段。

人不仅要有感情，还要有理智。如果失去理智，感情也就成了脱缰的野马。当陷入消极情绪而难以自拔时，我们不能压抑，而应该适时找到宣泄的

方式，及时卸下包袱，继续上路！

冥想法静心，让你的眉头不再紧锁

在我们的周围，有不少人，他们似乎就是为闹世而生，他们最怕的就是独处，让他们和自己待一会儿，对他们来说简直是一种酷刑。因此，只要闲下来，他们就必须找个地方去消遣，要么去游戏厅，要么找人聊天、逛街、看电影。他们即使一个人在家里，也会打开电视机，看一些无聊的肥皂剧，或者把音响开到最大，他们极其害怕孤单，他们的日子表面上过得十分热闹，实际上，他们的内心极其空虚，他们常常眉头紧锁，感到压力很大。其实，只要你偶尔停下来，学会使用冥想法静心，你就能让自己的心静下来。

玛丽是五个孩子的母亲，专门在家照顾孩子和家庭。因为一些不寻常的经历，每天早晨，她都在一种必须写东西的强烈欲望中醒来。玛丽患有严重的风湿症，特别痛苦。与此同时，为了重新探索自己的信仰与生命目标，她陷入苦苦的挣扎之中。

因为接二连三发生了一些事情，所以玛丽的朋友建议她练习冥想，以此充实自身的灵性。刚开始，玛丽对朋友的建议持质疑的态度，毕竟这对她来说是一件极不寻常的事。不过，最终她还是采纳了朋友的建议，开始练习冥想。随着练习时间的延长，玛丽进步很快，渐渐地打开了自己，迎接灵性的成长，与此同时，她还日益感受到在奋斗与挣扎中寻找到了爱、信心和勇气。

终于有一天，玛丽积蓄了足够的力量和勇气，决定试试看自己到底能写出什么样的东西来。让她意想不到的是，她提起笔来，文思泉涌，一发而不可收，写出了很多颇有灵性的文章。在练习冥想的过程中，她的内心日益充实丰盈，充满了爱、灵性和力量。通过细腻的笔端，玛丽把自己的所得毫无保留地传递给别人。

的确，身处紧张、忙碌的现实世界中，我们的思想却渴望得到放松，冥想就是看到实然并超越它，当头脑、身体和心灵真正安静和谐时，也就是头脑、身体和心灵完全合而为一时，我们便得到了释放。

冥想就是能量的彻底释放，是一种放空自己的方法，是一种忘怀之道，完全忘怀对自己、对世界的所有想象。因而人就有了截然不同的心灵。冥想还能帮助我们审视自己，审视周围的世界，看到自己的言行和举动。然而，思想只有在安静的内心环境下才会产生积极作用，否则，很容易产生扭曲和幻觉，此时，独处便是很好的选择。

冥想，就是要消化那些自己不能接受的事实和平衡的感觉，消化种种抗拒。这就好比内心有一座冰山，随着冰山的慢慢融化，我们的心也渐渐温暖起来了，渐渐喜悦了，渐渐伸缩自如了。于是，智慧的力量应运而生。那么，情绪便会享受跟自己在一起的时光，当你有那种美妙的感觉时，你的心便不再孤独了。

冥想能帮助我们找到最本真的自己，无论生活多么繁重，我们都应在尘世的喧嚣中，找到这份不可多得的静谧，在疲惫中给自己心灵一点小憩，让自己属于自己，让自己解剖自己，让自己鼓励自己，让自己做回自己……

要做到这点，我们就需要养成在寂寞中思考、在独处中倾听内心声音的良好习惯。你一个人独处时，你是感到百无聊赖、难以忍受，还是感到一种宁静、充实和满足？对于有“自我”的人来说，独处是让内心清静下来的绝好方法，是一种美好的体验，固然寂寞，但却有利于我们灵魂的生长。

可以说，冥想应该是现代人释放内心的最好催眠方法。对此，我们可以想方设法给自己制造空闲或尽可能地给自己留出一些可以随意放纵的私密空间，这样就有机会面对自己的真实内心。你可以选择周末休息的时间，远离工作，暂时支开家人，穿上舒服的睡衣，放上轻音乐，把室内灯光调到明暗适中的状态，就这样静静地享受独处的美妙光景。

另外，你还可以去大自然中冥想，你可以漫步于河边、倾听着空谷中鸟儿的绝唱，只有你自己，不需要任何人陪同，此时，你拥有了自己的世界，也拥有了全世界。

你也可以一个人待在家里、躺在床上，也可以窝在沙发上，然后播放一曲轻松的小夜曲，什么都不想，什么都不做，只让自己沉浸在难得营造出的氛围里。让身心此刻回归本真，默默地享受音乐带给我们的心灵栖息。让音乐来诠释我们对浪漫的渴求。

总之，我们每个人都要做一个耐得住寂寞的人，都要学会使用冥想法来自我催眠，只有这样，才能够挖掘出另一个自己。你也许会发现自己的某些惊人的力量，也可能会发现自己的缺点或者做得不够好的地方，然后加以改正，使自己不断进步，并能够扬长避短，发挥自己的最大潜能，从而不断获得成功。

第08章 解除入眠障碍，提高睡眠质量——催眠与睡眠质量

现代社会，在健康这一问题上，困扰人们的不仅是身体的疾病，还有心理上的失调。我们都知道，睡眠对于人体健康的意义是不言而喻的，我们每个人都要对睡眠引起足够的重视，从某种程度来说，睡眠的重要性甚至超过了穿衣吃饭。而心理学家指出，很多睡眠问题都和人自身的心理因素有关，当然，造成睡眠障碍的原因有很多，但无论如何，运用催眠法，都能让人的身心获得放松，进而提高睡眠质量。

觉醒性催眠与睡眠性催眠

在很多人的观念里，催眠是神奇的，是一项无法触摸的神秘活动，事实情况当然并非如此，催眠其实是直接与潜意识沟通的艺术，是一门研究如何帮助人进入改变意识状态然后进行内在运作的学问。所以，催眠是为了引导人们进入某种心理状态而已。一旦人们进入催眠状态，对于周围人的暗示就会表现出很强的灵敏性，如果被催眠者一直处于这种高度接受他人暗示的状态，那么，随后他会在自己的知觉、记忆和控制中作出相应的反应。

从形态上来划分，我们可以将催眠划分为两种，一种是母式催眠，另一种是父式催眠。所谓母式催眠，指的是催眠师在引导被催眠者的时候，所使用的语言方法是温情式的，这是一种温柔的攻略；父式催眠指的是催眠师使用的是严厉的命令方式来暗示被催眠者，这会让被催眠者感到自己接受的命

令是无法抗拒的，只有接受和执行。

当然，不管是哪种形态的催眠方式，最终的目的都是带领被催眠者进入催眠状态，这也需要催眠师根据被催眠对象的个体差异，根据不同的时间、地点和条件选择不同的催眠方式。

如果按照被催眠者的意识状态来划分的话，则可以将催眠划分为觉醒性催眠和睡眠性催眠。顾名思义，前者指的是被催眠者依然处于清醒的状态下进行的催眠，而后者则指的是被催眠者处于睡眠的状态下进行的催眠活动。

觉醒性催眠认为，在这种催眠方式下，被催眠者的意识还是清醒的，也不会感到身体疲倦想睡觉，也不会如睡眠状态一样出现明显的特征，但是这种方式下，被催眠者依然会出现一些典型的催眠状态暗示下的特征，比如痉挛、失去触觉或者随意书写等。

关于这一点，首先进行理论性验证的是著名心理学博士韦尔斯，他坚持这一观点：人在觉醒的情况下，也是能被催眠师引导而进入催眠状态的，他还总结出，觉醒性催眠具有其他催眠方式所不具备的几大优点：

（1）觉醒性催眠比较简单，和其他催眠不同的是，没有那么神秘，所以，催眠师在进行暗示前也就省去了很多烦琐的工作。

（2）某些较为简单的心理疾病能通过觉醒性催眠进行治疗，并且，在与被催眠者进行互动的过程中，这一催眠方式通常效果更好。

（3）受用群体广泛，无论是老人还是小孩，只要能够一一应对，就能成功。

（4）觉醒性催眠不但适用于单个人，也适用于群体催眠。

（5）操作方法简单，并且极容易掌握，能在较短的时间内引导被催眠者进入催眠状态，并且，只要方法适当，也更易转换至睡眠性催眠状态。

接下来，我们再来谈谈睡眠性催眠。

一些经验丰富的催眠师发现在普通的催眠方法对被催眠者无效的时候，他们会采用这一催眠方法，等到被催眠者入睡后进行催眠，通常这种方法是可取的。这是因为，人一旦进入睡眠状态，人的意识是没有任何抵抗的。

从睡眠性催眠的含义我们也能看出，睡眠性催眠就是将普通的催眠方法

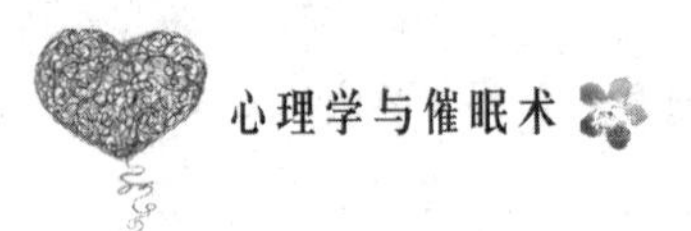

转化成睡眠性催眠的方法，这一过程比觉醒性催眠需要更多的时间、精力和耐心，但却是催眠方法中最易学会的一种。

这一方法的具体操作方法大概是：在催眠之前，催眠师是不会告诉被催眠对象接下来要做的事，而是先在静卧的被催眠对象旁边静坐几分钟，然后用温暖的手心贴近他的前额部分，但并不会触摸到对方的皮肤和身体，此时，你可以仔细看看，对方是否有眨眼、嘴角蠕动或者翻身等现象。

如果对方出现了以上身体上的反应，那么表明一点，你手心的温度已经在对方的身体内产生了反应，如果没有的话，你可以耐心一点，再用你的手在对方额前移动，直到其发生反应和变化。

在你的手逐渐移动的过程中，你还需要进行一些言语暗示，较为普遍的语言是："安心睡吧，就这样睡吧，你不会醒来的，我说的话你都能听见，但是你还睡吧，就这样睡，你会睡得越来越香的……继续睡吧。"再过几秒钟，你可以继续你的暗示："现在，你能够听清楚我说的每一句话，不过你还是继续睡吧，安心地睡，并且，你会睡得越来越熟的，那么，现在，你能听见我在说话吗，如果你能听见，你只需要对我点点头就好了。"

在你说了这样一番话之后，如果对方还是没有反应，那么，你继续重复你的话；如果有了反应，那么，说明对方已经进入催眠状态了，接下来，你可以进行更深层次的催眠。

具体的暗示方法是："现在，你可以回答我的一些问题了，不过你还是继续睡吧，你叫什么名字……睡吧，你叫什么名字……"如果对方回答了你的问题，并且没有清醒的话，说明你们之间已经建立了感应联系，现在，被催眠者已经能接受你的指令，即便你让他从床上立即坐起来，也完全可以实现。

再接下来，你可以继续暗示："好，你现在睡得很好，此时，我们能够无忧无虑地交谈了，你可以毫无顾虑地说出你心底的话。"

然后，催眠师可以根据具体情况，挖掘出被催眠者心理问题的根源，为其分析、解释和支招，从而达到预期的治疗效果。

可见，觉醒性催眠和睡眠性催眠虽然是两种不同的催眠方法，但只要能

达到良好的治疗效果，我们就可以拿来使用。

催眠是否能够改善睡眠质量

我们都知道，人的一生中，有三分之一的时间是在睡眠中度过的，由此可见睡眠的重要性。在很大程度上，睡眠质量决定了一个人的健康和幸福程度。虽然绝大多数人每天都要睡觉，但是人们对睡眠了解得却很少。

大多数人都认为睡眠是被动的过程，其实，睡眠是我们大脑的主动行为，与人的大脑有着紧密的联系。不过，迄今为止，科学家们仍然在研究和探讨睡眠是怎样发生的问题。既然睡眠如此重要，也一定具有很大的功效，的确，睡眠的最基本功能就是消除疲劳，恢复体力。近来，科学家们通过研究发现："健康的体魄来自睡眠，高品质的睡眠是提高免疫力的关键，是抵抗疾病的第一道防线。"除此之外，一个人的记忆力、分析力、判断力、反应敏捷度、综合思维能力也与睡眠的质量密切相关，其中特别是对记忆力的影响最大，尤其对于处在生长发育期的儿童和青少年而言，睡眠质量在很大程度上影响了智商的高低、成绩的好坏。科学实验证实，倘若缺乏充足的睡眠，人的记忆力就会减弱，大脑的记忆系统对新技能、新知识的吸收将会遇到很大的阻碍。反之，倘若拥有充足安稳的睡眠，就能够迅速提高人的记忆力。

然而，随着社会的飞速发展，生活和工作的节奏越来越快，从而导致越来越多的人产生了睡眠障碍。

那么，如何改善睡眠呢？心理专家认为，催眠能使人放松心情、减轻压力，改善睡眠质量，帮助人们减少失眠的困扰。我们先来看下面的案例：

何琳结婚三年了，有一个女儿，已经一岁多了。最近，她总是睡不好，要么失眠，要么是半夜经常醒来，白天心情烦躁。在朋友的劝导下，她寻求心理医生的帮忙。

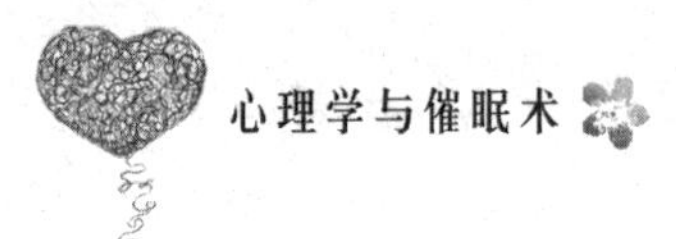

在被催眠过程中，何琳居然喊出了前男友的名字，她还做了梦，梦里，她看见初恋男友和妻子一起出现在她的面前。

醒后，何琳告诉了医生梦的内容以及她和前男友之间的事。

当时，何琳和初恋男友因为父母的反对，才分的手。为此，很长一段时间，何琳都很痛苦。后来，在朋友的介绍下，她认识了现在的老公，虽然感情没有那么深，也没有那种怦然心动的感觉，但是因为双方的条件都比较合适，所以何琳很快就和老公结婚了。结婚以后，他们的日子一直过得很平静，按部就班地生了孩子，过着平淡如水的日子。有的时候，何琳觉得生活太平静了，和老公之间没有任何激情，但是，每当何琳在朋友面前说起此事，好朋友就会劝她，说她有一个能挣钱的老公，有一个可爱的女儿，有一个人人羡慕的家，还告诉何琳生活原本就是平淡的，所以，何琳就这样日复一日地和老公过着平静的生活。

但是，近来，何琳听到前男友的一些消息，心里还是很难过，致使晚上睡不好。

医生告诉她，在何琳的潜意识中，一直觉得老公缺乏情趣，虽然物质条件非常好，但是，她在精神方面却很空虚。而且，自从有了孩子以后，她更加没有时间关注自己的精神生活，在精神上感觉自己越来越贫瘠。所以，她才会为前男友的事失眠、睡不好，而梦到前男友更证明了这一点，在梦中满足自己的精神饥渴，这和人在睡眠中口渴的时候梦见喝水是一样的道理。

心理医生建议何琳：每个人的脾气禀性不同，所以，男人不懂情趣是正常的。作为女人，完全可以主动调剂生活，和老公一起把生活变得有滋有味，渐渐地，老公就会在潜移默化之中变得充满情趣。听了心理医生的建议，何琳几个月以来的心结解开了，果然，在她的安排和调剂之下，她和老公的生活变得越来越有情趣。

这则案例中，何琳在产生睡眠问题以后，经过心理医生的催眠，从而找到了自己心理失调的症结，继而找到了解决问题的方法。

的确，人在催眠状态下，其潜意识是一览无余的，因此，被催眠之后，我们不但能放松自我，还可能找到心理问题产生的根源，继而帮我们改善睡

眠甚至解决失眠问题。

梅斯默与磁性睡眠疗法

提到磁性，相信我们很容易就联想到一些物理学常识，正因为将磁性运用到生活中，我们的生活获得了不少便捷。同样，我们的人体也是需要磁性的，就如我们的身体需要水和空气一样，这是科学家们经过研究一致得出的结论。

我们每个人都知道，人类离开了水和空气是无法生存的，而研究表明，磁场的变化也会对人的身体产生很大的影响，一旦人体磁场出现混乱，那么，就会导致人的身体发育缓慢，甚至机体退化，严重的还会导致神经错乱，细胞早衰等。

日常生活中，不少人都备受睡眠困扰，也有一些人失眠，科学研究表明，这可能与人体磁场有一定的关系，为此，科学家们总结出了磁性睡眠对人体的益处：

1. 调理血管微循环

在磁场的作用下，一些微血管会出现双向调节的作用，比如，会收缩原本扩张的血管，也可能扩张过度收缩的血管，所以，医生会将这一方法运用于临床中，以此来治疗血压病人。

2. 镇痛

懂得病理学知识的人知道，人之所以感到疼痛，是因为细胞受损后会释放出一些引起疼痛的物质，而这些物质一旦达到某种浓度就会传到人的大脑，而让人感觉到疼痛。这些物质的主要成分是钾离子、组织胺激肽类，然而，在磁场的调节作用下，人体会释放出一些缓解疼痛的酶。当然，这需要一个过程。而磁性疗法在人们沉睡时，就会直接在人的神经上产生作用，以此减少对人的神经的刺激，达到镇痛的效果。

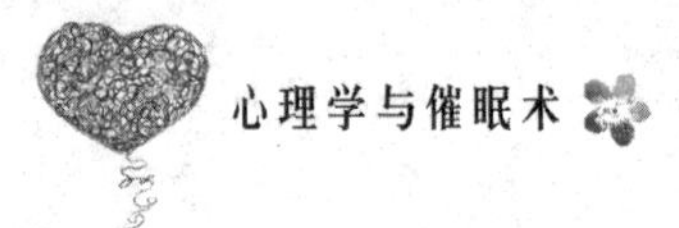

3. 改善肠胃功能

医学研究表明，磁场能增强或者减弱肠道蠕动，这也是一个双向的过程，从而达到治疗便秘和腹泻的目的。

4. 消炎、消肿

专业医生指出，磁场能改善人体血液循环，加速白细胞在体内的运动，而白细胞一旦运动，就会舒缓血管内的堵塞，从而消除机体部位的肿胀。

其实，磁场并不只是被发现运用于人的机体中，在自然界，也有种很奇怪的现象，这一现象是发生在一种叫大马哈鱼的身上。

在大马哈鱼出生后，它们会在成长的过程中，游到离自己几百里的地方，但一旦它们开始产卵，它们再远都会游回自己的出生地，这是为什么呢？这些鱼又是怎样找到自己回家的路线的呢？

后来，科学家在追踪过程中了解到一点，原来这些大马哈鱼有自己的记忆方法——磁场，从科学理论这一专业角度来说，科学家们为这一现象命名为动物磁性理论，这一理论在科学界一直被赋予神秘的色彩，实际上，动物磁性理论是神经系统中最基本的属性，首先发现这一点的是梅斯默。

梅斯默早年修习神学，1759年赴维也纳学习法学，后转学医。1776年获博士学位后在维也纳开业。1774年英国天文学家M.海尔访问维也纳，用磁铁治疗胃痉挛而获效，他认为此系磁力作用所致。1766年出版第一部著作：《论磁石疗法》。同年，去慕尼黑，还有瑞士牧师J.J.格加斯纳用类似的方法治病，仅用手在病人身上抚摸，甚至不接触病人身体。他认为这是施术者体内发出一种“动物磁力”作用于人体之故。回维也纳后大力推行此术。1778年通函科学院，鼓吹动物磁力说，遭到科学界的拒绝。1778年移居巴黎，继续推行此术，仍不见融于法国科学界，法国王后玛丽－安托瓦内特以及病人和信徒们却予以支持，并捐款在巴黎成立磁力学会。他在巴黎推行“盆槽”疗法：病人于暗室内环坐盆槽周围，盆内盛化学物品或铁屑等物，他身穿紫袍，手执魔棒，以手触摸病人。受术者出现种种感应现象，他说是动物磁力作用的结果。1784年法王路易十六任命的包括富兰克林、拉瓦锡等 9人委员会调查此术，未能证明有任何磁力流存在。科学界人士群起反对，斥之为骗

子。但他病室内病人有增无减。不久，法国大革命爆发，他逃离巴黎，混迹于伦敦、维也纳等地。1803年移居瑞士开业。

动物磁力的存在未能证实，但临床学家却发现梅斯默术对某些病人具有镇痛效果，且对某些疾病具有治疗作用。1843年曼彻斯特的J.布雷德首创“催眠术”一词，认为暗示是引起催眠的要素。近世已将梅斯默术与催眠术作为同义词。梅斯默著有《星象的影响》、《动物磁性的发现史》（1779）、《梅斯默术》（1814）等。

所以，尽管梅斯默的磁性理论暂时未被公认，但无可否认的是，他在催眠领域里所做出的贡献是不可磨灭的。

自我催眠能改善睡眠质量

催眠对于人们的重要意义早已毋庸置疑，然而，现代社会，好好睡一觉已经被不少人认为是一种奢侈，这些人都存在或轻或重的睡眠问题，并且，目前有近40%的人都被失眠困扰，其中有一半已影响到日常的工作与生活。

人们总是以为，失眠是精神上或心理上的问题，主要是因为内心紧张、无法放松而造成的“脑神经衰弱”。但事实上，心理医生称，对于大部分遭受失眠痛苦的病人来说，他们在精神或者心理上完全没问题，并不是所有的失眠问题都应归咎到“脑神经衰弱”上。并且，专家提醒我们，倘若失眠超过一年，没有经过适当的治疗，则容易产生精神方面的疾病，如忧郁症或焦虑症等。

催眠在改善睡眠中的作用也逐渐被人们认可。作为一种独特的心理治疗技术，它的确能帮助人们改善睡眠，对于一些因心理疾病而造成的睡眠障碍，催眠也能手到病除。然而，由于一些江湖术士的滥用，催眠术曾屡遭非议。此时，如果我们能学习一些自我催眠的方法，或许我们能自行调节、改善睡眠。

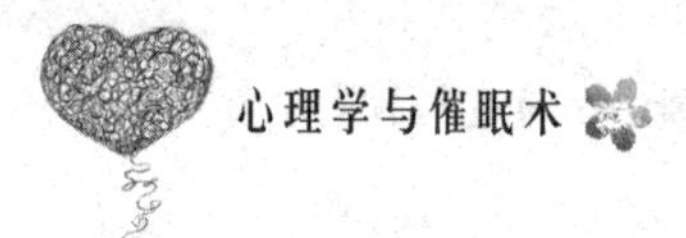

同时，令我们感到庆幸的是，随着心理学研究的不断深化，近年来，我国许多心理咨询部门都在运用催眠术帮助人们解除痛苦，越来越多的人开始用科学的眼光来看待催眠术的神奇功效了。

催眠能帮助我们放松自我、改善睡眠，但催眠不是睡眠，而是催眠师运用心理学手段在被催眠者的头脑中唤起的一种特殊意境，在这一意境的影响下，人的生理也能在心理的控制下达到最高的水平。

所以，催眠既可以由催眠师来做，也可以自己为自己做，也就是所说的自我催眠。所谓自我催眠，指的是主体通过自我暗示的方法自行导入的一种类似催眠的特殊意境。一旦达到这种意境，你向自己大脑中传输的指令就会转化成清晰的图像和真实的感受，如果技艺纯熟，很快你就能达到放松自我的目的，从而改善睡眠质量。

那么，我们该怎样做到自我催眠呢？如果有条件，请一位催眠师为你做几次催眠，然后练习自我催眠就易如反掌了。即便没有条件，只要按程序练习一段时间，也可以很快学会。

下面为你介绍一个以改善睡眠为目的的自我催眠程序：

（1）将你身上的某些束缚的东西先取下或松开，比如发卡、领扣、腰带、护膝、护裸、鞋带等。

（2）找到自己认为最舒服的姿势躺下或者坐好（以不妨碍呼吸和各部位肌肉放松为前提）。

（3）轻轻闭上你的眼睛，然后很自然地做几次深呼吸，在这一过程中，你还要用心体验胸部和心脏的轻松、舒适。每次深呼吸后要体验一会儿，感到轻松、舒适后再做下一次。

（4）按照顺序放松你身体的各个部位。

你可以按照以下顺序放松：两脚、双腿、臀部、胸部、双手、双臂、双肩、颈部、头部和面部肌肉。

要放松某个部位时，你可以先把注意力放到该部位，然后在心里默默地念该部位肌肉“放松、再放松”，接下来就是用心体会什么是放松的感觉了，按照顺序放松，完成了该部位肌肉的放松，你可以接着放松下一部位的

肌肉。

（5）输入催眠和醒复指令。

“现在全身的肌肉已经十分放松了，很舒适，身体在一点点往下沉，下沉……”（此处，我们要体验的是这种全身肌肉放松的感觉，所以不想睁开眼。）

“我的眼睛越闭越舒适，不想睁开，不想睁开……（体验眼部的舒适和不想睁开的感觉）”

“我就要睡着了，就要睡着了，会睡得很踏实、很解乏，（具体时间自己拟定）准时醒来，醒来后身体轻松、头脑清晰、心情愉快……”

“从1数到5，我飘然进入催眠状态，现在我愉快醒来，1，2，3，4，5…”

其实，除了改善睡眠质量外，自我催眠术还可用来克服自卑感、增强记忆力和治疗心身疾病等。这并不是因为自我催眠术有什么神秘，而是因为它唤醒了你被压抑的心理对生理的控制力。

当然，尽管催眠对睡眠有着无可替代的作用，但约10%的受术者不能进入催眠状态，重症精神病和重症心血管疾病等患者不宜接受催眠术。

普伊赛格对梅斯默疗法的新发现

前面，我们已经提及，虽然梅斯默最先提出了动物磁性疗法，但并没有被学术界广泛认可，不过，在他死后，这一学说依然被很多追随者信奉，即便被世俗所反对，他们并没有在乎，而是从未停止过研究和探索，最终这一学说得到了延续和发展，并且实现了新的突破。

在这些追随者中，有一个叫普伊赛格的人，他并不是专业的催眠界人士，曾经他是一名军人，后来他开始对心理学尤其是催眠产生了兴趣，刚开始，他师从于麦斯麦尔，后来，他又成为梅斯默的追随者，他在梅斯默的动

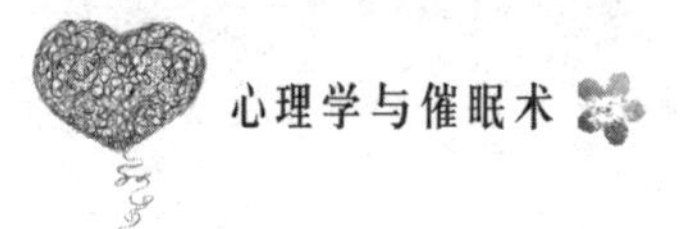

物磁性学说的基础上有所突破，提出了“人工梦游”，正因为如此，奠定了他在催眠学界的地位。

对于“人工梦游”的现象，是普伊赛格在1784年发现的，这完全是一个偶然的机遇。

一天，一位心理失调的牧羊人前来找他，这个人名叫维多克·瑞斯，维多克前来求助的目的是希望普伊赛格能治好他的心理问题，于是，普伊赛格抱着试试看的态度，准备在这个可怜的牧羊人身上验证梅斯默疗法的效果。可是，让他们二人都感到意外的是，在普伊赛格治疗的过程中，这位牧羊人顺其自然地就睡着了。

此时，普伊赛格初尝梅斯默疗法的神奇后，又有意地对牧羊人下了指令，让其站起来，出乎意料的是，牧羊人真的站了起来，“简直太不可思议了。”普伊赛格惊叹道。接下来，普伊赛格让牧羊人维多克往前走几步，结果维多克还真的往前走了几步，但他在催眠状态下的姿态与平时毫无差别。再接下来，普伊赛格又与处于睡眠状态下的牧羊人聊了起来，其间，普伊赛格还故意问了一些看起来很难回答的问题，但没想到维克多都一五一十地回答了，对于这样的结果，普伊赛格感到十分吃惊，却又很高兴，就连他自己做梦也没有想到会有这样一些发现。因为他原本以为，无论怎样，在催眠的过程中，维克多势必会经历一些身体上的痉挛或危象等，这是他在学习梅斯默疗法过程中得出的结论。

后来，他又将这一方法运用到了其他求助者的身上，普伊赛格得出结论，梅斯默术能让人们进入到清醒的睡眠之中，随后，他又发现，当人们处于这一状态的时候，催眠师对他们下达什么指令，他们也可以完全执行，但一旦对方觉醒，是完全不知道自己刚才经历了什么的，不过，这时的普伊赛格的研究依然局限在梅斯默的动物磁力学说之中，不过他这一发现确实是意义重大的，后来，这一领域的不少学者和追随者都以此为研究内容。然后，普伊赛格将这一现象称为“人工梦游”，催眠学家将这一催眠学说称为“磁性睡眠。”

其实，“人工梦游”这一概念与现代催眠学说中所说的“催眠状态”的

概念是没有多少差异的，普伊赛格认为，在处于“人工梦游”的状态下，对方依然能说话、走路，接受催眠师的指令。

后来，普伊赛格和他的学生们继续以“人工梦游”为研究对象进行分析，他总结出一套通过“人工梦游”治疗人们疾病的方法。

在普伊赛格的引导下，对方进入梦游状态，然后在普伊赛格的暗示下说出自己心理疾病的某种特点，并且阐述清楚自己疾病产生的原因、症状以及曾经接受的一些治疗经历，然后普伊赛格再根据具体情况给予暗示，以此来治疗对方，不过，经证明，这样的方法在19世纪是比其他方法难度更大的。

普伊赛格在发现这一现象后，很快就认为这一现象出现的原因是基于梅斯默磁性学说基础上的。经过几次试验之后，他提出了两个重要的概念——信仰和意念。他指出，任何一个人，只要同时具备这两项素质，那么，就能获得心理治疗的成功。

正是因为这一观点的提出，普伊赛格逐渐摆脱了梅斯默使用的铁棒等道具，经过试验，他又发现，在人处于尚未被催眠的恍惚状态下，催眠师能与对方进行交流，并且还能将治疗运用到暗示中，这应该就是催眠疗法的起源。

作为读者的我们，其实也能从普伊赛格的治疗方法中看到催眠疗法的前身，他在这一问题上的研究和发现是对梅斯默学术理论的发展。在这之前，梅斯默术的观点是，催眠师自身有种磁流，可以控制和影响患者的意识，但是，在普伊赛格的理论提出来以后，人们对催眠的认识有了进一步提升，开始认为催眠师是在通过自己的意念来控制和影响患者的意识，这就是普伊赛格说的意念力量学说，这一学说的主要观点是：

催眠师的大脑能释放出一种能发挥治疗作用的物质流，这一物质流通过催眠师的大脑和神经，然后慢慢传递到患者的神经上，并且，这些催眠师深信一点，他们能让自己的意念来影响患者。

磁力学说传播以后，认同普伊赛格突出的意念和力量这一学说的人也越来越多，随后，西班牙的法利亚对这一治疗技术进行传播，当然，法利亚在普伊赛格理论的基础上，又提出了足以影响催眠师的重大观点：

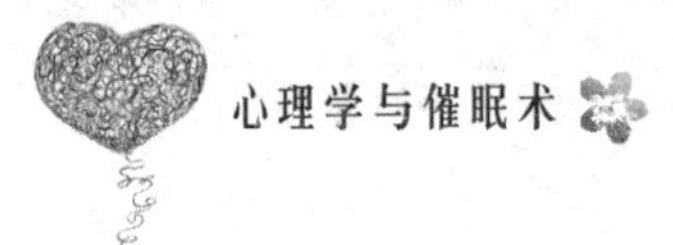

第一，刚开始，催眠师可以让患者盯着某个物体，这个物体必须是固定的，不动的，这一诱导法后来被广泛应用。

第二，法利亚认为恍惚状态之所以重要，是因为心灵对于暗示的接受能力比较强。而这一学说，在现代催眠学说中的地位一直未改变。

普伊赛格并不是人尽皆知，但我们必须承认的是，普伊赛格在现代催眠术的发展史上所做出的巨大贡献是无法比拟的。

怎样通过心理暗示法来治疗失眠

睡眠对于人类身体健康的重要性早已被人们认可，无须再多说，然而，世界卫生组织调查，全世界将近30%的人都有睡眠问题，将近一半的人受到各种各样睡眠问题的困扰，还有不少人总是失眠。

所谓失眠，指的是一些人总是难以入睡或者保持一定时间段的失眠，或者在第二天醒来时，没有感到自己重获精力或者睡足了。事实上，我们没办法根据一个人睡觉时间的长短来判断其是否睡足。因为每个人的情况不同，有的人一天只睡四五个小时就足够了，但是一些人却要睡上十几个小时。睡眠也不是一种疾病，而是一种症状，就好像身体的其他部位产生了疼痛一样，只是某种疾病产生的症状，为此，我们必须找出具体的原因，然后加以治疗。

那么，失眠是怎样产生的呢？

1. 身体因素

任何身体上的不适都有可能导致失眠。

2. 心理因素

在心理疾病方面，比如焦虑症、抑郁症，是会影响睡眠的，如果不治疗，睡眠也很难得到良好的改善。

3. 特定事件引发的睡眠问题

催眠师在为一些失眠病人治疗时，会引导他们回答以下几个问题，比如，“你是从什么时候开始失眠的？”“在那之前的一段时间里，工作、生活中是否发生过什么事件？”在这一引导下，催眠师就有可能找到患者失眠的原因。

曾经有这样一个案例：

一位女性来寻求催眠师的帮助，她说她失眠一个多月了，在催眠师的引导下，她进入了催眠状态，她说明了自己失眠的原因：原来在一个多月前，她的同事流产了，而她认为同事流产和自己有关，因为就在那段时间，她感冒了，随后，她的那位同事也感冒了，没多久那位女同事就流产了，她认为同事流产的原因是自己把感冒病毒传给了同事，为此感到十分歉疚，结果就失眠了。然而，她根本没有找到自己失眠的原因，直到被催眠师催眠后才恍然大悟。

4. 无明显原因的失眠问题

一些人长期失眠，但身体也没有什么疾病。催眠专家把这种情况归结为压力造成的。而这个压力通常是精神压力、情绪压力、心理压力一类的。而且是短期内无法消除的压力。

我们再来看一则案例：

有一位五十多岁的女性来寻求催眠师的帮助，她也称自己长期失眠，经过了解，催眠师知道了她的一些情况，因为经济状况不好，夫妻离婚，她要供她儿子上大学，所以不得不努力打工挣钱。

在催眠师为她做催眠的过程中，她的身体始终处于紧张状态、放松不下来，尽管练习了很久，但依然做不到。

在接受催眠后两周内，她可以好好睡觉了，但两周之后，她又开始失眠。催眠的确可以改善她的睡眠情况，但效果并不能持久。因为她的压力会把她重新带回紧张的状态。

失眠已经困扰了不少人，美国国家健康组织依病程时间的长短，把失眠症分为短暂性失眠（短于一星期）、短期性失眠（一到三星期）及长期性失

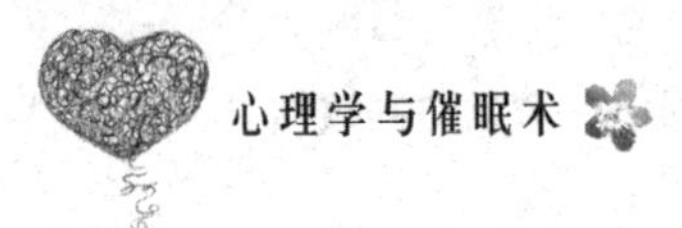

眠（长于三星期）。此种分类方法沿用至今。虽然美国睡眠医学会已对此时间的长短有所更改，但其基本的精神不变。

短暂性失眠：几乎每个人都曾有过短暂性失眠的经历，比如，遇到一些让我们紧张的事（如考试或会议）、情绪上的激动（如兴奋或愤怒的事情），都可能会造成你当天晚上有失眠的困扰。

另外，生活环境变化，比如，跨时区造成时差的反应，也会影响到我们的睡眠质量。

短期性失眠：这与第一类失眠有所相似，但时间较长，比如，丧偶、离婚、男女朋友分手等生活变故，此类问题皆会造成一时情绪上的冲击，其平复所需的时间往往需要数星期。

长期性失眠：这一类是患者到失眠门诊求诊，最常遇到的疾病类型，其病史有些长达数年或数十年，必须找出其潜在病因，才有痊愈的希望。

失眠通常伴随的一些复杂的心理因素或者是来自于外界或者内在的压力，假如可以自行调节的，是能获得好的效果的。短暂性的失眠，很多情况下是没有明显的身心症状的，治疗起来难度也大得多。除了对其进行心理干预或者行为治疗外，还可搭配使用催眠法，让患者明白失眠的原因，并帮助其学会排解自己的个人负面情绪或者心理压力。

催眠专家建议，要治疗失眠症，除了寻求催眠专家的帮助外，患者还能通过自我暗示进行调节。不管你是哪种情况，不管是长期失眠还是偶尔失眠，这个方法都可以帮助你缓解。

你可以在睡觉前，躺在床上进行练习。或许在练习的过程中，你直接进入睡眠状态。如果你是长期失眠者，这个方法是要每天坚持练习的。

在进行所有的自我催眠练习前都需要先呼吸放松。你至少要做5个深长的腹式深呼吸，如果你是长期失眠，建议做不少于10个腹式深呼吸。接下来开始从头到脚的身体扫描。这里要注意：一定要头开始，而且是逐节扫描。

身体扫描的方法：把注意力放在身体的感觉上，只是体验身体的感觉是什么，或许感觉紧绷、酸疼、紧张等，不试图去消除这些感觉，也不是逃避这些感觉，而是持续地感受这些感觉，停留1～2分钟，同时有意识地放松这

些部分。

身体扫描的顺序：头部——颈部——肩部——双臂——整个背部——胸部——上腹部——下腹部——后腰部——臀部——双大腿——双膝盖——双小腿——双脚。

最后放松，在你的意识里包含整个身体，呼吸放松整个身体，你会慢慢睡去。这个方法无法治疗睡眠障碍，但可以帮助你改善睡眠质量！

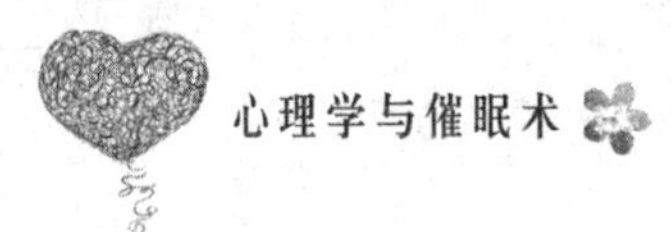

第09章 提升身体自愈能力，催眠助你重获健康——催眠与身体疾病

现代社会，人人都有压力，不同的年龄、身份、职业等，遇到的压力不同，但或多或少都会受到压力的困扰，适当的压力能激发我们努力和前进，但一旦压力过度，就会影响我们的身心健康，其中不少疾病，诸如，神经症、焦虑、精神性头痛、神经性抽动症、口吃、高血压等，都与压力过大有着极为密切的关系，而催眠能起到减少或者解除这些压力的作用，也就能达到治愈不少身体上的疾病的功效。再比如，胃溃疡、结肠炎、慢性哮喘、冠状动脉功能不全等，都能通过催眠治疗达到减轻或者治愈的效果。

压力太大引起的疾病，催眠能缓解吗

一般人常常认为，人只有健康和患病之分。世界卫生组织对健康下的定义是："健康是一种身体、精神和交往上的完美状态而不只是身体无病。"新的医学研究也表明，人体健康与患病之间还存在着一个过渡的中间状态，即第三状态——亚健康状态。据此可得知，身体健康但精神和交往却存在问题，并非真正的健康，只有身心健康才是真正的健康。

生活中存在着各种各样的压力，有些压力虽然看不到，摸不着，但却真实地存在我们的周围。如何在家庭责任、工作及人际关系的压力中做个"走钢丝的能手"，在家庭和事业间掌控平衡、在职场自在地游弋是现代人的必修之课。面对来自各方面的压力，我们一定要懂得自我调节，比如，当遇到

不如意的事情时，可以通过运动、读小说、听音乐、看电影、看电视、找朋友倾诉等方式来宣泄自己不愉快的情绪，也可以找适当的场合大声喊叫或者痛哭一场。而对于一些不会调节身心的人来说，他们很可能会因为压力过大而引起一些身体或者心灵上的疾病，比如，头疼、高血压、胃溃疡、腹泻、关节炎、心脏病，更严重的还有可能引发癌症。当然，这些疾病并不是直接由压力引起的，但压力过大会加速这些疾病的恶化。心理医生建议，催眠是一项能放松身心的活动，使用催眠法来缓解人们的压力，能治愈和消除人的身体上的某些疾病。

布鲁尼是一名癌症患者，已经是晚期了，医生宣布他只有一年的生命。在得知自己生病之前，布鲁尼的性格非常内向，过于胆小谨慎，总是担心很多东西。

后来，他在朋友的推荐下，认识了一位催眠师，催眠师对其进行引导，让其逐步放松自己的身体，每次从催眠师的工作室走出来之后，他的心情格外舒畅，不再去想那些疾病和烦恼。

在接受了数十次的催眠之后，他感到自己逐渐变得豁达开朗，坦然地接受疾病。

到后来，布鲁尼也不再去医院了，他决定不治疗了，因为到了癌症晚期，治疗只能缓解疼痛，除此之外，没有任何用处。很久以来，布鲁尼一直向往到世界各地走一走，看一看。当得知自己只有一年的生命时，布鲁尼毅然决然地放弃了一切身外之物，他还卖掉了自己的房子，选择了环球旅行。乘着一艘大船，布鲁尼走遍了世界各地，最后，他来到了中国。很久以来，布鲁尼对中国功夫很好奇，尤其是气功。

到了中国之后，他找到了一个深山里的寺庙，跟随那里潜心修行的高僧每日坐禅。经过一段时间坐禅，布鲁尼惊讶地发现自己原本日渐衰竭的身体居然恢复了力量。他每日跟随大师吃斋念佛，坐禅诵经，一年多过去了，他已经领悟了很多佛家的道理，精力和气色也越来越好。不过，既然已经放下了，布鲁尼并没有欣喜若狂地去医院检查自己是否已经战胜了癌细胞，而是继续在自己的最后一站——这座中国深山中的古庙里安心地吃斋念佛，坐禅

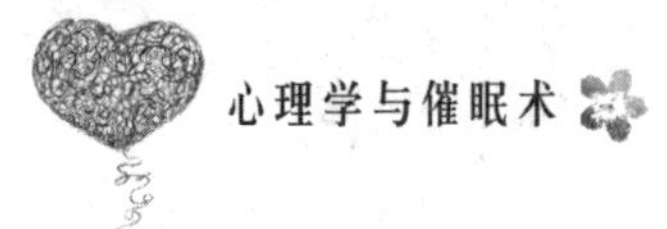

诵经。

我们不得不怀疑，布鲁尼是不是已经在彻底放空自己之后战胜了癌症。当然，答案很有可能是肯定的。其实，癌症是一种心因性疾病，长期的紧张、焦虑、不安，特别容易引发癌症。反之，假如一个人积极、乐观、开朗，能够心胸豁达地面对凡尘俗世，自然就少了很多烦恼，身体也会更健康。而布鲁尼之所以能获得身体的放松，其实是与接受催眠治疗分不开的。因为很多时候，疾病产生的根源都与压力有着莫大的关系，当一个人的身心真正释放压力以后，身体状况自然会好转。

实际上，一个人，无论是因为环境改变、生活状态改变而带来压力，还是身体本身压力而引起的疾病，催眠都能有效缓解或治疗，就像案例中的布鲁尼，如果他没有接受催眠治疗，也许和很多癌症病人一样，带着不安、紧张和遗憾离开了人世。

催眠术是怎样治好儿童遗尿症的

在我们的生活中，可能一些家长有这样的困扰，孩子都六七岁了，可是还是经常尿床，民间对于孩子尿床这一问题，有一些谣言，比如，认为这是“有出息的表现”，殊不知，这是儿童遗尿症的症状。所谓儿童遗尿症，是指5岁以上的孩子还不能控制自己的排尿、夜间常尿湿自己的床铺，白天有时也有尿湿裤子的现象。遗尿症在儿童期较常见，据统计，4岁半时有尿床现象者占儿童的10%～20%，9岁时约占5%，而15岁仍尿床者只占2%。本病多见于男孩，男孩与女孩的比例约为2∶1，6～7岁的孩子发病率最高。遗尿症的患儿，多数能在发病数年后自愈，女孩自愈率更高，但也有部分患儿，如未经治疗，症状会持续到成年以后。

专家认为，儿童遗尿和睡眠有一定的关系。近年来，对遗尿症患儿做睡眠脑电图检查和多导生理仪描记，发现尿床都发生在睡眠的前三分之一阶

段，当时，正处于非眼快动睡眠的3～4期的深睡之中。

遗尿可有一系列的过程，其开始是躯体不安宁，肌张力增加，心搏加速，呼吸急促，皮肤电阻降低，这是一组觉醒征兆，与此相应，在脑电图上出现高波幅的δ波发放，过了几十秒钟或几分钟，孩子便在深睡之中尿床了，因此很难将遗尿的孩子唤醒，有时往往是大人把尿湿床的儿童抱起来，换上干衣裤和床单，孩子仍然不醒，等到次晨醒来，儿童对尿床经过完全无记忆。

许多人梦见过尿急找不到厕所，即做了“找厕所的梦”，在焦急中醒来，可能裤子与被单被尿湿了些，但大部分尿还在膀胱里，没有尿出来，这是由于膀胱充盈的信号被编入了梦境，是正常人的梦，遗尿症患儿通常是不做这种梦的。

那么，儿童遗尿症该如何治疗呢？

催眠专家认为，家长总是在夜间叫醒孩子，让其尿床，这样做不但不能改善孩子尿床的坏习惯，反而会使其恶化，因为孩子在熟睡的情况下被叫醒，睡眠会受到干扰，他想睡觉的愿望在总是得不到满足的情况下，下次一定会在被你叫醒之前尿床。专家提出，通过催眠治疗，并在家长的配合下，可以促进孩子的自发性，从而治疗其遗尿症。

这一治疗方法的工作原理是，催眠师暗示孩子养成一种习惯：在夜间，孩子只要一有尿意，就好像被下了指令一样，然后睁开眼睛自己去上厕所。

对于这一点，催眠大师理查·班德勒通过临床试验也得出结论，催眠术对于儿童遗尿症，尤其是继发性儿童遗尿症的治疗，有着显著的疗效。

一般来说，催眠治疗遗尿症要分两种情况：一种是对于那些年纪较小的儿童，在治疗时，可以采用他人催眠治疗的方法，使儿童进入催眠状态；另一种对于那些年龄较大的儿童，催眠师可以教授他们学会一些催眠方法，也就是自我催眠。

具体来说，通过催眠法治疗遗尿症可以遵循以下方法：

经过催眠引导后，让孩子进入催眠状态，然后再使用一些暗示语来引导儿童建立一种条件发射，比如，催眠师可以这样说：“请相信我，你虽然睡

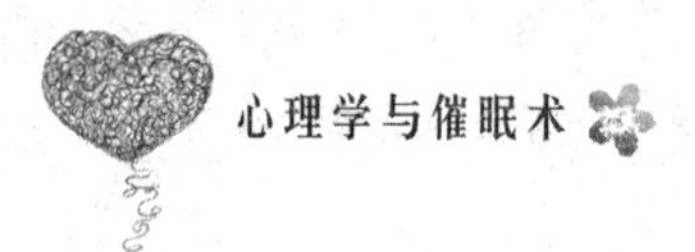

着了，但是你能控制自己的膀胱。一旦你的膀胱充满了尿液，你马上就会从睡梦中醒来，你不会延迟，一旦你感到有尿意了，你就会立即起床上厕所，你不会弄湿你的衣服和被子，你一定会立即醒来的，不会错。”

这里，催眠师需要注意，通过此种方法来治疗孩子的遗尿症，也要事先将儿童的不安、恐惧和紧张都消除，要让孩子放松自己的心情，从而帮助其建立控制自己括约肌的能力。

当然，作为家长，当你发现你的孩子有遗尿症的情况时，一定不能打骂和责备孩子，这样孩子会产生紧张的情绪，即便接下来对其进行催眠治疗，也会加大难度。另外，也不能怕孩子尿湿衣服和床，而在夜间三番五次地将他叫醒，如果非要叫醒孩子，也要选择孩子最有可能尿床的时间，这样，反而有可能让他形成一种条件发射、养成一种及时上厕所的习惯。所以，从某种程度上来说，无论是催眠治疗法，还是其他方法，家长都是能否治好孩子遗尿症的关键因素。

催眠治疗法是高血压患者的希望

现代社会，随着生活水平的逐渐提高，还有一些遗传因素，不少人尤其是中老人都常年被高血压这一疾病困扰，他们需要吃降压药来控制自己的血压。不过，据美国的心理学家约翰·葛瑞德称，催眠能在一定程度上对高血压起到缓解或者治疗的作用。

对此，我们不妨先来了解一些关于高血压的医学常识：

高血压是指动脉血压超过正常值的异常情况。血液从心脏流经血管到达全身各处时对血管壁产生的压力，叫做血压。某些人血液不能很容易地通过全身，比如，由于某种原因使血管狭窄，此时压力将升高以保证血流通过，这就是高血压。1999年世界卫生组织规定：高血压是收缩压≥140毫米汞柱和/或舒张压≥90毫米汞柱。

正常高血压是收缩压在130～139毫米汞柱和/或舒张压在85～89毫米汞柱，也就是血压偏高了。理想血压是收缩压<120毫米汞柱和舒张压<80毫米汞柱。

高血压发病主要原因与高级神经活动障碍有关。长期不良刺激，如精神紧张、情绪激动、焦虑过度、噪音等，加上体内生理调节不平衡，大脑皮层高级神经功能失调，空易发生高血压。

另外，中医认为血压之所以升高是机体自我调节的一个信息，是内脏阴阳失调的结果而不是原因，原发性高血压是由于人体脏腑组织因各种因素引起供血不良所致。

高血压对人体危害非常大，不仅直接导致头疼、头晕、失眠、烦躁、心悸、胸闷等一系列症状，长期下去，对心、脑、肾及其他器官的破坏也是非常严重的。许多高血压患者死于中风、心衰和肾衰竭。

目前，世界上没有有效的办法治疗高血压，只能通过药物，强行扩张血管，使血压下降。但药物对人身体脏器，尤其是肾脏和肝脏造成的损害是难以估量的。

催眠可以治疗高血压，许多人会觉得不可思议。

埃克森是一名催眠师，最近，他接待一位75岁的中国女士，姓刘，通过催眠，彻底稳定了血压，使血压得到非常神奇的下降。

这位女士在刚来的时候，吃药前血压170/97；吃药后血压141/91，心跳41。

这位女士来找埃克森的目的很简单，她听说催眠法能降压，希望埃克森能帮助自己把病情稳定下来，少吃一些降压药，从而使自己的肾脏和肝脏少受些损害。

事实证明，埃克森的治疗方法起作用了，当他帮助刘阿姨进入催眠状态后，通过引导，让她的肝脏和肾脏开始恢复健康，肝脏提高过滤身体血液脂肪的能力。

第一次催眠后，在同样的时间里，刘阿姨吃药后的血压就达到了117/77。经过七次催眠，刘阿姨在不吃药的情况下，血压为140/87，药量减少了一半，血压保持在117/77。更加神奇的是，心跳从每分钟41次回到50次。

刘阿姨的案例被很多人知道后，他们都想知道这个治疗的过程，对此，埃克森陈述道："在进行催眠之前的引导后，我继续引导：'刘女士，现在你已经进入催眠状态了，你现在什么都别想，只需要安心地享受催眠带给你的轻松和安宁的感觉，现在，你全身的肌肉都放松下来了，你不妨来一一体会下，现在你的头、颈、身体等部位都是放松的，你的周身都是舒适的感觉，现在来告诉我，你的身体是不是很舒服，你有没有觉得很轻松？'刘阿姨点了点头，接下来，我告诉她：'刘女士，现在，你开始集中你的注意力，都放到你头部的血管上，你现在十分放松，你的头部是不是轻松多了？''很好，现在，你的头部有一股暖流，开始慢慢流向你身体的其他部位，然后慢慢到你的颈部，再到你的指尖、你的腹部，慢慢再到你的脚底，你的全身都有一股暖意，你的精神逐渐放松了，现在，你的血压已经在下降了，它正在逐步接近正常值，慢慢达到正常水平。'"

当刘女士从催眠状态中清醒后，她的血压确实逐渐趋于正常值。当然，埃克森还教了她自我催眠的方法，这样，在日后的生活中，她可以经常使用这种方法来控制自己的血压，再也不会因为高血压而紧张和痛苦。

埃克森的催眠方法确实疗效很好。后来，来他的工作室求助的人越来越多。

当然，催眠法不一定能治好每个人的高血压，并且，在现代心理咨询和心理治疗中，催眠术也受到了"攻击"，之所以如此，有一个重要的原因，高血压患者没有发挥自身的努力，而是被动地接受外来的治疗。这样，就不能充分开发当事人的心理潜力和增进当事人的自信心。所以，在催眠治疗高血压的过程中，患者一定要配合心理医生或催眠师，只有这样，才能真正让催眠治疗达到效果。

催眠治疗是怎样让强迫症患者不再紧张的

生活中的人们，不知道你的周围是否有这样一群人，出门之前，他们会反复检查门窗是否锁好；某件工作，当大家已经觉得做好时，他还会重新来过，再做几次；他们生活节俭、行为拘谨，他们……其实，他们是强迫症患者。

那么，什么是强迫症呢？

强迫症是一组以强迫症状（主要包括强迫观念和强迫行为）为主要临床表现的神经症。强迫症在临床上并不少见，美国的一项调查显示强迫症患病率大约为1%，1982年我国曾经做过一次12个地区的调查，结果显示强迫症的患病率为0.3‰。实际上，这个数字远远低于实际的患病率。结合临床实践，估计国内的强迫症大约有500万～1000万，患病率约为5‰~10‰。80%的强迫症患者在25岁以前发病，男性比女性多。

对于强迫症的病因目前尚不明确，但有大量研究表明，强迫症与遗传因素、个性特点、不良事件、应激因素等均有关系，尤其与患者的个性特点紧密相关，比如，过分追求完美、犹豫不决、谨小慎微、固执等，具备这些不良个性特征容易患强迫症。具体来说，可以分为，

（1）遗传因素。患者近亲中的同病患率高于一般居民，如患者父母中本症的患病率为5%～7%，双生子调查结果也支持强迫症与遗传有关。

（2）性格特征。1/3强迫症患者病前具有一定程度的强迫人格，其同胞、父母及子女也多有强迫性人格特点，其特征为拘谨，犹豫，节俭，谨慎细心，过分注意细节，好思索，追求完美，但又过于刻板和缺乏灵活性等。

（3）精神因素。上海调查资料中35%患者病前有精神因素，凡能造成长期思想紧张，焦虑不安的社会心理因素或带来沉重精神打击的意外事故均是强迫症的诱发因素。

治疗强迫症，目前有一种倾向，就是联用的药物种类越来越多，使用的剂量越来越大。常同时联用抗精神病药物、抗抑郁药物和抗癫痫药物，有的

患者还要加用其他药物。

最近有一种新型强迫症的治疗方法被发现，那就是催眠疗法。目前已经有一些患者通过催眠疗法治愈了强迫症。

美国的心理学家罗杰斯·卡尔·兰塞姆曾经用催眠法治愈一个强迫症患者。

这名患者名叫杰瑞，是某知名电脑公司的实习生。有件事让他很苦恼，他总是不敢与人对视，而是斜眼看人，因此，公司一些爱开玩笑的同事甚至给他起了个“斜眼”的绰号，他为此陷入深深的痛苦之中。

后来，罗杰斯引导杰瑞进入了催眠状态，杰瑞在催眠状态下陈述了自己的经历。还在他很小的时候，他的父母就离婚了，他由爷爷一手带大，然而，爷爷对他太严厉了，他很害怕爷爷。小学五年级的一次测验中，他明明得到了第二名，他回家告诉爷爷，满心期待爷爷的赞赏，但爷爷不但没有奖励他，还投给他严厉的目光。后来，杰瑞就习惯了不敢正眼看爷爷。

再后来，他进入这家公司，他总担心自己实习期不能过，所以陷入了更紧张的情绪中。庆幸的是，在杰瑞进入轻度催眠状态后，罗杰斯告诉他，其实他的爷爷很爱他，只是希望他有更好的表现才如此严厉，他没想到自己的严厉会让你变得如此不自信。听完罗杰斯的劝导后，杰瑞认真地点了点头。

但罗杰斯认为，要想治好杰瑞的强迫症，还需要做一番工作。

于是，在杰瑞进入中度催眠状态后，罗杰斯继续引导：“我知道，你并不是诚心偷瞄别人，你也知道这样不好，但这样会让你舒服些，是吗？不过，以后这样的情况不会出现了。”

接下来，罗杰斯继续引导：“杰瑞，现在，你可以继续瞄了，这样你会舒服些。”杰瑞按照罗杰斯的指令，开始作偷瞄状，表情自然。

“杰瑞，现在是不是很舒服？那你打算这一生还偷瞄别人多少次呢？你可以选择三万次、三千次，也可以是三百次。”

罗杰斯选择了三百次，并且，接下来，他在指令下继续偷瞄，直到真的完成了三百个这样的动作。

“现在，杰瑞，你一生余下的偷瞄动作都做完了，如果继续这样，你会感到头晕，也会出现腹痛的症状。”当罗杰斯说到这里的时候，杰瑞的表情十分痛苦。“现在，请告诉我，杰瑞，你的感受是什么？”

“头晕，颈部也很疼。”杰瑞的表情的确十分痛苦。

“肯定是这样的，你这一生的偷瞄动作都做完了，你再继续做下去，只会更痛苦。”

接下来，罗杰斯开始转移杰瑞的注意力，问他：“杰瑞，你以前喜欢踢足球吗？”

“当然了，要知道，高中时代，我可是学校球队的主力……”杰瑞一边说着，一边沉浸在美好的回忆中。

“杰瑞，现在，你抬头看看，天空是不是很美？”杰瑞又点了点头。“杰瑞，你再看看周围其他的景色，是不是很美？其实当你感到紧张的时候，你可以抬头看看周围的美景，但千万不要重复同一个动作，这样你会很累的。”

罗杰斯将杰瑞从催眠状态唤醒后发现，杰瑞明显放松了很多。随后几次，杰瑞又来做强化治疗，不到一个月的时间，杰瑞就重拾自信了。

从这一案例中，我们能看到催眠法在治疗强迫症中的重要性。因为透过催眠法，治疗者能够找到影响患者不合理行为表现的关键点，并在关键处帮助当事人有所改变，让患者将原有错误的自主感觉、自主判断、自主意识进行扭曲和改变。这一过程为正确思维架构的创建提供了机遇，所以也就能够为治愈强迫症创造机会。

另外，专家还补充道，催眠疗法对一般的强迫症状都有一定的治疗效果，特别是对反复检查型强迫症患者作用更加明显。如果在进行催眠治疗的过程中配合药物的合理服用，效果可能更佳。

你还在受痔疮之苦吗

中国有句古话：“十人九痔”，足见痔疮的发病率之高，据流行病学统计，在人群中发病率约占50%～60%。的确，痔疮是一种普遍的肛肠疾病。痔是直肠末端黏膜，肛管皮肤下痔静脉丛屈曲和扩张而形成的柔软静脉团。是发生在肛门内外的常见病、多发病，任何年龄均可发病，以20～40岁多见，大多数病人随年龄增长而加重，有关痔的发病机制目前尚无定论，多数学者认为是“血管性肛管垫”，是正常解剖的一部分，只有合并出血、肛脱垂、疼痛等症状时，才能称为病。

那么，痔疮是怎样形成的呢?

我国目前多数医生认为，痔的发生原因有以下几个方面：

1. 遗传原因

静脉壁先天性薄弱，抗力减低，不耐受血管内压力，因而逐渐扩张。

2. 长期不运动

人久站或久坐，长期负重远行，影响静脉回流，使盆腔内血流缓慢和腹内脏器充血，引起痔静脉过度充盈，静脉壁张力下降，血管容易淤血扩张；又因运动不足，肠蠕动减慢，粪便下行迟缓，或习惯性便秘，可以压迫和刺激静脉，使局部充血和血液回流障碍，引起痔静脉内压力升高，静脉壁抵抗力降低。

3. 局部刺激和饮食不节

肛门部受冷，受热，便秘，腹泻，过量饮酒和多吃辛辣食物，都可刺激肛门和直肠，使痔静脉丛充血，影响静脉血液回流，以致静脉壁抵抗力下降。

4. 肛门静脉压力增高

因肝硬化、肝充血和心脏功能代偿不全等，均可使肛门静脉充血，压力增高，影响直肠静脉血液回流。

5. 腹内压力增加

因腹内肿瘤，子宫肿瘤，卵巢肿瘤，前列腺肥大，妊娠，饮食过饱或蹲

厕过久等，都可使腹内压增加，妨碍静脉的血液回流。

6. 肛门部感染

痔静脉丛先因急慢性感染发炎，静脉壁弹性组织逐渐纤维化而变弱，抵抗力不足，而致扩大曲张，加上其他原因，使静脉曲张逐渐加重，生成痔块。

很多医生的临床经验证明，催眠也可以治疗痔疮，让患者免除痔疮之苦。

李先生今年39岁，他患有痔疮已经五年了，因为经营一家自己的公司，也就免不了抽烟喝酒等应酬，加上长期形成不良的生活习惯，他得了痔疮，经常去医院治疗，但是治标不治本。

后来，在朋友的推荐下，他来到严医生的催眠室，严医生不但对他的日常生活习惯提出了一些建议，还运用催眠法帮他免除了痔疮之苦。

在第五次来到催眠室时，严医生说："经过前四次治疗后，我想你也看到了一些催眠对于治疗痔疮的效果，今天我们开始要做巩固治疗了，在催眠中，请一定听我的指令好吗？不要思考其他的事，现在，你的身心都进入了非常放松的状态，你变得沉重了，你感觉自己很困了，那就放心地睡吧，没有人会打扰你……现在你的周围很安静，你的心态也十分平和，继续放松你的身体，从你的肩膀开始，到你的四肢，慢慢放松下来，你的手臂开始一点力气也没有，沉重得再也抬不起来。你现在一点也不想动了。"

严医生继续引导："现在，在你的头顶，有一束阳光照射过来，你的头部沐浴在阳光下，感到很温暖，你的额头很暖和，很舒服，然后照射在你皮肤上的阳光变成了一股暖流，从你的头顶开始流到你的颈部，再到你的脊椎，你现在感到浑身舒服，现在你再来感受一下，暖流是不是已经扩散到你的腰部了，你还能感受到一股轻微的流动感，现在，暖流已经到了你的肛门了，你的肛门好像有股水蒸气，你的臀部很舒服，水蒸气渗透到了每个毛孔，你肛门部位的血管已经慢慢在扩张，血液循环得十分畅快，现在，你肛门部位的痔疮已经逐渐在变小了，小了，慢慢地小了，再小，直到完全没有了。而且，以后它再也不会出现了，你现在感到浑身轻松，再无痔疮之痛苦。你是不是感觉太美妙了，现在，我倒数5个数，当我数到最后的时候，你会睁开眼醒过来，然后你依然会有如此轻松愉快的感觉。”

整个催眠过程中，李先生一直很配合严医生的治疗，因为同样接受了严医生的其他建议，比如，养成良好的饮食习惯、坚持锻炼，再加上后来接受的几次催眠，现在的李先生痊愈了。事实证明，催眠法确实对治疗痔疮有效果。

当然，任何一位心理医生或者催眠专家都建议每个人，要想真正治愈痔疮，还需要我们在生活中多注意以下几点，只有这样，才会少受痔病的困扰。

（1）要养成每天晨起（直立反射）或早饭后（胃结肠反射）排便的良好习惯，排便时要集中精力，不读书看报，不抽烟，排尽即起，越快越好，最好在5分钟以内排尽。

（2）及时治疗肠道及肛门周围炎症，平时既要杜绝便秘，又要杜绝腹泻，排便后最好用温开水坐浴10分钟，保持肛门部清洁。

（3）饮食要规律，不能暴饮暴食，忽饥忽饱，尽量不喝白酒和烈性酒，少吃或不吃辛辣刺激食物，多吃些蔬菜、水果、高纤维食物和谷类食物，对预防痔疮有良好效果。

（4）避免久坐、久站、久蹲姿态，如为职业所迫可适当变换体位，或适量活动。

（5）每天早晚各做一次提肛运动，可预防痔疮，其方法是自己控制肛门一上一下的提缩，每次做30~40回，在各种体位下均可进行。

催眠怎样帮你赶走抑郁症的阴霾

生活中，当我们有如下三大主要症状：情绪低落、思维迟缓和运动抑制的时候，我们一定要引起重视，这表明你抑郁了。抑郁会严重困扰我们的生

活和工作，给家庭和社会带来沉重的负担，严重的还会导致抑郁症。它赶走了我们的积极情绪，使我们对周围的人丧失了爱。我们感觉自己死气沉沉，缺乏生气。正如某个抑郁病人所说的：“我感到自己是一个空壳。”约15%的抑郁症患者死于自杀。有个抑郁症痊愈者曾经这样陈述自己的经历：

“我从不认为自己很差，从整体上讲，我不认为自己很糟糕，但我觉得自己像‘白开水’。我感觉自己既不是很可爱也不是不可爱，我觉得自己没有任何特别的地方。小时候，我常受到父母的忽视。他们从未虐待过我，也没有关注过我。由于生活中没有人在乎过我，这使我产生了空虚感。”

很明显，我们如果长期被抑郁的情绪控制的话，生活将会失去光彩。抑郁的表现形式各有不同，但具体来说，有以下表现：

（1）大部分时间感到沮丧或忧愁。

（2）缺乏活力，总是感到累。

（3）对以前喜欢做的事情缺乏兴趣。

（4）体重急剧增加或急剧下降。

（5）睡眠方式的巨大改变（不能入睡、长睡不醒或很早起床）。

（6）有犯罪感或无用感。

（7）无法解释的疼痛（甚至身体上没有任何毛病）。

（8）悲观或漠然（对现在和将来的任何事情都毫不关心）。

（9）有死亡或自杀的想法。

那么，抑郁症该怎样治疗呢?

心理专家认为，敞开心扉能使抑郁症患者摆脱抑郁。而抑郁症患者为什么很难做到这一点？因为他们有某种心灵上的顾忌，他们不愿意承认自己有抑郁症，更别说积极主动地配合医生治疗。

我们发现，很多抑郁者患病后，会选择偷偷吃药而不会公开病情，就是因为他们对抑郁症的认识不足，将它误认为神经衰弱、精神分裂，对患者抱以冷眼或歧视，流言蜚语四起，让那些本已伤痕累累的心灵雪上加霜，不敢袒露自己的苦闷。

催眠专家提出建议，在治疗抑郁症的过程中，催眠师往往通过年龄倒退

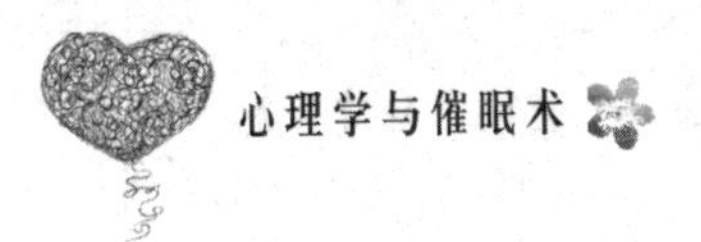

法帮助患者找到问题的根源，以便找到问题的解决方法。临床证明，这一方法对很多患者都起到了良好的作用。所谓年龄倒退法，是催眠过程中进行精神分析的有效方法。年龄倒退有三种方式：逐渐的年龄倒退、间断的年龄倒退、跳跃的年龄倒退。

（1）逐渐的年龄倒退法。在催眠状态下，先回忆去年的年龄阶段的生活体验，去年的一些朋友、亲人、发生的事情，回忆起来后让其体验一下当时的感觉，体验到了以后就可继续暗示，你现在就身临其境地处于这样一个情境中，好，你现在就已到了这个年龄，你现在15岁（若患者今年16岁）。你现在感受一下你周围这些情境，你现在在做些什么，周围有些什么样的人，看看他们的样子。这样，他就能比较成功地被倒退回去。然后逐年倒退或是逐月逐日倒退，找寻他过去的一些经历，找出对其现在有影响的事件或情境。

（2）间断的年龄倒退法。比如说患者在清醒状态下回忆起在10岁的时候曾遭遇某重大事件，现在回忆起来都觉得很清晰，很害怕，受到很大的影响。那么在催眠状态下，可直接通过暗示让他回到10岁的年龄阶段，身临其境地感受当时的事件正发生在他的身上，体会到当时的感觉，然后用相应的分析和技巧解除他的这种不良体验和现在生活的联系。10岁倒退完后，也可直接跳到8岁或5岁，看看他在这个年龄阶段又发生了哪些有影响的事件。

跳跃的年龄倒退法：直接把患者倒退到幼小年龄如四五岁后，再逐年上升六七岁等。在其过去的成长过程中找到对现在生活有影响的事件。

年龄倒退的关键在于：先通过想象回忆出这个年龄段的一些情境事件，然后让其体验到这个情景，最后把这个情境变成他的真实情境，也就是让他感受到自己现在就在这个情境里。

催眠治疗能让口吃患者流利发言吗

日常生活中，我们经常可以看到，一些人说话语气生硬、毫无节奏感、

手势也不协调。这类人其实就是口吃患者。口吃，俗称结巴，是指讲话不流畅、阻塞、重复。从生理表现上说，主要是由于呼吸肌、喉肌及其他与发音有关的器官紧张与痉挛所造成的。

口吃的发病原因被认为有五种，分别是：

（1）生理原因。有人认为口吃与遗传或某种脑功能障碍有关。

（2）心理原因。如精神紧张、焦虑、应激。精神因素是引起口吃的主要原因。

（3）整个语言神经功能有障碍。即与发音、对语言理解甚至读书写字有密切关系的神经系统发生障碍。

（4）生理疾病。如儿童脑部感染、头部受伤以及患百日咳、麻疹、流感、猩红热等传染病后也易引起口吃。

（5）模仿和暗示。

由于长期以来的语言障碍，口吃者的语言表达能力一般都较差，心理专家经过临床治疗表明，催眠治疗能让口吃患者流利发言。

实际上，让我们感到惊奇的是，相对于正常人而言，口吃患者的发音系统毫无异常，也就是没有器质性的病变，要想帮助口吃患者流利讲话，最重要的还是帮助他们建立在众人面前说话的自信心和胆量，消除患者的紧张心理，从而逐步帮助其矫正口吃。

我们来看下面一则案例：

文涛是一名高三的学生，和其他男生不同的是，他不爱说话，有时候老师上课叫他起来回答问题，他也是支支吾吾，说不出来，他因此没有什么朋友。当其他男孩在一起聊到篮球、足球和网络热点问题时，他也插不上话，因为他从小就有口吃的毛病。

后来，文涛的父母在心理医生的建议下寻求催眠师的帮助，听说催眠能治疗口吃，这天，文涛就抱着试试看的心态来到了秦医生的催眠室。

刚开始，秦医生对文涛进行引导和放松，当文涛进入浅度的催眠状态时，秦医生找到了文涛患上口吃的原因。

小学五年级的时候，一次，老师找到文涛，告诉他学校将组织一次演

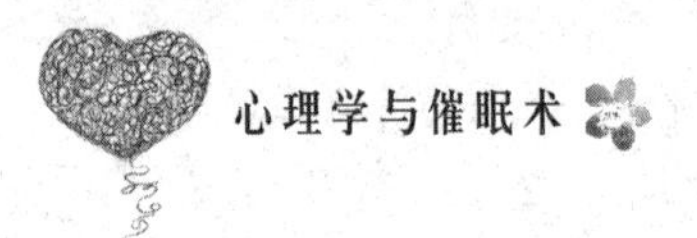

讲，让文涛参加。

“演讲要怎样讲呢？”文涛问老师。

“就像你平时写作文一样，先写好了，然后上台的时候背出来就可以了，很简单的。”

“那好吧。”文涛犹犹豫豫地答应了。

接下来，文涛就着手为演讲做准备了，他先写了稿子，然后开始背，还经常让妈妈来考他，一篇演讲稿是难不倒聪明的文涛的，妈妈无论问到哪句，他都能倒背如流。

演讲比赛那天，文涛兴高采烈地登上了演讲台，那一刻，他有点不知所措，好像场景和在家里背诵演讲稿不大一样。在家里，听众只有妈妈，现在是全校师生，他有点慌了。但他还是决定先背诵第一段，接下来是第二段，都挺顺利。但是到第三段，他突然一个字也想不起来了。怎么办？看到台下大家都在交头接耳，窦文涛一紧张，居然尿裤子了，他赶紧跑下台。当时他恨不得找个地洞钻进去，羞愧不已。

自从这件事之后，每次文涛开口的时候，他总觉得同学们在笑话他，久而久之，就患上了口吃的毛病。

接下来，秦医生将文涛引导了更深的催眠状态，然后引导他再次回忆那次演讲，此时的文涛满脸不安，秦医生告诉他：“其实，演讲失败根本没什么，不是吗？更何况这只是一个意外，你的实力，老师和家长都是有目共睹的，大家都对你充满信心，不是吗？”

“可……可……可是，老师和妈妈对我太失望了。”说到这里，文涛的脸部表情更僵硬。

秦医生让文涛放松自己，并继续回忆自己曾经演讲成功的画面，还要复述出来。慢慢地，文涛的语言流畅了很多。

接下来，秦医生开始对文涛进行语言训练，让他深深吸一口气，再一口气说完整句话，结果文涛真的做到了。后来，秦医生的指令越来越难，但文涛都做到了，再也没有出现口吃的情况。

最后，秦医生唤醒了文涛，在唤醒他之前，秦医生说：“文涛同学，在

你醒来之后，你依然能做到说话流利，并且，以后你再开口时，可以先深深吸一口气，你将能轻松地表达你的想法，你的言语也会很顺畅，你也就能和老师、同学顺利地沟通了。”

觉醒后文涛的说话情况果然比从前好了很多。后来，他又接受了几次秦医生的催眠治疗，五个月之后，他的口吃毛病就完全治愈了。

以上就是催眠治疗治愈口吃的典型案例。当然，除了接受催眠师的治疗外，患者也可以采取自我催眠的疗法。

自我催眠疗法的作用就是消除恐惧感。目前许多心理疗法（包括口吃心理疗法）采取口号式的意志强化法，如反复在自己的心中进行“我是一个正常人，我一定能战胜口吃”等暗示。当然，除非你是一个极有毅力的人否则通过这种手段取得成功是很困难的。自我催眠疗法，是自己通过对比较容易暗示的身体的一部分进行催眠，而对整个身体和心理进行调节的技术。自我催眠以后，心情变得舒畅、精力异常旺盛。催眠能消除恐惧感，使人镇定，它不但能治疗口吃、恐惧症以及强迫症、神经衰弱等神经症。不过自我催眠疗法必须在内行人士的指导下进行。

总之，接受催眠治疗后，我们的心理素质会迅速提高，语言表达能力也会增强。然后，我们再寻找一个突破口，如聊天、问路、打电话等，主动进攻，迅速突破，就可获得矫正口吃的成功。

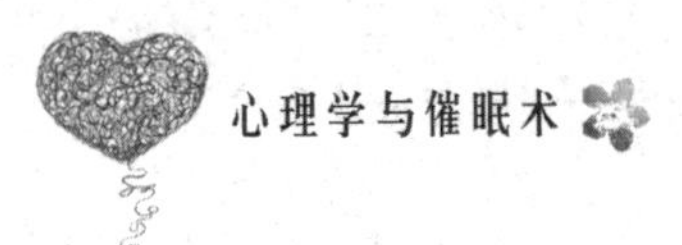

第10章 解除感情惆怅，剔除内心创伤——催眠与心灵创伤

人生在世，总不会那么如意，一些人甚至还会遇到重大挫折，当无法从重大挫折、生活变故中恢复过来的时候，人们的心里就会留下阴影，甚至是疾病。精神分析学创始人、著名心理学家弗洛伊德曾说过这样一句话："人们所有的心理疾病其实全部是来源于被压抑的本能欲望或者错误转换在潜意识中形成的一种错误的暗示。"也就是说，心理疾病与患者自身的内在联系有关系，要删除患者内心错误的暗示，最有效的方法就是催眠。催眠就是如此神奇，它能帮助患者找到心灵深处最顽固的症结，能透过现象看本质，让患者内心隐藏最深的痛苦得到解脱，从而抚慰患者的心灵创伤，达到良好的治疗效果。

通过催眠暗示找出心中痛苦的症结

精神分析学创始人、著名心理学家弗洛伊德曾说过这样一句话："人们所有的心理疾病其实全部是来源于被压抑的本能欲望或者错误转换在潜意识中形成的一种错误的暗示。"那么，如何消除错误的暗示呢？催眠学家一直认为，催眠暗示能达到这一目的。

研究发现，很多有精神问题的患者患病是有一个过程的，他们的潜意识中长期存在一些被压抑的情绪体验，或者曾经受到过某种心灵的创伤，并且，这些焦虑症状早以其他形式体现出来，只是患者本人没有对自己的情况

引起重视。

小刘是一名品学兼优的学生，他马上就硕士毕业了，但一直以来，他的心里都有解不开的结，他很不合群，总是莫名其妙地悲伤，他也不知道是什么原因。最近，他在网上无意间发现，原来催眠是一项神奇的技术，也许可以帮助自己。

于是，这天，他来到了催眠室，在催眠师的引导下，他进入了催眠状态，并道明了自己心中的苦楚。原来事情是这样的："其实，以前我的人际关系很好，即使现在，大家也不讨厌我 ，我一直比较乐观阳光，只是一件事让我很痛苦，就是自己是乙肝病毒携带者，曾自卑过，担心自己即使念到硕士，还是找不到工作，我是从山沟里走出来的，怕父母失望。这病是我经过的最痛苦的事情了。"

原来事情是这样的，催眠师利用催眠法找到了小刘的症结。小刘从催眠状态清醒后，催眠师继续说："其实，小刘，你知道吗？和你的这件事比，这根本不算什么，前些天，我就知道在你们学校，有个男孩出车祸了，居然一夜之间成了残疾人，其实，你比他幸福得多。不过我很荣幸，今天你能把这些话都告诉我。你可以多去孤儿院、敬老院看看，去感受真实的生活，半个月以后，你再来找我。"

半个月以后，小刘又来到了催眠室，但是此时的他好像完全变了一个人，精神状态好多了，他还告诉催眠师，原来这个世界上比他悲惨的人有很多，自己的事根本不值一提，最近，他已经提前和一家外企签约了，新生活开始了。

这则案例中，催眠师通过催眠方法找到了小刘痛苦心理的根源，然后进行心理疏导，进而帮他摆脱了痛。

事实上，很多数据和事实一再说明了这样一个令人遗憾和痛心的现象：有心理障碍并想不开的人，大多数从来没有寻求过心理帮助。我们发现，在现实生活中，一些人之所以选择了轻生，就是因为他们有太大的心理压力而又不选择倾诉。现实中多数人还是回避自己的心理问题，不敢正视和面对它，没有积极地进行规范治疗，结果导致悲剧事件屡屡发生。

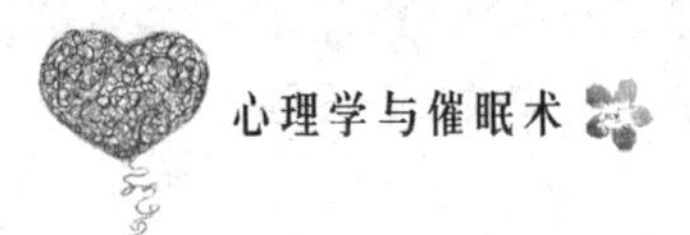

因此，生活中的我们，一旦发现自己有焦虑情绪，就应该学会自我调节、自我调整，把意识深层中引起焦虑和痛苦的事情发掘出来，必要时可以采取合适的发泄方法，将痛苦和焦虑的根源尽情地发泄出来，经过发泄症状可得到明显减轻。

那么，怎样才能找到心理问题产生的根源呢？心理学家指出，催眠能使人处于完全放松和无意识的状态，求助者能把自己的身心完全交给催眠师，把催眠师当成最信任的人，进而愿意将心底所有的秘密告诉催眠师，并愿意接受催眠师的意见和指导。

事实上，除此之外，弗洛伊德还对此进行了另外一种解释，我们都知道，人都是有人格的，现实生活中的人格是“转换模式的集成”，人也都是有本我的，一个人的本身代表的就是本能欲望，我们要根治心理疾病，是不能消除欲望的，在这种情况下，我们只能删除人的转换模式了，然后，重新塑造出人格，可以说，重塑人格是解决所有问题的关键，只有做到这一点，我们才会否定从前的自己，肯定现在的自己，才能重新为人。

催眠师的作用在于，他们可以帮助患者发现自己的错误，对其进行引导，让其不被错误的讯息所误导，从而帮助患者重新塑造出健康的人格。事实上，只要愿意改变，每个人的心理疾病都是可以治愈的。

催眠能够使自己忘却内心的痛苦

我们都知道，人生在世，难免会遇到一些挫折、失败和痛苦，这都是不顺心的事。但如果我们把痛苦埋在心里，日积月累，长此以往，一个人就会深陷意志消弭的泥潭而不能自拔，跌进精神萎靡的深渊而不能解脱。因此，要想远离痛苦演绎的“悲惨世界”，就要找到一剂“止痛”的良方，这剂良方就是忘却。

忘却也是保持心理平衡的好办法。忘记烦恼、忘记忧愁、忘记苦涩、

忘记失意、忘记昨天、忘记自己、忘记他人对你的伤害、忘记朋友对你的背叛、忘记脆弱的情怀。忘记你曾有的羞辱和耻辱……所有的痛苦，只有忘却了，才能真正变得乐观和豁达。

那么，如何才能忘却内心的痛苦呢？心理学家指出，忘却痛苦，最根本的是要建立起对痛苦的防御机制，而催眠法就能让对方在内心建立一道屏障，也就是说，催眠治疗能让人们忘却内心的痛苦。

弗洛伊德是奥地利著名的心理学家和精神分析学的创始人，他认为，对于人类来说，他们自身有种自我保护机制，这种机制叫做动机性遗忘，指的是人们对于那些不愉快的或者痛苦的经历采取主动遗忘的措施，而这种遗忘是有意识或者无意识的动机导致的，是出于心理自我保护的目的。

也就是说，人们之所以选择动机性遗忘，并不是说那些痛苦的经历被真的删除了，而是被压抑到了自己的潜意识当中，有时候，这些记忆会通过梦境或者一些其他的行为隐晦地表现出来。

弗洛伊德曾经接待一个年轻人，他找到弗洛伊德的时候，精神状况很差，就像一个生了重病的老人，他神情沮丧、动作缓慢，他吞吞吐吐地道明了自己来此处的目的。原来他失恋了，很痛苦，他放不下自己的女朋友，他找了很多心理咨询师都无济于事，所以他希望弗洛伊德能帮助自己。接下来，是弗洛伊德的治疗过程：

"我失恋了，我和女朋友相爱了四年，我从来没有对不起她，我们的父母都希望我们能结婚，但就在前几天，她对我提出了分手，我不知道到底是为什么，我问她原因，她只是告诉我性格不合，我甚至以死相逼，仍不能挽回她，现在我快崩溃了，只要一闭上眼睛，眼前出现的都是她，我无法入睡，我太痛苦了。"

弗洛伊德说："我可不可以这样理解，你很爱你的女朋友，你也做了挽回的努力，但没有办法挽救了，那么，你现在已经接受分手的事实了吗？"

"这一点我知道，但是我真的没有办法放下她。"

"也就是说，其实在你内心，已经决定忘记那段感情、然后重新开始生活，是吗？"

年轻人点点头。

“那么，你愿意接受我的催眠治疗吗？”

年轻人又点点头。

接下来，弗洛伊德先对这位年轻人进行催眠引导，使其进入浅度的催眠状态，然后在他耳边说：“现在，你可以想象一下，你正躺在一片草地上，微风从你耳边轻轻吹过，阳光柔和而又温暖，你什么烦恼也没有，也没有人来打扰你，现在……你就睡吧……睡吧……”

十几分钟后，年轻人发出了轻微的鼾声，此时，弗洛伊德继续说：“年轻人，你已经舒服地睡了两个小时，现在你可以告诉我一些关于你失恋的事情了吗？”

听到这里，年轻人又变得十分沮丧，用双手捂住脸，然后说：“她再也不属于我了。”

弗洛伊德一边递给他一条手帕，一边说：“谁遇到这样的事都很难过，放声哭吧。”

过了几分钟，年轻人停止了哭泣，对弗洛伊德说：“我的心情好多了，没想到哭泣也这么有用。”

“我看你的情绪已经十分平静了，那么，此时我们再来审视一下你们之间的恋爱关系好吗？”

“我和她是在一次朋友的聚会上认识的，她很美，我对她一见钟情，我们很快坠入爱河，但我们之间确实存在很多矛盾，她长得很美，很多男士都垂涎于她，还有，她是个很物质的女孩，很爱打扮，她总喜欢买各种各样的衣服，我的工资也全花在了她的身上，我也为此和她吵闹过，但是我每次都让着她，因为我太爱她了，我不想失去她。所以，后来我自己很节约，只是为了满足她的购买欲……”说到这里，年轻人又哭了起来。

“那么也就是说，其实很久之前，你就看到你女朋友的这些缺点了，是吗？”

“是的。”

“我可不可以这样猜测，你不想让你的女朋友离开你，也是因为她长得

漂亮，能满足你的虚荣心。”年轻人点了点头。

弗洛伊德继续说：“其实，我们生活中的每个人都有虚荣心，但是我们不能为了虚荣心而付出太大的代价，你不觉得自己无论是精神上还是物质上付出的代价都太大了吗？”

年轻人也点了点头。弗洛伊德继续引导：“人的虚荣心绝对不能太强，太强的话，就会很累，你不该怨恨她，因为真实伤害你的并不是她，是你自己的虚荣心，如果你不能克服这一点，那么，今后你肯定还会遇到此类困扰。”

“我想我懂了。”年轻人说。

“另外，谁的恋爱会一次性成功呢？恋爱成功率只有一半。所以谈恋爱，成功或者失败都是正常的。据心理学家称，恋爱时间两年为宜，时间越久，就越容易看到对方的缺点，产生厌倦，所以，你要树立正确的恋爱观。”

年轻人从催眠状态觉醒后，情绪好了很多，他感到自己能平静地面对失恋问题了。后来，他又接受了几次弗洛伊德的治疗，精神状态很好，脸上已经完全看不出任何痛苦了。

这里，弗洛伊德就是通过帮助年轻人树立心理自我保护机制，进而主动忘却了痛苦。所以，不少心理学家都认为，主动忘却一些痛苦的经历未必不是一件好事，这能维持人们自身的心理健康。

催眠暗示是怎样赶走笼罩在心头的阴影的

我们都知道，人的心灵和身体一样，是有一定的承受负荷能力的，一旦超过了承受能力，就会造成心灵的创伤。此时，人的心理状态和精神面貌都会产生消极的影响，在我们的生活中，这样的情况随处可见。

美国心理学协会的心理学家经过研究和分析后得出一点，催眠暗示在排遣人的心理阴影方面有着非常好的治疗成效。我们来看看陈娟女士的故事：

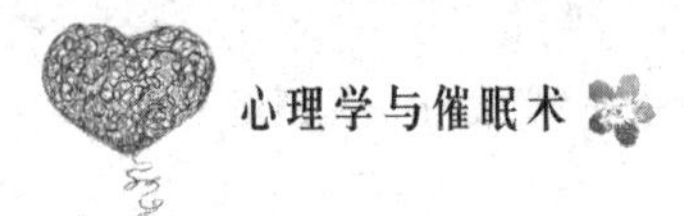

陈娟今年36岁了，还带着一个5岁的儿子天天。一年前，儿子4岁的时候，她和老公离了婚。离婚之后，陈娟的心情特别差，如果不是为了儿子，她甚至一度想到自杀。当初，陈娟之所以和老公离婚，是因为老公有外遇了。因此，陈娟对这件事情久久不能释怀，即使离婚了，只要想起这件事情，她就歇斯底里地发作一番。的确，对于任何女人而言，都很难容忍自己的老公出轨。为此，陈娟变得越来越抑郁、暴躁。离婚一年多，很多人给陈娟介绍过对象，但是，陈娟觉得自己离婚了，还带个孩子，根本不可能找到真心爱自己的人。就像当初，她和老公也是自由恋爱的，感情非常好，但是现在却以悲剧收场。所以，陈娟对婚姻失去了信心，也对自己失去了信心。她一个人带着孩子艰难地生活着，每到夜深人静的时候，想起往事，陈娟总是心如刀绞。

转眼又过了两年。一个偶然的机会，陈娟认识了吴凯。吴凯比陈娟小两岁，一直单身。吴凯很喜欢天天，每到周末的时候，就会主动要求带天天出去玩。和妈妈在一起生活久了，天天刚开始很胆小，但是自从和吴凯出去玩之后，变得越来越开朗、自信了。其实，陈娟知道吴凯的心思，不过，陈娟还是很害怕，她不相信吴凯是真心接受天天的，更不相信吴凯是真心喜欢自己的。即使是真心的，她也不相信吴凯这是考虑成熟的决定，而认为吴凯所做的一切只是一时冲动。虽然陈娟表面上很平静，但是内心却很痛苦，她一直在挣扎，不知道自己是否应该接受吴凯。无奈之下，陈娟去咨询了心理医生。

这位医生也姓吴，吴医生先对陈娟进行了一番引导，大概十分钟之后，陈娟进入浅眠状态。

吴医生通过催眠法了解到陈娟的经历和隐痛。

然后暗示她：“你想象一下，在某个周末的下午，阳光很温暖，吴凯带着你和天天，开车来到野外，你的身后是一片草地，你们在草地上玩耍、嬉戏，吴凯为你和天天拍照……”说到这里，陈娟的嘴角流露出一丝微笑。吴医生此时了解到了其实陈娟的内心是喜欢吴凯的。

当陈娟从催眠状态觉醒后，吴医生告诉他：“我想，你应该承认，你对

吴凯是有好感的是吗？”陈娟不好意思地点了点头。

吴医生继续说：“其实，你的心结在于你不相信有人会真的爱上一个离婚的而且还带着孩子的女人。”陈娟又沉默地点了点头。

“你应该对自己有信心。即使你离婚了，还带着孩子，而且还遭遇过一个男人的背叛，但是这并不意味着你不能开始一段新的感情，也并不意味着世界上没有地久天长的爱情。实际上，不是别人接受不了你，而是你没有接受自己，你自己太介意离婚的经历了，所以你才会觉得每个人都介意。而真相是，爱情是这个世界上最神奇的东西，很多时候，真爱能够摒弃一切世俗的观念。你要相信，如果一个人爱你，他爱的就是现在的你，虽然离过婚，还做了母亲，但是你有年轻女性所没有的成熟，而且历经沧桑之后，你必然更懂感情。只要你从心底里接受了自己，你就不会再犹豫和纠结了。”听了吴医生的疏导，陈娟解开了心结，决定重新面对生活和爱情，也决定和吴凯正式地相处一段时间。让她想不到的是，她刚刚从心底里放下了自己之前的经历，就感到非常轻松。和吴凯在一起，她找到了初恋的感觉。

正如案例中的吴医生所说的那样，很多时候，自己是自己最大的障碍。案例中的陈娟，之所以那么痛苦和纠结，就是因为她没有接受自己过往的经历，并且因此而耿耿于怀。在心理医生的疏导下，一旦解开心结，陈娟就能够一身轻松地开始自己的新生活了。现在的她，已然不再纠结、犹豫，而是宁静地享受着吴凯给予她的爱。

其实，很多时候，一个人不能以正确的心态去面对生活，不能心平气和，是因为他们存在某种心理阴影。荣格曾经问过，你到底是想做一个完整的人，还是想做一个好人？无疑，在这个世界上根本就没有十全十美的人，因此，每个人身上都有连他自己都不愿意触碰的阴暗面，是的，就是这样，不仅亲人朋友不愿意接受，连我们自己也不愿面对。那么，我们该如何挖掘并且赶走这些心理阴影呢？

心理学家的建议是，催眠暗示法能让人处于完全放松的状态，能让人卸下伪装、袒露自己的心声，也能让人正视自己的心理阴影，从而逐渐摆脱和克服它。

催眠术让你从突如其来的打击中重获新生

通常很多人在遇到生活的不幸遭遇和打击之后，感到非常痛苦。这是因为人们内心的欲念没有得到满足，心理期待产生了落差，更有甚者会产生一些心理问题。比如，在失去亲人、天灾人祸或者重大失败面前，一些人可能变得孤僻、自卑、抑郁等。心理学家称，当我们感觉压抑和痛苦的时候，催眠暗示法能让人的心平静下来，这是因为，催眠能让人获得放松，能改变人的情绪，能让人忘却痛苦和悲伤，能让人的心轻松下来。

姥姥的突然离世，让洋洋着实受了不小的打击。从小姥姥最疼最爱的就是她，转眼间就阴阳相隔了，洋洋趴在姥姥的坟前整整哭了一天。那一段时间，她特别不想吃东西，毫无食欲。身体也一天不如一天。

妈妈看在眼里，疼在心里，每天安慰洋洋，但是都不管用，妈妈希望她能尽快地从失去亲人的痛苦中恢复过来。但洋洋近几日吃什么就吐什么，这让妈妈很担心，

于是，妈妈决定带洋洋去看看心埋医生。

这位医生很温和，在听了妈妈对于洋洋病情的介绍后，医生问洋洋：“洋洋，你是不是已经很多天没有好好睡一觉了？你肯定感觉很累吧？”

洋洋轻轻地点了点头。

医生继续说：“那如果叔叔能让你好好休息一下，也没有任何人来打扰你，你愿意配合叔叔吗？”

洋洋又点了点头。

在征得洋洋的同意后，心理医生开始对洋洋进行催眠引导工作。“现在，你回到了七八岁的时候，那是春天的一个中午，你和一些小玩伴们来到村后的草地上，阳光温暖、微风和煦，你们决定就在这里午睡，空气好极了，你觉得自己的身体很沉，很沉，你累得不想睁开眼睛，那就不要睁开，睡吧，没有人会打扰你的，就在这儿睡吧……”

不到十分钟的时间，医生发现洋洋进入催眠状态了，然后他继续进行

暗示："现在，一束白光照到你的身体上，你的姥姥走了过来，她告诉你：'洋洋，我亲爱的孩子，姥姥去天堂了，我知道你会想念姥姥，姥姥的离去让你很悲伤，然而，你知道吗，姥姥希望你能好好地生活、学习，这是姥姥最大的愿望。'所以，不要再难过了好吗？姥姥会永远活在你的心里的……"心理医生注意到，当洋洋听到这里的时候，她原本紧绷的脸颊舒展开了，眼角流下了一行热泪。

过了一会儿，洋洋从催眠状态醒来，心理医生对洋洋说："其实洋洋你是知道一个道理的，人死不能复生，对吗？"洋洋点了点头。

"你也知道姥姥希望快乐地生活，对吗？"

"是的。"

"那这一点，你能做到吗？"

"能。"洋洋这次用力地点了点头，她的心情好像好了很多。

后来，妈妈又带洋洋做了几次催眠治疗，现在的洋洋每次想姥姥的时候，都会去祭拜，但是她再也不会因为姥姥的离去而食不下咽、精神萎靡了。

后来，在妈妈的精心照顾下，洋洋的身体一天比一天好，皮肤一天比一天白。精神状态也好了很多。经常和妈妈一起去打球和跳舞。看到女儿开心地笑，妈妈心里甭提有多高兴了。

案例中的洋洋由于无法承受姥姥离世的打击，陷入了深深的痛苦之中，使得精神受到了严重的刺激。在接受了催眠暗示之后，洋洋能用正确的心态看待这一事情了，她的身心得到了净化，重新找回了往日的开心和快乐。

可见，催眠术就是有着这样的神效：它能让人镇定、安心，能让人平静下来，能让人理智地思考遇到的重大变故或打击等，能让人从悲痛中看到希望，所以，当人们内心被悲伤占据的时候，催眠暗示法能治愈人的心灵创伤，让人重新看到生活的美好和希望，重拾信心、重新出发。

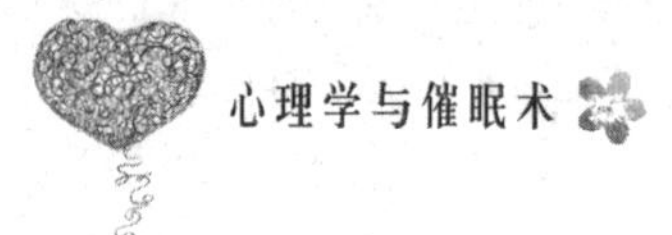

催眠深度决定心理治疗的效果

前面，我们已经分析过，催眠暗示对于很多身心疾病都能起到一定的缓和和治疗作用，人们的心灵创伤在催眠后也能逐渐愈合，但也许我们不知道，心理治疗的效果如何其实是与人们被催眠的深度有不可分割关系的。

美国一所心理研究所经过分析和研究得出一个结论，在心理治疗的疗效和人们被催眠的深度之间有着高度的关联，这个相关值竟然达到90%，很简单，如果人们想得到更好的治疗效果，那么，他们的催眠深度就要相应地变深。

不难理解，那些在初次接受催眠治疗就能取得良好效果的人，往往是很容易被催眠的人，他们有着强烈的渴望被治愈的心理，所以催眠过程中的效果也就比较理想。

可能我们会存在一个心理误区，当催眠达到很深的程度时，才能取得效果，其实不然，心理学家也曾对这一问题进行过调查，调查显示，心理治疗在人们进入浅度或者中度催眠状态下，就已经发挥作用了。其实，深度催眠对于患者来说也会产生弊端，最常见的就是，随着催眠深度的加深，患者对催眠师越来越依赖。

接下来，我们看看人们进入不同程度的催眠状态时会有怎样的表现。

（1）当人们进入浅度催眠状态的时候，他们全身的肌肉会处于一种从未有过的放松的状态，思维活动逐步减少，但此时，人们不会完全听从于催眠师的引导和指令，因此，他们的意识还未完全睡着，他们还能清晰地听清周围的声音，也清楚地知道周围发生的事，只是他们无法睁开双眼。此时，他们的自我防卫意识开始降低，一些平时他们可能羞于开口的话，他们此时也可能会说出口。这样的状态其实是比较适合一些心理咨询的，但对于心理治疗来说，作用却是很小的。

（2）当人们进入中度催眠状态的时候，催眠师会对被催眠者进行催眠治疗，美国心理学家马斯洛对于中度催眠状态的重要性进行了诠释，在对人们

进行催眠治疗的时候，根本没有必要对对方进行深度催眠，因为此时治疗的目的是让对方重新记起或者梳理曾经的经历，这些都需要对方在意识清醒的状态下来进行，因此，中度催眠状态最合适了。

后来，马斯洛的这一观点被不少催眠师在催眠治疗试验中验证，他们发现，在对患者进行心理治疗的时候，中度催眠状态也能对患者产生良好的疗效。这是因为，当患者处于中度催眠状态时，催眠师能对他们的潜意识进行干预和治疗，可以把正确的观念、想法灌输到他们的潜意识之中，这样，就比直接从意识层面进行心理治疗要好得多。

另外，我们都知道，在一些催眠过程中，患者会对催眠师有抵抗心理，这会阻碍催眠治疗的进行。而这一抵抗心理在中度催眠状态下是最小的，对于催眠师的治疗和引导，他们会在最大范围内接受。

（3）当患者进入深度催眠状态的时候，他们的身心已经处于完全放松的状态，对于周围发生的事，他们可以完全用“人事不知”来形容。当他们从催眠状态觉醒的时候，他们完全不记得刚才发生的事，他们整个人都是与世隔绝的，当然，这一状态的患者对催眠师都是十分配合的。

如果我们在做舞台秀，那么，深度催眠状态是有利于带动观众进入状态的，能让观众完全配合他们，有利于达到预期的舞台效果。如果针对心理治疗来说，催眠深度并不是越深越好，通常来说，催眠师会根据不同的人和具体的情况来选择不同的催眠状态，以此达到最终的治疗目的。

第11章 控制肥胖的体重，改变错误的饮食习惯——催眠与减肥

我们都知道，在人所有的需求中，对食物的需求是第一步的，人只有摄入一定的食物，才能获得能量，才能维持正常的生活。随着人类生活水平的逐渐提高，人们对食物的要求也越来越高，食物的种类也越来越多，因此，食物对人们的诱惑也越来越大。很多人无法控制美食的诱惑而产生一些苦恼，比如肥胖，而肥胖对人的身体和心理健康是存在很大危害的，于是，减肥便成了很多肥胖人士的迫切需求。传统的减肥方式通常是节食法，但事实证明，为了减肥一味地节食效果并不好，渐渐地，催眠减肥被很多人认识和认可。所谓催眠减肥法，顾名思义，就是利用催眠状态下人们的潜意识更容易被影响的特点，通过催眠直接将合理的饮食和运动意识灌输到对方的潜意识中，从而改变一贯的容易引起肥胖的行为，让对方恢复体重和苗条的身材。

肥胖有危险，体重需控制

生活中，我们每个人都需要吃饭，以维持正常的生理需要，这就是人们常说的“人是铁饭是钢”、“民以食为天”，然而，如果我们不加节制地饮食，那么，就有可能危及我们的身心健康。的确，就有这样一群人，他们似乎毫无节制、定期或不定期地暴饮暴食，结果造成体形肥胖，继而影响身体健康。

琳琳今年大学毕业，和很多毕业生一样，她也投入了找工作的大潮中，但令她沮丧的是，因为太胖，很多用人单位都拒绝了她。对于目前的状况，琳琳后悔不已。其实，一年前的琳琳还是个身材苗条的女孩，但失恋对她的打击实在太大了，她不知道如何排遣。一个朋友告诉她，吃东西能让自己的心情好起来，于是，她开始疯狂地吃，她发现这个方法似乎真的有效，失恋期过了，她却变成了胖子。更要命的是，她居然开始迷恋美食，以前逛街，她最大的爱好是买衣服，现在则是先打听哪里有好吃的。大学的最后一年，她整整胖了四十斤，曾经那些瘦小的衣服再也穿不上了，也没有追求自己的男生了，她逐渐变得自卑起来，走在马路上，她总能感觉到周围人异样的目光，而如今，找工作四处碰壁更让他难受。

琳琳突然意识到，是该控制一下自己的饮食了……

从琳琳的案例中，我们看到了一个无节制饮食者面临的苦恼。事实上，在我们的周围，这是很多人无法战胜的挑战。无节制饮食除了会引发一些身体健康问题，比如肥胖之外，还会产生许多负面影响。在某一段时间内，你的身体需要进行高负荷运转，由此，会出现一系列的生理反应，我们的生命力也会被破坏。另外，我们的自我形象还会受损，相对来说，人们更喜欢那些身材苗条的人，至少我们会因此获得一些审美愉悦。再者，他们的自信心、毅力等也会受到影响；无节制饮食很容易成为一个习惯而且很难改掉。

据调查显示，在我们的生活中，平均每四个人中就有一个肥胖者。那么，肥胖究竟有什么危害呢?

1. 影响人的寿命

据统计，肥胖者并发脑栓塞与心衰的发病率比正常体重者高1倍，患冠心病比正常体重者多2倍，高血压发病率比正常体重者多2～6倍，合并糖尿病者较正常人约增高4倍，合并胆石症者较正常人高4～6倍，更为严重的是肥胖者的寿命将明显缩短。据报道，超重10%的45岁男性，其寿命比正常体重者要缩短4年，据日本统计资料表明，标准死亡率为100%，肥胖者死亡率为127.9%。

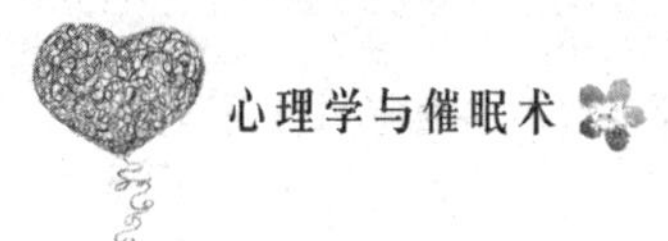

2. 易发冠心病及高血压

肥胖者脂肪组织增多，耗氧量加大，心脏做功量大，使心肌肥厚，尤其左心室负担加重，久之易诱发高血压。脂质沉积在动脉壁内，致使管腔狭窄、硬化，易发生冠心病、心绞痛、中风和猝死。

3. 易患代谢疾病

伴随肥胖所致的代谢、内分泌异常，常可引起多种疾病。糖代谢异常可引发糖尿病，脂肪代谢异常可引发高脂血症，核酸代谢异常可引发高尿酸血症等。肥胖女性因卵巢机能障碍可引起月经不调。

4. 对肺功能有不良影响

肺功能的作用是向全身供应氧及排出二氧化碳。肥胖者因体重增加需要更多的氧，但肺不能随之而增加功能，同时肥胖者腹部脂肪堆积又限制了肺的呼吸运动，故可造成缺氧和呼吸困难，最后导致心肺功能衰竭。

5. 易引起肝胆病变

由于肥胖者的高胰岛素血症使其内因性甘油三酯合成亢进，就会造成在肝脏中合成的甘油三酯蓄积，从而形成脂肪肝。肥胖者与正常人相比，胆汁酸中的胆固醇含量增多，超过了胆汁中的溶解度，因此肥胖者容易并发高比例的胆固醇结石，有报道称，患胆石症的女性50%～80%是肥胖者。在外科手术时，约30%的高度肥胖者合并有胆结石。胆结石症在以下情况下发病的较多：肥胖妇女，40岁以上，肥胖症者与正常体重的妇女相比其胆结石的发病率约高6倍。

6. 会增加手术难度、术后易感染

肥胖者会增加麻醉时的危险，手术后伤口易裂开，感染坠积性肺炎等并发症的概率均较正常人大。

肥胖还可以并发睡眠呼吸暂停综合征、静脉血栓：增加麻醉和手术的危险性。肥胖还可以增加恶性肿瘤的发病率，肥胖妇女子宫内膜癌比正常妇女高2～3倍。肥胖男性结肠癌、直肠癌和前列腺癌的发生率较正常人高。

7. 肥胖影响劳动力，容易遭受外伤

肥胖的人因体重增加，身体各器官的负重都增加，可引起腰痛、关节

痛、消化不良、气喘；身体肥胖的人往往怕热、多汗、皮肤皱褶易发生皮炎、擦伤，并容易合并化脓性或真菌感染；因行动不便还容易遭受各种外伤、骨折及扭伤等。

8. 肥胖者易患癌症

根据流行病学调查的结果，肥胖妇女更容易患子宫内膜癌和绝经后乳腺癌，肥胖男性则更容易患前列腺癌；而且只要是肥胖者，无论男女都更容易患结肠癌及直肠癌。肥胖的程度越严重，上述几种癌症的患病率就越高。

总之，肥胖会对人的身体产生巨大的危害，因此，我们一定要管住自己的嘴巴，要控制自己的食欲和体重，只有这样，才能拥有一个轻盈的身体。

你不知道的事：吃东西也会“上瘾”

生活中，我们每个人都需要吃饭，以维持正常的生理需要，这就是人们常说的“人是铁饭是钢”，然而，如果我们不加节制地饮食，那么，就有可能危及我们的身心健康。的确，就是有这样一群人，他们似乎毫无节制地、定期或不定期地暴饮暴食，感觉自己好像无法停止吃的动作似的，总要吃到自己吃不下为止，其实，这些人之所以会这样，是因为他们患了暴食症。

欣欣今年20岁，刚上大三，中学阶段的欣欣是公认的班花，但如今的她却成了人家背后谈资的“小胖妹”，到底是怎么回事呢？

上大一那年，欣欣喜欢上了班上的才子天鸿，他在欣欣面前高谈阔论的模样让欣欣崇拜不已，很快，二人坠入了情网。

然而，就在大一暑假结束后，欣欣发现，天鸿居然和隔壁班的美女晴晴好了，这让欣欣很痛苦，她发现，无论是身材还是面貌，晴晴都比自己好很多。于是，欣欣暗暗下决心，一定要减肥，只要自己瘦下来，一定能夺回天鸿的心。

可是，每天只吃一点蔬菜和水果实在太难熬了。不久，欣欣发现了一种

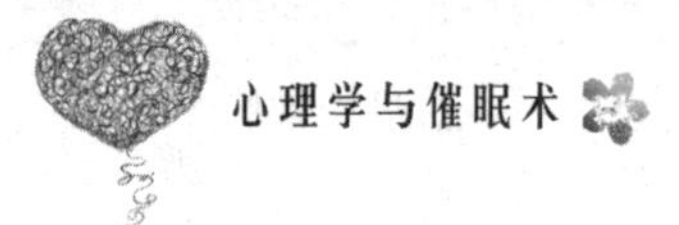

既可以吃到美食又不会长胖的方法——吃完后扣喉，那么，吃下去的东西就不会到食道消化，刚开始虽然有点难受，但她很快就习惯了这种饮食方法。但是令欣欣没想到的是，由于有吃不胖的心理，她吃得越来越多，每天，她都会买各种零食放在身边，她的嘴根本无法管住。

现在，欣欣已由以前的一百斤变成了一百六十斤，她每次扣喉都很痛苦，有时候还会导致胃出血，但欣欣就是控制不住自己。

案例中的欣欣之所以无法控制饮食，就是因为她患了暴食症，这种饮食障碍多半会发生在二十多岁的爱美的女孩身上。

暴食症在医学上属于进食障碍的一种，被称为“神经性贪食症”，神经性贪食症是这样被定义的：是指不可控制的多食、暴食。暴食症是一种饮食行为障碍的疾病。患者极度怕胖，对自我之评价常受身材及体重变化的影响。经常在深夜、独处或无聊、沮丧和愤怒之情境下，顿时引发暴食行为，无法自制地直到腹胀难受才罢休，暴食后虽暂时得到满足，但随之产生的罪恶感、自责及失控之焦虑感又促使其采取不当方式（如催吐、滥用泻剂、利尿剂、节食或过度剧烈运动）来清除已吃进之食物。

那么，暴食症如何治疗呢？

催眠专家建议，暴食症患者多半是因为内心空虚，想通过食物来满足自己，而催眠法治疗暴食症患者的原则就是让患者找到真实的自己，让他感到温暖和充实，不再认为自己寂寞和冷清，从而从潜意识里改变患者的错误认知，逐渐使之恢复正常饮食的生活。

当然，治疗暴食症不像治疗感冒吃上药过一段时间就好了那么简单，它更像是戒酒一样，需要持续的努力与警觉。

除了催眠疗法外，还有很多方法帮助患者。

从营养师的立场给出如下建议：

第一，形成正确的饮食及体重认知的观念；

第二，要求患者填饮食日志包括进食内容、地点及情境，以了解饮食形态和暴食情形；

第三，养成三餐定时定量的习惯；

第四，准备低热量的食物以取代高热量食物；

第五，避免患者独自进食且进食时不做其他事情如看电视；

最后可利用其他方法转移非进食时间想吃东西的欲望如运动、聊天等。

当然，如果暴食症不是很严重，可以试着自我调整，如多调整自己的不良情绪，多缓解自己的心理压力，这对你的暴食症调整会有很大的帮助。

下面是专家的一些建议：

（1）作为家人、朋友，应该对病者给予关爱，给予理解和帮忙。当得到家人、朋友的鼓励支持时，精神力量很强大。

（2）找些支持你的朋友一起活动，他们能帮助你消磨时间。

（3）有暴食症跟减肥需要的，必须明白先后顺序，先解决暴食再谈减肥。

（4）特别是在新的环境下，人对食物的欲望会小些，有条件的可以试试换一个环境，比如搬家，暂时住朋友家里去。

（5）减肥，治疗都需要一个目标，那是精神的寄托。指定一个目标很有必要。比如，今天表现很棒，奖给自己一个小红旗，一朵小红花，并鼓励下自己继续努力。

（6）打分法。

吃到八分饱，正是那种食欲最旺盛的时候被满足的感觉，快感打10分。

你吃到十分饱时，就基本没有什么欲望了，快感只有8分。

你吃了十二分饱时，有点腻了，快感打2分。

你吃了十五分饱时，真腻，快感打0分。

你吃到二十分饱时，基本只有痛苦和变态的心理，快感打-10分了。

（7）如果确实忍不了，那只好选择甜食，尽可能买低糖低油的或者是无糖型的。

暴食症患者往往是低自尊，所以一有压力，他很容易感受到焦虑，就会习惯用食物来发泄。而无节制的饮食又会让他们无法控制自己的体型，进而陷入一种情绪的恶性循环。所以，要治疗暴食症，提升个体的自尊是一项根本工作，但这也是最难的、一直被催眠师努力寻求方法的部分。

一味地节食减肥真的有效吗

不难发现，我们生活的周围，肥胖者越来越多。为什么会有这样的现象呢？有关研究表明，不良的饮食习惯是造成肥胖的重要原因，其中，重要原因之一就是饮食无节制、吃喝太多，除了一日三餐之外，大部分人还有吃零食的习惯，实际上，这些零食中都含有很高的热量和脂肪，也有人喜欢在睡前吃东西，然而这些糖分和营养不能及时被消耗，容易积存在体内转化成脂肪，从而导致肥胖。

找到这一原因后，很多人开始尝试减肥，他们认为，只要节食就能取得一定的效果，而实际情况似乎并非如此。我们只有找到肥胖者肥胖的内在原因，才能找到真正的解决方法。20世纪60年代，研究者针对肥胖者和体重正常者做了一个实验。

研究者提供了两种不同的花生，一种是带壳的，另一种是不带壳的。体重正常的人吃的量并没有因花生的种类而发生改变，但对于那些体重肥胖的人来说，他们吃的去壳的花生远远多于带壳的花生。

因此，他们从不带壳的花生那里收到的信号是："来吃啊。"并且，这一信号远比那些带壳的花生所发出的更强烈。

从这个实验中，研究者刚开始假设的是，肥胖者体重超标的原因是：他们忽视了身体内部"已经吃饱了"的信号。这个解释表面上看实在是很合理，但后来研究者却意识到自己混淆了原因和结果，是的，肥胖者忽视内部线索，但是这并不是他们变胖的原因。

那他们肥胖的真实原因是什么呢？

真相是：他们很有可能节食，而节食的结果是他们开始依赖外部线索，而不是内部的。节食者的基本习惯是：他们根据计划吃东西，而不是内部需要。也就是说，一般来说，节食者很多时候是处于饥饿状态的。更准确地说，节食意味着学会不在饿的时候吃，最好学会忽视饥饿感。当然，在你严格遵循规则的时候，你的规则就能帮你好好控制体重，一旦你违反一次规

则，你的违反行为就很难停下来。正因为如此，即使你已经吃了两个汉堡，你已经喝了一大杯奶昔，但你看到甜品时，还是有无法控制的欲望。

因此，如果你是个肥胖者，你希望减肥，但节食对于你来说并不是什么好主意。

2007年，专家曾做过一次调查，调查结果表明，节食不仅对减轻体重或身体健康没有什么好处，而且被越来越多的证据证明有害身心健康。

我们的周围也不乏这样的事例：那些节食者并没有好好控制自己的体重，还使得体重反弹到减肥前的水平，甚至增加不少。也曾有很多研究结果显示：循环的节食会使得人的血压和胆固醇上升，会抑制人体的免疫系统，还会增加心脏病、中风、糖尿病和其他原因导致的死亡风险。如果你能回想起来，节食者还是很容易出轨的。

那么，人们为什么会产生节食能减肥的想法呢？

因为人们的思维是一刀切的，他们认为，导致节食措施不起作用的主要原因是，不吃高热量食品最有效。事实上，这种思维导致了很多问题。人们在思维上越是抑制的东西，越是对我们有诱惑力量。

举个很简单的例子，如果你在家中放了一大杯冰激凌，然后你告诉你的孩子不许吃，那么，结果可能会令你失望。事实上，很多肥胖的女士无法抵制甜品的诱惑，也就是这个道理，她们不但戒不掉甜食，反而吃得更多，这种反弹在很大程度上是心理上的，而不是生理上的。你越是想避开某种食物，你的脑海里就越充斥这种食物。

那么，可能你会产生疑问，难道就没有有效的减肥方法了吗？当然不是，养成合理和正确的饮食习惯便能帮助我们减肥。

减肥的第一步就是建立健康的饮食方式。而不是挨饿，是在保证必需营养的前提下尽量减少热量的摄入，想尽一切办法“开源节流”。记住能量守恒定律，只要摄入能量低于身体的需要，就会动用身体里的储备，就能达到减肥的效果。

不管你的意志力如何，如果你在减肥，那么，就不要长时间坐在甜品桌旁边，也许你会告诉自己说“不可以”，但你可能真的告诉你自己，你会不自觉地将这种“不可以”变为“可以”，因为节食对于肥胖者来说是一项耗费意志力的活动，当他们的意志力变弱后，在绝对诱惑的美食面前，他们为了让自己继续与诱惑抗衡，他们的意志力会继续被损耗，而此时，他们就需要补充能量，他们的身体迫切地希望摄入葡萄糖。这就是营养学上著名的“第22条军规”。另外，你需要回避甜品车，或者，刚开始就避免节食。不要把意志力浪费在严格的节食上，要摄入足够的葡萄糖来保存意志力，把自制力用在更有希望的长期策略上。

另外，减肥并不是让你戒掉高热量食物，而是要尽量少吃。比如，麦当劳、肯德基中的炸薯条、炸鸡、可口可乐等。这类食品的热量高、胆固醇高，吃太多不仅容易发胖，令你前功尽弃，还会让你的体重增加。

因此，我们有必要采取正确的减肥方式。当然，最有效的方法是控制饮食加运动法，对于这一过程，我们不要总认为是痛苦的，而应该把它当成一次有趣的挑战。

另外，心理学家表示，在减肥这一问题上，最重要的练就意志力，让减肥者从根源上认识到肥胖的危害，并逐渐树立对减肥成功的信心和瘦身后美好生活的向往，而这些都可以通过催眠达成，所以，如果你认为自己意志力不够，你可以寻求催眠师的帮助，或者学习一些自我催眠暗示的方法，逐步让自己的体重达标。

自我催眠暗示法助你养成良好的饮食习惯

现实生活中，我们经常说，饮食要科学合理，因为无节制的饮食会对我们的身心产生巨大危害：摄入食物太多，会导致肥胖、高血压、高血脂等一系列身体问题的出现，曾有医学专家提出了这样的忠告，在感到饥饿的时候再吃东西，吃得精致、素淡一点，快要饱的时候就果断放下筷子，离开餐桌。这样，能帮助你控制自己的食欲。

实际上，要使身材更苗条的第一步就是建立合理和健康的饮食方式，而不是挨饿，是在保证我们每天都摄入足够的营养的情况下尽量减少热量和脂肪的摄入，能量低的食物才是我们减肥的必备良品。

然而，养成良好的饮食习惯需要高度的自制力，可能不少人感到困难，而自我催眠暗示就能帮你逐渐获得这一自制力。

可能很多身体肥胖的人在饮食上都有这种感受：他们有一些被禁止的食物，但他们偶尔会心痒，会主动去尝试一下这些食物，他们认为只吃一口没什么事，但他们没有料到的是，他们根本没有毅力控制自己不去吃第二口，吃了一种被禁止的食物就会想吃第二种。等意识到这个问题的时候，他们发现自己在半个小时内已经吃掉了相当于一个月的被禁止的食物。

其实，导致无节制饮食的关键是没有把自己的行为和最终目标联系在一起。你要问自己，你吃的目的是什么？吃完是否达到目的了？如果你能得出正确的答案，你也就能做出明智之举。

事实上，一些人也找到了许多能够应付无节制饮食的方法。对于某些在饮食控制这一问题上意志力较差的人来说，最好的方法就是做自我催眠，暗示自己如果控制饮食，体重会得到怎样的改善，会迎来更美好的生活，那么就会产生改变现状的动力。

所以，生活中的人们，如果你对食物的渴望过于强烈，那么你可以从以下几个方面克制：

1. 你可以使用延迟享乐策略

现在，摆在你面前的是一杯诱人的冰激凌，你很想吃，但可以吃点别的能量低的东西，比如，生菜、水果等。

接下来，你要告诉自己，这杯冰激凌并不是你需要的，吃下它并没有什么好处。这样，你就完成了抵制美食诱惑的第一步。

2. 你应该尽量避免与那些对你产生诱惑的美食接触

如果你的家在一家冰激凌店旁边，你是经常有意或无意地买点冰激凌吃吗？肯定是，尽管你以前没有这一爱好。那些体重超标者对巧克力和冰激凌等甜食“又爱又恨”，正因为如此，他们每天都会闻到诱人的甜食的香味，

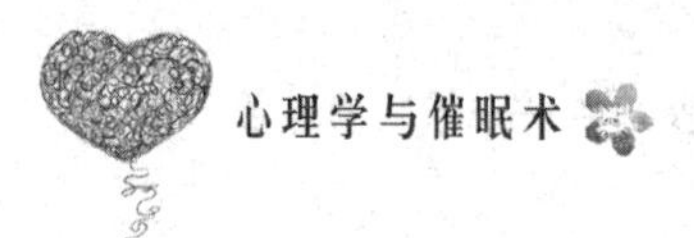

但一旦吃了这些甜食之后，他们又后悔不已。因此，如果你有意避开这些甜食，那么，你便能做到“清心寡欲”了。

3. 自我催眠，然后想象成功

简单地说，你可以形成一个习惯，一旦你想吃东西的时候，你可以躺下来，然后做一些自我引导，进入催眠状态，想想你达到理想体重时将会是什么样子，那时候的你应该是身材苗条的、有活力的、健康的、身轻如燕的。只要你能减肥成功，你就能好好地利用自己的天赋和才能，背上行囊去游历祖国的大好河山而不会累得气喘吁吁。

当然，如果你发现那些甜点和高脂肪食品正在向你招手，那么，你要做积极的想象而不是消极的，你无须想你有可能经不住这些食物的引诱，而应该想避开这种诱惑的方法。

你可以想象的是，此时的你身体健康、肠胃健康，你坐直了身体，然后对这些食品微笑着说：“不用了，谢谢。我已经吃饱了。”

当然，在你处于清醒的状态下，还应该想的是，一个连自己体重都控制不了的人还能做什么大事呢？如果你能减肥成功，你希望你的生活做出哪些调整呢？你希望实现怎样的事业？你又将会对其他的人和周围的世界做出怎样的贡献？试试把自己的这些想法写下来，即使它可能只有短短的一段话。把自己的想象变成文字可能有助于你继续努力前进。想象成功往往是实现成功的第一步！

任何致力于帮助他人减肥的催眠师都会给出一点建议，饮食无节制的人要寻找精神力量，肥胖确实会为现代社会爱美和爱面子的人带来一定的烦恼，但你不应该因此而丧失辨别能力，你也不应该把所有的精力放到所谓的减肥和节食上，如果你能抽出身来，走进大自然，那么，你会忘却美食的诱惑，你会感到前所未有的轻松。

你不必总是沉浸在饮食和运动中，也不要关注那些最新的时尚美食信息，不要让这些事情消耗你的注意力和时间。每天早上起来，你都要告诉自己，今天你要认真、健康得多，你要对自己负责，闲暇时，不要总是约朋友聚餐、吃饭，你可以多看看书，可以去看看话剧，可以到大自然中去，去享受一年中每个季节的乐趣。

催眠运动法让你拥有轻盈的身体

在我们的现实生活中，越来越多人饱受肥胖的困扰，肥胖不仅影响体态形象，而且有害健康，很多爱美者都想远离肥胖，都想减肥，然而却非易事。要想解决这一问题，我们必须采取正确的减肥方式。

瘦身专家对减肥者的建议是：适当的运动也许能帮助你。因为运动能帮助我们消耗多余脂肪。运动的形式很多，如散步、速走、跑步、跳绳、打羽毛球、登山、游泳，你也可以在健身房实现这一目的。另外，如果我们能在运动的基础上加上催眠的力量，通过催眠帮助人们强化坚持运动，坚持节食意识，就能帮助肥胖者达到减轻和控制体重的目的。我们再来看看下面这一案例：

凯瑟琳是个典型的女强人，从大学毕业到现在已经有八年时间，在这八年时间内，她为公司创造很多利润，如今的她已经是这家公司的副总了，但令她烦恼的是，和她的工作成绩一样，她的体重也是“蒸蒸日上”。这主要是由于为她饮食习惯导致的。

在曾经的八年时间内，她最大的爱好就是在办公室的抽屉里放上巧克力，她每隔半小时就得吃一块，甚至一次吃上五六块，她很喜欢巧克力在嘴里融化的感觉。只要能吃上一口巧克力，疲惫的她立即有了精神。

但如今的凯瑟琳却不知如何是好，她知道问题出在这里，但怎么才能解决呢？

凯瑟琳是个很有意志力的女人，她上学期间就在半个月内把成绩从全班第十名提升到全年级第三，她曾经为了在校运动会上获得八百米赛跑的第一名每天早上五点起来锻炼；曾经和一个客户打交道的过程中，她被客户拒绝了十几次却依然没有放弃……想到这些，凯瑟琳告诉自己，难道区区几块巧克力能打倒自己？

那么，该怎样做才能减肥成功呢？在朋友的推荐下，她找到了催眠师路易斯。路易斯已经帮助不少女性成功减肥。

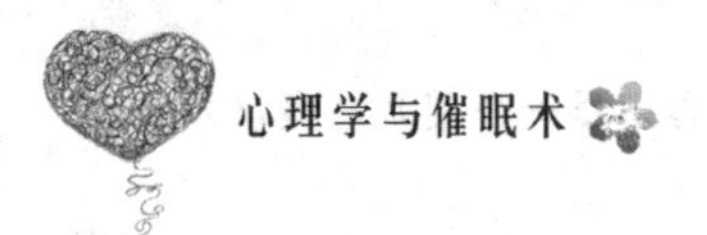

将凯瑟琳引导到催眠状态后，路易斯对她进行暗示：

“凯瑟琳小姐，你是一个有坚强意志力的女性，你深知零食尤其是甜食的危害，那些甜食只会让你发胖，让你胖下去，衣橱里那些性感的衣服在向你招手，你却穿不上。其实甜食很难吃，太腻了，你闻到都想吐，你喜欢新鲜的蔬菜和水果的味道，空气里都是清新的味道，它们看起来色泽那么诱人……”路易斯注意到凯瑟琳的嘴角露出一丝微笑。

然后，路易斯继续暗示：“你吃完早饭，该去健身房了，现在，你想象一下，你在跑步机上，你的身体在前进，你挥洒着汗水，你的身材苗条极了，看，周围有好几个男士都用余光看你……”

“现在你全身没有一块多余的赘肉，你穿上了男朋友送给你的新裙子，太美了，那可是小号的衣服，你太喜欢自己苗条的样子了。”

路易斯在第一次催眠后，就帮助凯瑟琳成功减掉了五斤。因为从催眠室回去后凯瑟琳就把自己抽屉里的巧克力分给了办公室的那些下属，不过，要想体重不反弹，路易斯叮嘱凯瑟琳要坚持来做催眠。

“凯瑟琳，你要坚持运动，你要看到身材纤瘦的自己，你要穿最小号的衣服，坚持了这么久的运功，你的皮肤更细滑了。运动也让你的心情更好了，你每天脸上都挂满微笑……”

后来，凯瑟琳又陆续接受了路易斯的五次催眠治疗，一个月以后，凯瑟琳发现，自己完全能控制对巧克力的欲望了。她甚至能弯下腰去闻下属桌上巧克力的香味而不去吃。

很多凯瑟琳的姐妹都感到诧异，她们依然品尝着自己心爱的奶昔、薯条，慨叹自己为什么意志力如此薄弱。相比之下，凯瑟琳当然知道其中的原因。不过无论什么原因，她做到了，现在，她又看到了自己昔日苗条的身材，也更有自信了。

案例中的凯瑟琳是因为接受了催眠疗法而逐渐养成坚持运动的习惯，并且成为一个对甜食有自控力的人，而做到了这两点，最终她成功减肥了。

可见，在减肥这一问题上，我们不应该把它看作是一个痛苦的过程，而应该把它看作是一段有趣的催眠经历，这样，你才更容易达到目标。

第12章 自我催眠，提高自身应变能力——催眠与潜能

前面章节中，我们已经分析过催眠的神奇作用，但其实，当我们自身掌握了一些催眠方法后，我们也可以自我催眠，也就是说，在不需要催眠师的诱导暗示下，我们也能进入催眠状态，并且，越来越多的催眠专家持有一个观点：无论什么形式的催眠，其本质都是自我催眠。而自我催眠的实质就是我们能改变自己错误的潜意识，就能给自己积极肯定的自我暗示，所以，自我催眠对我们的生活有很多好处，只要我们坚持练习，我们的潜能就能被最大限度地挖掘，就能做到从容面对每天的生活。

自我催眠法能改善心理状态

现代社会，竞争日趋激烈，每一个现代人都在保持积极进取的状态，随时准备着抓住时机努力超越别人，也每时每刻都在恐惧着被别人超越，久而久之，人们难免会觉得身心疲惫，此时你不妨停下来歇歇，深深地松一口气，毅然决然地放下，闭目养神，平心静气，修身养性，释放心情，调整心态，摆脱烦恼。其实，这样的过程就是催眠，催眠能有效地改善心理状态、清除内心压力，进而让我们重新出发。

“其实人活得就是一种心态。心态调整好了，蹬着三轮车也可以哼小调；心态调整不好，开着宝马一样发牢骚。”它生动形象地说明了人的心态的重要性。心态就是人们对待事物的一种态度。心态健康的人才能真正活得

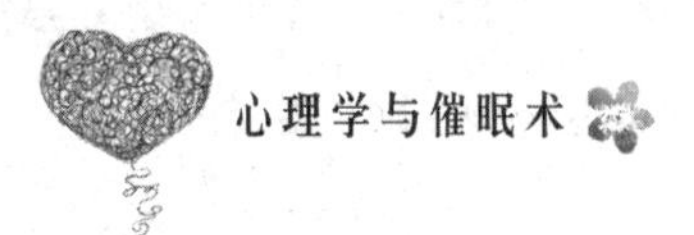

自在。因此，尘世中的人们都应该学会治愈自己的心，这是让自己的心饱满莹润的秘密。

考研的成绩下来了，林鹏只差了一分，结果与清华大学擦肩而过。当他得知这个消息的时候，心痛得说不出话来。这一年，他付出了太多的艰辛，却以这样的结局收场。他有些接受不了这个事实，接连几天，他的心情糟透了。

一个偶然的机会，林鹏接触了一个做心理咨询的朋友，知道了催眠静心的方法。想到自己的情绪越来越暴躁，而催眠可以改善情绪之后，林鹏真心诚意地请教朋友。

正好，林鹏家旁边是国家森林公园，学习了自我催眠法以后，林鹏经常早起去公园静坐一会儿。在森林公园里，远离了闹市的喧嚣，空气特别清新，尤其是早晨，花花草草都羞涩地探出了小脑袋，小鸟的叫声都显得尤其清脆。林鹏喜欢在对着湖水的草地上静坐，依偎着大树，还能听到池塘中小鱼儿吐泡泡的声音，心中很安静，很踏实，那种感觉堪比住着依山傍水的别墅。如此坚持了一段时间以后，林鹏的心境变得越来越平和，他又重拾考试之前的信心，他坚信，在其他学校读研，只要努力学习，一样能学到真知识。

从这个案例中，我们不难发现，让自己安静下来，学会自我催眠，是改善心理状态、提升自己的最好方法，它还能让我们看清自己，让我们放下昨天的压力，重新面对明天。

的确，面对生活、工作中的压力、不顺等，若我们心存消极态度，那么，你将被局面控制，而持积极主动的心态，则能控制局面。如果你希望通过努力使自己变得强大，同时让自己变得更完美，就必须选择积极主动的态度，那么，逆境这朵“浮云”自然会被你驱除出心灵的天空。

很多事实证明，自我催眠能够激发体内的变化，特别是肾上腺素的反应。在人的身体中，肾上腺素的最大作用就是自动调节很多非自主身体机能，诸如心跳、出汗、血压、呼吸和消化之类的机能。现在，人们已经意识到通过集中精神和呼吸控制肾上腺素中的一个要素——介质能够影响身体的

其他功能。这样一来，当人们放慢呼吸的频率时，心跳、血压等就会随之发生变化。

实际上，练习自我催眠的第一步就是气息。只要掌握了方法，无论是在家里，还是在任何安静的环境中，都可以做自我催眠。只要坚持下去，就能够收到良好的效果。需要注意的是，在练习的时候，一定要集中自己所有的精力和意志力于一呼一吸之间，这样才能收到事半功倍的效果。

总之，经常做自我催眠有助于保持开朗的性格和积极乐观的态度，如果我们能偶尔停下自己的脚步，找一个静谧的场所，为自己的心灵清洗垃圾，那么，我们的心情就会好起来，我们的性格也会逐渐变得开朗起来，我们也能重拾信心，用轻快的脚步迎接明天！

自我催眠法调整个人情绪，以最佳状态面对未来

人生在世，谁都希望自己有个光明的前途，希望自己有所作为，但事实上，并不是所有人都能春风得意。此时，可能你会悲叹人生，你会否定自己，你会认为自己是天底下最不幸的人。的确，人们的心情总是会因为周围发生的事而受到影响，当遇到不幸或者不快的事情时，心情还会因此低落。但无论遇到什么，我们都要反复暗示自己，不要被低落的情绪控制。那些成功者之所以成功，就是因为他们做到了这点。因为决定人生成败的是态度，积极乐观的人可以在任何时候都快乐，无论道路多么崎岖都会毅然向前走；消极悲观的人总是触景伤情，甚至感觉活着那么艰难，是一种罪。所以，不管你身处何种境地，一定要保持正面情绪（积极、乐观、不抱怨），你就会变得成熟、自信 。

那么，我们该如何调整情绪、减轻对前途和未来的担忧呢？

心理学家指出，我们可以通过催眠术对那些存储着重要的情绪信息的次感元进行修改，以此来改变人们的情绪。当然，我们说的催眠疗法并不是要

人们去忘记什么，而是通过改变人们的潜意识从而改变人们对事物的看法。不少接受过催眠术的人都发现，原来很多失去对人们造成的情绪并不是无法改变的，而自己的心态也是可以朝着更积极向上的方向发展的。

大学毕业已经整整六年时间了，小凯还没有一份正式的工作，在老家，这是相当没有面子的一件事情，因而常常被父母数落，被亲戚朋友嘲笑。于是，他暗暗下定决心，一定要考上自己梦寐以求的学校，给自己争口气。

很快，他辞掉了做销售的兼职工作，耐着性子，踏踏实实地学起习来。眼看着考试的时间越来越近了，小凯的心里反倒没底了。按理说，他上学时候的基本功非常扎实，再加上这个月的埋头苦读，该掌握的知识基本上都掌握了，可是，他也说不清楚究竟为什么会这样？是不自信吗？

就在考试的前一天，他一整天吃不下饭，爸爸妈妈以为他得了什么病，不断地嘘寒问暖，可是小凯就是吃不下饭。妈妈安慰他说："小凯，你是不是担心明天的考试啊？"小凯望了妈妈一眼，没有说话。妈妈接着说："别担心，你不是已经复习得差不多了吗？还担心什么。"小凯说："我也不知道，就是担心今年要是考不上该怎么办啊？"妈妈说："那不是还有明年吗？今年考不上了明年再考。"小凯摇了摇头说："没有明年了，今年要是考不上，我就放弃了！"

看着小凯焦躁不安的样子，妈妈非常着急，可是一点办法也没有，就给自己的朋友打电话征求建议，朋友推荐她带儿子去做做催眠，也许能静下心来，平静地应对考试。

小凯对催眠并没有抵触心理，相反，催眠师认为他是一个很容易进入状态的人。催眠师打开了DVD，放了一首舒缓的轻音乐，缓缓的音律让小凯的心慢慢地平静下来。

随后，催眠师对小凯进行暗示："我知道，也许在你的潜意识里，你还认为自己有很多需要学习的东西，所以暂时你不想被改变，但我想问问你的潜意识，在考试这一问题上，你真实的成绩是多少？每次模拟题是不是都几乎满分？"小凯轻轻地点了点头。"既然如此，所有的担心都是多余的不是吗？"小凯深深地吸了一口气，好像不那么紧张了。

当小凯从催眠状态清醒过来后，催眠师又为他分析了他的心情，小凯这才发现自己如果继续担心的话，才会真的影响考试，所以慢慢地他的内心安宁了很多。在从催眠室回家的路上，他就感到困倦了，回到家他就踏踏实实地睡了一觉。

第二天的考试中，小凯发挥得特别好。

案例中的小凯给自己定了硬指标，破釜沉舟，在此一举，在切断所有后路的同时，也给自己增加了巨大的心理压力，因而焦躁不已，寝食难安。无奈之下，妈妈带他去做了催眠，在催眠师的帮助下，小凯急躁的心迅速地平静了下来。可见，催眠法能够平静心情，缓解压力，让你在关键时候保持平静。如果你感到痛苦和焦虑，并且对未来充满不安时，催眠法能让你的心得到安慰。

自我催眠能让我们的心迅速地平静下来。这是因为，催眠能改变你的情绪，让你的思维暂时沉浸在催眠制造的真空中，让你忘却痛苦和悲伤。在人生旅途中，很多人为前途而烦恼，此时，我们可能会感到压抑、痛苦，自我催眠能让你得到积极的暗示，当然，自我催眠最好在安静的环境下进行，在你从事紧张活动之前，使自己进入安静舒适、昏昏欲睡的松弛状态，然后反复默念一些建立信心，给人力量的话，是大有益处的。

积极的催眠或暗示助你挣脱低落情绪

我们都知道，人不可能永远处在心想事成之中，生活中既然有挫折、有烦恼，就会有消极的心态和情绪。一个心理成熟的人，不是没有消极情绪的人，而是善于调节和控制自己情绪的人。心理专家指出，自我催眠或暗示的方法能帮助人们改变自我意识，帮助人们摆脱负面的、消极的情绪，可以给人精神动力。

然而，生活中，许多人一陷入困境，就变得消极、悲观，甚至一蹶不

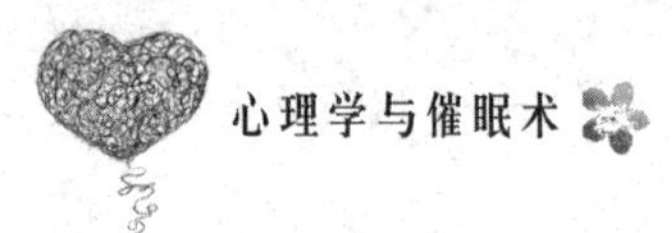

振，其实，并不是困难打败了我们，而是我们自己打败了自己。我们要暗示自己，困境是另一种希望的开始，它往往预示着明天的好运气。因此，你只要学会放松，告诉自己希望是无所不在的，再大的困难也会变得渺小。这样，你也就能挣脱低落情绪了。

美国亿万富翁、工业家卡耐基曾说过："一个对自己的内心有完全支配能力的人，对他自己有权获得的任何其他东西也会有支配能力。"当我们开始运用积极的心态并把自己看成成功者时，我们就开始成功了。

可能很多人会产生疑问，如何才能具备积极的心态呢？其实，自我暗示和催眠的方法能使你从困难和逆境造成的不良情绪中振作起来。当坏心情降临时，你可以用某些哲理或某些名言安慰自己，鼓励自己同痛苦、逆境作斗争。自娱自乐，会使你的情绪好转。

比如，当你遇到了困难，正想放弃时，你可以告诉自己："我是最棒的，我一定能重新站起来。""别发火，发火会伤身体。"

另外，语言也是激励自己最好的工具，语言是影响情绪的强有力工具。当你悲伤时，朗诵滑稽的语句，可以消除悲伤。

对此，我们一定要摒除那些消极的习惯用语。

这些消极的习惯用语一般有：

"我好无助！"

"我该怎么办？"

"我真累坏了。"

……

相反，我们可以这样来激励自己：

"忙了一天，现在心情真轻松。"

"上帝，考验我吧！"

"我要先把自己家里弄好。"

"我就不信我战胜不了你！"

当然，还有一些积极的信息也能对你起到暗示作用。

每天早上，当你起床后，就要接触那些积极的信息，如果可能的话，和

一位积极心态者共进早餐或午餐。不要去看早上的电视新闻。你只要浏览一下当天报纸上的几条重要新闻即可，这几条新闻足以让你了解当今世界的重大新闻。你可以多关心一下与你的工作和生活有关的当地新闻，而对于那些惨案类的新闻，你要管住自己的眼睛，不要在早上就去阅读它们。在开车或者坐车去上班的途中，你最好听一些愉快的音乐……而晚上，你不要花大量时间去玩网络游戏、看电视等，你应该多陪陪你的爱人和孩子，向他们讲讲当天的趣事。

当你情绪低落时，你可以放下手中的工作和烦琐的生活，去你所在城市的医院、养老院、孤儿院看看，这样，你会发现，比你不幸的人太多了。如果情绪仍不能平静，就积极地和这些人接触；和孩子们一起散步游戏，把自己的情绪转移到帮助别人身上，并重建自己的信心。通常只要改变环境，就能改变自己的心态和感情。

可见，一个乐观者，并不是因为他们没有消极情绪，他们常常也会心情低落，但他们善于调适自己的心情。只要抱着乐观心态，必定是个实事求是的现实主义者。而这两种心态，是解决问题的关键！

总之，无论我们遇到什么事，我们不要让消极心态有机可乘，要拒绝受控。一旦被消极心态袭击，要马上进行自我保护，提醒自己它只不过是借软弱打倒理性的纯粹思维惯性而已，你便能歼灭那些消极心态了。

提高自信心方能成就美好未来

心理学家认为：一个人如果自惭形秽，那他就不会成为一个伟人；如果他不相信自己的能力，那他就永远不会是事业上的成功者。从这个意义上说，如果你是个自卑的人，那么，树立自信心是战胜自卑感的最好方法。

心理专家指出，人们自卑感的产生，很多时候是消极暗示的产物，也就是说，反过来，我们多给自己积极的暗示，那么是可以提高自信心的。

因为家境贫困，再加上爸爸酗酒，小菲的内心非常自卑。早在初中时代，记得有一次，小菲作为班长带领班级的几个骨干出板报，因此耽误了晚上回家吃饭，爸爸去送饭给小菲吃。那天，小菲的弟弟正好生病了，所以，爸爸去得比较晚，都快上晚自习了才到。妈妈做了肉丝，用大饼包着让爸爸送给小菲。不过，让小菲惊讶的是，爸爸居然还带了一罐八宝粥。要知道，小菲和弟弟平时可是很少吃八宝粥的，所以，小菲坚持没有吃八宝粥，让爸爸带回去给弟弟吃。虽然爸爸给小菲送饭，小菲心里觉得暖暖的，但是，小菲还是很生气。小菲很了解爸爸，只看了爸爸一眼，她就知道爸爸又喝多了，眯缝着眼睛，话也特别多。因为爸爸酗酒，所以总是和妈妈吵架，给小菲的心里带来了很大的阴影。看到爸爸醉醺醺的样子，小菲根本不想搭理他，更没好气地和爸爸说话。后来，同学问小菲，为什么爸爸对她这么好，还给她送饭，但是她却好像在生爸爸的气呢？小菲无言以对，因为她不能告诉同学爸爸酗酒，给家庭带来了很大的伤害。就这样，小菲变得越来越敏感和自卑，她总是问自己，为什么没摊上一个不酗酒的好爸爸呢？她不仅无法从家庭中获得安全感，甚至觉得在同学们面前矮人三分，虽然她的学习成绩始终在班级遥遥领先。几年的时间过去了，小菲变得越来越沉默，她高中毕业后考进了一所师范院校。

大学期间，小菲和几个同学辅修了催眠课程，渐渐地，她掌握了一些自我催眠暗示的方法，每当她为爸爸酗酒的事感到自惭形秽时，就暗示自己："每个人都是独立的，爸爸有他喜欢的生活方式，我是我自己，我应该自信起来。"由于经常暗示自己，小菲发现自己好像有了不小的变化。她发现自己很喜欢写文章，恰巧老师也发现了她优美的文笔，便鼓励小菲参加文学社。小菲担心自己不行，迟迟没有答应。直到又发表了几篇文章之后，她才鼓足勇气参加了文学社。进入文学社不到一年时间，小菲就因为表现出色被大家推选为副社长。

在文学社中，小菲因为才华横溢，所以很受同学和老师的称赞。加上一直在学习自我催眠的方法，渐渐地，她不再那么自卑。以前，因为爸爸酗酒，即使每次考试都是班级第一名，她仍然觉得在人前抬不起头来。现在，

因为出色的表现、优美的文笔，小菲慢慢地有了自信。随着年龄的增长，她意识到每个人都有选择自己生活的权利，别人可以建议，但是却没有权利干涉。因此，她不再因为爸爸酗酒而自惭形秽了。随着自信心的增强，小菲意识到自己在文学方面颇有才华，而且，她不仅非常喜欢写作，也很喜欢阅读。在老师的引导下，她变得越来越乐观开朗，不仅把文学社办得有声有色，而且还发表了大量文章。大学毕业后，小菲因为文学方面颇具才华，被学校保送某著名大学的中文系读研。

这则案例中，我们看到了一个自卑害羞的女孩的成长过程。很难想象，小菲幼小的心灵因为爸爸酗酒承受了多么大的压力，甚至每次考试都是班级第一名也无法排解她的自卑心理。从某种程度上来说，爸爸酗酒像一片阴云一样遮住了小菲的天空。幸运的是，小菲接触了催眠术，学会了一些自我催眠和暗示的方法，并且，她找到了自己在文学方面的特长，就这样，她渐渐地有了自信，对人生也充满了希望。可以说，假如没有学习到如何给自己积极的暗示，小菲的人生很可能是另一番景象。

那么我们应该如何运用心理暗示，从而调节出最佳状态呢？

1. 暗示语言要精练

暗示的目的是调动潜意识的力量。但是，不能用复杂的语言进行描述，因为潜意识不懂得逻辑。应采用“我能行”、“我一定能成功”、“我会学会的”、“我一定能考出好成绩”等简单精练的语言进行暗示。

2. 采用积极的暗示

面对同样难度的事，有的人对自己充满信心，相信自己“很快就能做到”，有的人则缺乏信心，怀疑自己“根本做不到”。两种不同的心态，结果就会大相径庭。前者属于积极的暗示，即使遭遇失败，也不当一回事，只把做得好的印象深深印在脑子里，结果很快就成功了。而后者则属于消极的暗示，往往把失败的印象印在脑海中，这样做起来就费力费神多了。因此，永远不要对自己说：我很笨；我根本学不会；我不可能成功；我麻烦了；我真糟糕；我绝对不行，我肯定会失败；我一定赢不了……消极、负面的字眼会让你产生消极的暗示，导致消极的行为。如果你经常对自己进行积极的暗

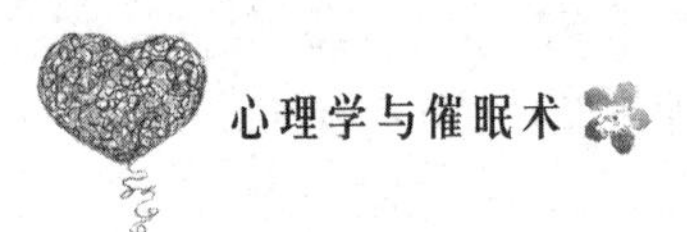

示，诸如“很快就能学会”、“我非常棒”、“我一定能赢”，这样会让你产生积极的思维和行为。

3. 用肯定句

我们也许都有这样的经验，骑车时，看到前面有一棵大树，你不断告诫自己：“千万不要撞上去。”结果你真的会撞上去。也就是说，你努力做到“千万不要撞上去”，反而会由于“相悖意象”的法则而失败。正确的想法应该是：“我一定能够绕过去。”这样才能进入你的理想状态。因此，应把你的暗示性语言“我不会失败”、“我不能失败”、“我不能考砸了”、“我不能生病”、“我不能自卑”等改为“我一定会成功的”、“我一定能考好”、“我很健康”、“我很自信”等积极性的语言。

自我催眠法激发人体潜能，能有效抗癌

生活中，我们经常听到“癌症”一词，可谓“谈癌色变”，癌症是对我们健康危害最大的一大杀手，癌症就是人们所说的恶性肿瘤，它是100多种相关疾病的统称。当身体内细胞发生突变后，它会不断地分裂，不受身体控制，最后形成癌症。

2008年，全球有1270万人患癌，死亡人数高达760万。世界范围内因癌症死亡的人数，比艾滋病、疟疾和结核病加起来还要多。据《参考消息》2月8日报道，世界卫生组织称，2012年全球癌症新增病例和死亡人数出现惊人的增长，中国首当其冲。就肝癌、食道癌、胃癌和肺癌四种恶性肿瘤而言，中国的新增病例和死亡病例同样最多。

可以说，在我们的生活中，每天都有人饱受癌症带来的痛苦，却无能为力。然而，美国心理医生布莱恩发现，自我催眠是对抗癌症的有效辅助治疗手段。

后来，有不少医生将催眠法介入对癌症患者的治疗过程中，不少患者也

学会了自我催眠法抗癌。

张琦是一名大学老师，他45岁的时候，在学校组织的体检中，不幸查出了癌症。幸运的是，癌症属于中期，发现得比较及时。刚开始的时候，张琦老师的心情极度低落，他觉得自己活不了多长时间了，即使做手术、做化疗，也只是拖延时间而已。因此，对生活失去了希望。很多亲戚朋友都劝他打起精神来面对现实，乐观地生活，但是，收效甚微。

无意中，他在上网时看到了自我催眠有抗癌的奇效，张琦老师不禁半信半疑，于是，他决定先接触一下催眠法。做完手术后，他坚持一个星期做四次自我催眠，在催眠的时候，他告诉自己排除一切杂念，坚信自己一定能够战胜病魔。奇迹发生了，配合手术和放化疗，张琦老师坚持催眠，在术后一年复查的时候发现身体的各项指标都恢复了正常，非常健康。自此以后，张琦老师更加用心地练习自我催眠法，全然专注身心健康，心胸变得越来越开阔，心态也越来越好了。

正念是自我催眠的力量，让身患癌症的张琦重获健康。催眠就是如此神奇，就是能够创造奇迹，自我催眠法正念能够使人们深刻地意识到自己活在当下，并且能够深深地感受到蓝天、白云、鲜花和孩子的笑声。只要你使自己平静下来，并且不再散乱，你的心就可以聚焦到一点上，这样一来，你就可以开始深入观察了。

一些人可能产生这样的疑问，自我催眠真的能够在癌症的治疗中起到辅助的作用吗?

对此，美国斯坦福大学的心理学医生西格尔做过一项研究，最终，他得出了可能让我们感到吃惊的结果。

他选择了两组身患癌症并且已经发生转移的女士，第一组女士接受的只是常规的治疗法，而第二组在除此之外，还接受了自我催眠方面的治疗。结果表明，第二组女士在癌症治疗中很少出现焦虑、不安和抑郁的问题。当然，最终的结果绝非如此，如果只是这样，也就没有什么惊奇的了。真正的结果是，几乎所有接受调查的女士都相继去世，最终只有三个人活了下去，而那些接受了自我催眠治疗的人比第一组人多活了一倍的时间，并且，那三个幸存者也是接受心理治疗那一组中的。

这一调查表明，无论是从心理辅导还是辅助治疗的角度来看，自我催眠都能有效改善患者的心理状态，从而增强病人的身体机能，当然，甚至有可能完全将癌症治愈。具体来说，它的神奇力量体现在：

（1）自我催眠能缓解患者的心理压力和焦虑情绪。

（2）能够减轻癌症治疗中放化疗对人体的副作用。

（3）能提升病人的免疫力。

（4）能让患者在自我想象中逐渐使病情得到好转。

（5）能够促进患者的身体加速复原。

（6）能让患者有效减轻癌症带来的疼痛。

从以上列举的自我催眠所具有的神奇作用来看，我们不得不说它是一种最经济且效果惊人的治疗方式。

从不少国内外病人的康复经验看，到目前为止，自我催眠是对抗癌症最有效的辅助治疗方式之一，只要患者能坚持进行自我催眠治疗，那么，患者的生存期延长并出现康复的情况是完全可能发生的。

下篇

改善人际关系的催眠法

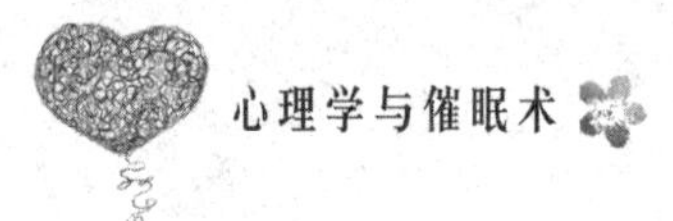

第13章 最实用最有效的心理催眠技法——社交赢家都在用的催眠心理学

现代社会，社交能力被越来越多的人重视和认可，在人与人的交往中，我们都希望自己能影响对方，能让对方接受我们的观点、想法和建议，此时，一味地苦口婆心地劝说，也许根本起不到作用，其实，此时我们能使用一些催眠和暗示的技巧，让对方在潜移默化中认可我们，是很容易让对方进入我们设定的“圈套”的，当然，社交活动中的催眠多半是间接的、隐晦的，总的来说，这需要我们根据具体情况，巧妙发挥和运用。

使用人格转换法改善人际关系

在我们的生活中，经常提到“人格”一词，所谓人格，又译为性格，是指人类心理特征的整合、统一体，是一个相对稳定的结构组织。并在不同时间、地域下影响着人的内隐和外显的心理特征和行为模式。人格更体现了一个人的特点和与众不同。万千世界，自然由不同的人格元素组合成了一个个性格迥异的个体。

从这里，我们能看出来，人格具有稳定性的特点，也许你会产生疑问，那么，人格是可以转换的吗？当然可以！能产生这一功效的方法之一就是催眠。催眠能将被催眠者的人格转换成与之关系产生问题的对象的人格，这样，被催眠者能站在对方的角度考虑问题，也能更利于了解对方，从而改善彼此之间的关系。

所谓的人格转换，指的是在催眠过程中，使被催眠者的人格转换成其以外的其他人的想象，比如，我们可以让一个三十几岁的男性瞬间变成一位年轻的幼儿园老师：“现在，你正在××幼儿园授课，可爱的孩子和你相处得其乐融融。”

为了让他成为一名企业高管，你可以这样暗示他：“现在，你的企业出现了一些问题，需要你来处理。”他的表情可能会立即严肃起来，然后说：“现在，我想，我们应该立即找出解决问题的办法，最近全公司的员工都要保持高度警惕，这样的错误再也不能犯了。”

也许你会感到吃惊，此人原本的人格去哪了？这里，我们可以发现催眠的奇效，然而，不是任何人都能如此简单地变身的，我们必须掌握人格转换的一大重要条件：被催眠者需要进入记忆支配的阶段。

我们如果能将人格转换运用于人际关系中，那么，无论是职场、朋友、亲人还是夫妻之间，都能做到换位，以此来理解对方的想法、观念等，从而减少不必要的矛盾和冲突。

比如，如果你是一名管理者，你一直为如何管理下属而感到苦恼，你可曾问过自己，是不是真的了解下属心里的想法？对方为什么不服从你的管理？如果你能做到人格转换，你就会了解其实你的部下有很多你没有发现的优点以及潜能等。用心探察下属的心理，你才能真正了解下属，成为其朋友，让其对你心服口服。

其实，任何人都比自己想象的更了解对方，然而，了解对方的并不是你的意识，而是你的无意识，即使你平时忽略了关于对方某些方面的信息，但无意识也会为你收集。因此，在催眠状态下，我们的无意识被唤醒后，也就能更了解对方，以此增进彼此之间的关系了。

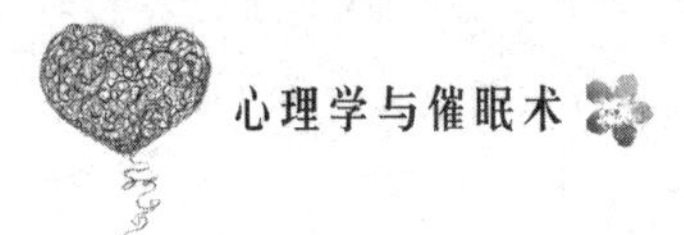

运用间接的心理催眠让他人进入你的“圈套”

生活中，人们都有这样的心理，对于那些关系一般或者不熟识的人都是心怀戒备的，并且，也觉得没有必要答应对方的请求，而一旦对对方产生好感，并愿意与之结交后，对于对方提出的请求也就欣然答应了。其实只是求人办事，很多时候，对于关系一般的人，我们若想成功说服他人，都需要一个“导入”的过程，这个过程其实就是间接形式的催眠，如果我们能循序渐进地暗示，是能让对方进入我们的“圈套”的。

王小姐是一大型企业的总裁秘书，总裁的一切行程都由她安排，所以，谁要想见总裁，必须先过她那关。在工作的几年，她受到很多保险、地产业务员的骚扰，这不，又有三个业务员来了。

第一个业务员对王小姐说：“王小姐，你的衣服挺好看的。”此时，王小姐特别想听听她的衣服好看在哪儿，结果，那位业务员不再说了，王小姐心想，巴结我也不真诚，令人失望。

第二个业务员说：“王小姐，你的衣服挺漂亮的。主要是衣服搭配得好。”王小姐立刻想听听自己的衣服哪里搭配得漂亮，结果也没有了下文，话还是没有说到位。

第三个业务员说：“王小姐，你的衣服挺漂亮的，总体看起来真的很有个性。”事实上，王小姐已经没有耐性了，但她还是想听听自己有什么样的个性。第三个业务员接着说：“你看，一般的白领穿衣服都很讲究衣服的职业性，但你不一样，你的衣服是定制的吧？在追求个性的同时又不失职业性，一般人手表戴在左手腕，而你的手表却戴在右手腕上……”王小姐一听，还真觉得自己有点与众不同，挺高兴的，就让他见了老总，结果签下了一个十万元的单子。

第三个业务员之所以能打动王小姐，见到了总裁，是因为“他踩在了前面两个人的肩膀上”，前面两个人已经对王小姐的服饰夸赞了一番，但没有让王小姐满足，而他在前两个人的基础上，说出了独到的意见，自然会有与

众不同的效果。

其实，案例中的第三个业务员就是对王小姐进行了催眠引导，他懂得通过如何让对方的快乐不断增长的方法，以此操控他人的心理，拉近和对方的关系。

的确，人们对于自己不熟悉的人或事，往往持有一种排斥的心理。因此，无论是求人办事还是说服他人，如果直截了当，会显得突兀，让对方难以接受；而如果我们能巧妙铺垫，慢慢催眠对方，然后再切入主题，对方会更易接受。

那么，具体来说，我们该如何将催眠的原理运用到人际交往中，从而达到预期的交际目的呢?

1. 先找到共同的话题

面对不熟悉的人，一开始最好不要太过直白地表明自己的目的，而应该先谈谈其他方面，诸如新闻、体育、生活娱乐等方面，从中可以找到共同点，当对方对你产生好感后再巧妙地过渡到正题上，这样往往会取得更好的效果。

2. 秉持“说三分，听七分”的原则

任何一个懂得沟通的人都知道倾听在沟通中的重要性，只有善于倾听，才能把握对方言语间的真实意图，才能采取进一步的交际策略。同时，你应该明白的是，把商谈的主要地位让给对方，也是一种尊重和理解他人的表现，这样做能换来对方的好感。

3. 注意运用容易为对方所接受的说法

有时候，我们发现，即使意思相同的两句话，但表达方式不同，听者的感受也是不同的，因此，在表达前，我们最好做一番推敲，尽量使我们所说的话让对方感受到亲切、自然，而不是生硬。

另外，还要尽量避免自己的话无意间冒犯了对方。所以，在说话前应先对对方有所了解，若无意中冲撞了对方，岂非前功尽弃?

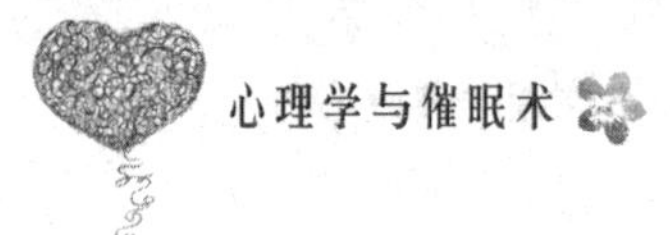

制造情景氛围也是一种催眠技巧

中国人常说："箭在弦上，不得不发。"这就是一种情境，但当我们身处一种情境之时，很多事情就顺理成章了。同样，人际交往中，我们若想催眠他人，进而让对方接受我们的批评、观点等，我们也可以先制造某种情境和氛围，那么，对方自然也会很轻易地接受。

我们来看看下面这两个鞋童的叫卖语言：

一到周末，我们常看到许多青年男女伫立街头，他们中间有不少人是等待与情侣相会的。傍晚时分，两个擦鞋童正高声叫喊着以招揽顾客。

其中一个说："你看你的鞋子多脏，我为您擦擦皮鞋吧，又光又亮。"

另一个却说："约会前，请先擦一下皮鞋吧！"

结果，前一个擦鞋童摊前的顾客寥寥无几，而后一个擦鞋童的喊声却收到了意想不到的效果，青年男女都纷纷要他擦鞋。

那么，为什么会出现两种不同的结果呢？其实主要原因是第二个擦鞋童懂得利用催眠法暗示他人。我们来分析一下：

第一个擦鞋童是这样劝说顾客的："你看你的鞋子多脏，我为您擦擦皮鞋吧，又光又亮。"我们不得不承认，这句话充满了对顾客的人情和礼貌，并且，他还为顾客保证自己擦出来的鞋会"又光又亮"，但一般来说，那些即将约会的青年男女是不会在意的，他们也不会接受的，因为傍晚时分，谁会在意自己的鞋子"亮不亮"？同时，"你看你的鞋子多脏"这句话很明显地激起了人们心中的不快情绪，那么，即使对方的鞋子真的需要擦，恐怕也不会光顾他。人们从这儿听出的是"为擦鞋而擦鞋"的意思。

而第二个擦鞋童的话就与此刻男女青年们的心理非常吻合。黄昏之时，那些约会的青年男女都希望自己以一副清爽的形象去面对自己的恋人，一句"约会前，请先擦一下皮鞋吧！"真是说到了青年男女的心坎上。可见，这个聪明的擦鞋童正是在自己的话题里放入了"为约会而擦鞋"的温情爱意。一句"为约会而擦鞋"一下子就抓住了顾客的心，因而大获成功。

通常情况下，人们都没有意识到自己说话用词给人以形象的极端重要性。实际上，聊天讲话如果能让对方眼前浮现出各种各样的形象，听众就会感到轻松、惬意，并愿意继续听下去。而如果话题含糊笼统，语言无色无彩，那么，恐怕只会让对方昏昏欲睡，提不起聊天的兴趣，甚至对你产生厌倦的情绪。

可见，制造情境也是一种催眠法，具体来说，我们需要做到：

1. 排除一些消极因素

事实上，人们只有在积极的情绪下才会做出一些正面的决定，如果我们让对方接受自己，就要尽量为对方排除一些消极因素。

所谓淡化消极因素，就是设法缩小消极面。在实际生活中，有许多人被不安和自卑情绪困扰得痛苦不堪，但稍加分析，就会发现他们将极小部分的失败或恐惧扩大化了，那我们要做的就是尽量将这种消极因素缩小，比如，当你的同事因为一些工作原因被领导训斥了，心情很差时，你可以在此时吐露一点自己相同的经历，让他明白：当领导的，不可能样样事情都处理得很好。再说，领导是站在全局角度看问题的，也许是自己的看法不够全面。他想到这一点，心情就舒畅多了，怒气也就消了，消极因素也就消失了，而你们之间的友谊也增强了不少。

2. 不说消极语言法

消极语言，是一种消极暗示，这种话说多了，对方就会产生消极心理，无论我们出于什么目的暗示，都要在积极的场景中进行，因为人们一般都喜欢积极的情绪体验。

有些人常说“反正”、“毕竟”或“总之”一类的话都是消极语言，这类话对方听多了，会产生自我否定的想法，本来彼此间可以友好合作，却因为担心后果而放弃；本来情绪激昂地说帮你忙，也因为你的消极暗示而放弃。

因此，我们在与人交往的时候，尽量不说消极语言。

3. 转移暗示法

积极的暗示产生积极的心态，消极的暗示产生消极的心态。这种暗示方

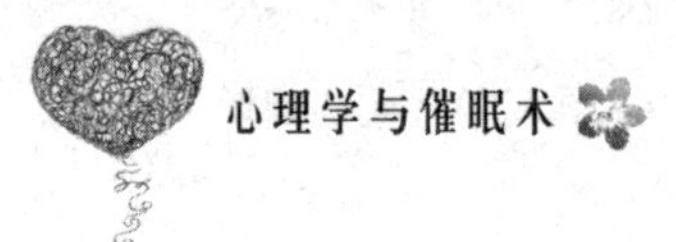

法一般是反方向的，在社交活动中，如果有人对你进行消极暗示，你要将别人对自己的消极暗示转化为积极暗示。

4. 赞美法

赞美他人，是一种积极的暗示，而且不仅给他人积极的暗示，同时也给自己积极的暗示。因为，在赞美他人时，你看到了他人的长处，发现了他人的优点，说明他人的长处、优点也进入了你的心灵，这本身就是一种积极的暗示。

总之，催眠和暗示所带来的效应，的确是我们在社交活动中不容忽视的问题，而制造情境氛围就是一种催眠技巧，把握运用好这一技巧，更是我们必备的社交能力，它能帮助我们顺利达到社交目的，在社交活动中如鱼得水！

保持高度警惕，绕开他人的催眠“陷阱”

现代社交，人与人之间的沟通和交流，实际上已经转化为心理的交流，提高人际交往和掌握成功的人际关系技巧的第一步是：正确地掌握对方的心理，了解对方的本性。而很多情况下，了解人的内心世界是为了占尽先机，抢先一步获得社交的主动权，这样就避免了用自己的眼光去看待别人或者把自己的意志强加于人，而是通过心理战术来赢取交际的成功。

在人际交往的过程中，我们与交涉对方之间的谈话可能是唇枪舌剑，也可能是沉默不语，但在交谈的时候一定要避开对方设置的陷阱，因为在交往之初，对方可能就对你进行催眠和暗示了，这就等于设置了一个陷阱，一不小心，你就会跳下去。所以，我们要始终保持高度的警惕，只有这样，才能绕开他人的陷阱，进而掌握交际的主动权。

在美国某乡镇有一个由 12 个农夫组成的陪审团。有一次，在审理了一起案件之后，陪审团中的 11 个人认为被告有罪，另一个人则认为被告不应该

判罪。由于陪审团的判决只有在其所有成员一致通过的情况下才能成立，于是这11个农夫花了一整天的时间，想说服那位与众不同的农夫改变初衷。此时，天空中忽然乌云密布，眼看一场大雨就要来临，那11个农夫都急着要在大雨之前赶回去，把放在屋外的干草收回家，可是，这时候，另外那个农夫却不为所动，坚持己见，11 个农夫急得像热锅上的蚂蚁。他们的立场开始动摇了，最后，随着“轰隆”一声雷鸣，这11个农夫再也无法等下去了，他们转而一致投票赞成另一个农夫的意见：宣告被告无罪。

在这一谈判案例中，这位最后获得胜利的农夫在面对强大的谈判阵容时并没有轻易就范，而是利用了其他农夫都急于结束谈判的心理，向他的对手展开心理攻势，让对手急得像热锅上的蚂蚁，最终，在特殊情况下，这群农夫放弃了自己的立场：宣布被告无罪。

其实，我们可以说，人与人之间的沟通就是催眠与被催眠的过程，如果你不小心，就会陷入对方设置的陷阱，为此，时刻保持警惕就十分重要。

可见，在与他人沟通的过程中，我们一定要沉着冷静，应用迂回的策略，保护自己的利益，否则，你很有可能就撞在对手的枪口上。

1983 年，我国某法学家在联邦德国举办的国际刑法研讨会上，应邀作了关于当前中国 刑法发展的报告。结束后，有人提出：“人民在行为当时，怎样能够预见自己的行为是犯罪呢？假如一个人在马路上踢足球，踢的时候并不犯罪，但踢碎了附近的门窗玻璃，因而可能事后判了罪，对这一点行为人怎能预先知道呢？”报告人面对这个难题半开玩笑地说：“世界各国人民都爱踢足球，我们也在提倡，所以你可以放心，不至于因踢足球而被判刑。”

很明显，报告人的回答是答非所问的。可见，答非所问在特定的场合中也是一种非常巧妙的应答技巧。

总之，我们需要明白，很多现代交际场合，虽然不是战争，不是你死我活，你输我赢，但也绝不是找朋友，推心置腹。所以，我们最好学会察言观色，学会自我保护，为了不伤和气，最好的方法就是装装傻、不予直接回应！

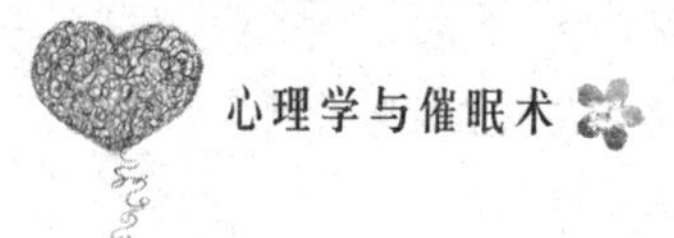

积极的心理催眠，让你在人前有更自信的表现

我们都知道，自信在人际交往中的重要性，任何一个人，只有大方处事，只有自信，才能让别人相信你。生活中，我们可能更在意别人对我们的评价，我们无时无刻不在展现我们的心态，无时无刻不在表现希望或担忧。但如果别人不相信我们，别人因为我们的思想经常表现出消极软弱而认为我们无能和胆小，那么，我们将永远不可能担当大任。

所以，与人说话、打交道，我们都要展现自己，而事实上，人是很容易被暗示的，一些人常常会迷失自己，会妄自菲薄，无法客观地看待自己，此时，我们可以通过催眠法来剔除内心负面的信息，然后暗示自己是优秀的，暗示自己应该抬头挺胸。比如，夜深人静时，你坐在椅子上，或者沙发上，或者正站着，翻阅着手上的一本书，其实你并没有认真在看，你是在思考自己应该有更好的表现。可见，当一个人感到自惭形秽时，积极的心理催眠能让我们获得力量。

小蕾是个很勤奋的姑娘，但却有个缺点，那就是有点自卑，甚至做事扭捏。她在现在这家广告公司已经工作五六年了，但这么长时间以来，她好像就是个可有可无的人，因为她几乎没接过什么重要的任务，尽管在大家看来，小蕾是个人品好、工作认真的女孩。

最近，她似乎转运了，在公司的选举大会上，她被同事们选举为公司新部门的副主管，她总算进入了中层管理人员的行列。她好运连连，公司还给她安排了去法国总部进修的机会。

一直业绩平平的小蕾居然有次出国进修的机会让很多人都急红了眼，他们都争相往老总的办公室跑希望也能争取到这个机会。

这天上午，小蕾正在整理资料，忽然接到电话，经理让她去一趟。当她坐下后，经理笑着说："这次你被老总点名派去法国进修，说明公司对你寄予了厚望，你的工作能力和态度也是一直被公司肯定的，但这几天，一些资历老的同事不断来找我，让我十分为难，你也知道，说实话，他们的资历真

的比你老，工作能力也不比你差，如果你能作出让步，下次我一定再给你争取更好的机会。”

经理说完这番话，小蕾傻站了半天，她不知道该怎么办。接着，经理让她回去好好想想。

小蕾实在不知所措，最后，她决定给自己的好朋友万云打个电话，让她为自己支个招。万云告诉她，她只不过是心中无自信罢了，所以建议她去做几次催眠，去看看自己到底问题出在哪儿。

小蕾如期来到了催眠室，催眠师先对其进行引导，十多分钟后，小蕾进入了催眠状态，然后，催眠师问小蕾：“如果你让出这次机会，你觉得别人在背后会怎么议论你？”催眠师看到小蕾紧皱眉头，就知道她不知如何回答。所以他继续说：“其实你是一个能力很强的女孩，不是吗？从小到大，你每次考试都能取得很好的成绩，你也曾在歌唱比赛中得过很好的名次，你还记得吗？在台下，大家都为你鼓掌；你看到了吗？所有人欣羡的眼神……”

当小蕾从睡眠状态清醒后，她的眼神里已经多了一份自信，然后，催眠师继续对她说：“你以为别人会说你善解人意、先人后己吗？别傻了，他们会说你傻、缺心眼、没脑子。已经到手的学习、升职的机会你拱手于人，他们不但不会感激你，还认为你是个白痴呢。而你的领导，也可能认为你缺乏干练的工作能力，你认为他下次会真的把机会留给你？你就别做梦了。小蕾急了：“可是，经理还等着我回复呢，我要是不答应，那以后我还怎么在公司混啊？”

“我劝你还是直接说自己需要这次机会，否则，经理可能还会认为你扭捏作态呢。再说，如果他是故意试探你呢？而你真的退让了，让别人夺去本该属于你的机会，以后他会稳稳当当地继续当领导，或者升职调去其他部门，那么你能剩下什么、得到什么？等到下次，说不定又有人要跟你抢呢。”

小蕾觉得催眠师的话很有道理，于是，就采纳了他的意见，回复人事部经理说：“我很感激公司和经理对自己的栽培，很珍惜这次出国进修的

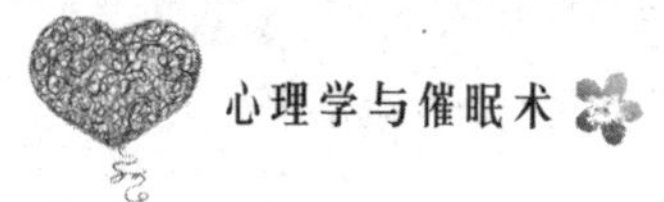

机会。”

进修回来的小蕾果然干练、大方多了，褪去了很多稚气。

这则案例中，我们看到了一个稚嫩的职场女孩在接受心理催眠指导后变得自信的过程，然后开始大胆表达自己的想法，获得了历练的机会。

可见，人际交往中，为了获得自信，我们除了接受心理催眠指导外，还要懂得自我催眠和暗示，所以，永远不要对自己说：“我很笨”、“我根本学不会”、“我不可能成功”、“我麻烦了”、“我真糟糕”、“我绝对不行，我肯定会失败”、“我一定赢不了”……消极、负面的字眼会让你产生消极的暗示，导致消极的行为。如果你经常对自己进行积极的暗示，诸如“很快就能学会”、“我非常棒”、“我一定能赢”，这样会让你产生积极的思维和行为。

第14章 凭谁都能学会的催眠基本技巧——让你成为社交达人的神奇本领

生活中，我们发现，一些人，他们似乎具有一种神奇的本领，你只需要一句话、一个动作，或者一点点演技，他们就会遵从你的意愿去做事。其实，这是因为他们懂得心理催眠的技巧，实际上，不管是铁腕的统帅、精明的商业大亨，还是无良的诈骗犯，他们都是善于使用催眠技巧的人。催眠是一副猛药。如果你也想成为一个能操控他人心理的人，不妨从掌握一些基本的催眠技巧开始吧！

将画面植入对方的思维中

人的想象力是惊人的，想象力能开发出人的潜能，自古以来，人类所做出的伟大发明，都和想象力有着巨大的关系。对于同一个事物，不同的人会有不同的想象。因此，在使用催眠法暗示他人的时候，我们也可以充分调动对方的想象力，将画面植入对方的思维中，这对于让对方接受我们的想法有很大的促进作用。因为从心理学的角度看，一旦人们的脑海中产生了某种画面，他们的潜意识就接受这画面中的场景。下面我们来看看乔·吉拉德是如何运用这种暗示方法达成销售目的的：

乔·吉拉德特别善于推销产品的味道。与“请勿触摸”的做法不同，乔在和顾客接触时总是想方设法让顾客先“闻一闻”新车的味道。他让顾客坐进驾驶室，握住方向盘，自己触摸操作一番。

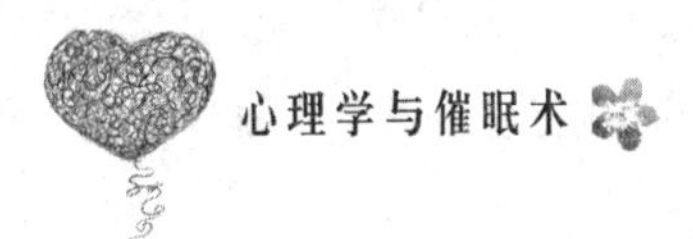

乔认为，人们都喜欢自己来尝试、接触、操作，人们都有好奇心。不论你推销的是什么，都要想方设法展示你的商品，而且要记住，让顾客亲身参与，如果你能吸引他们的感官，那么你就能掌握他们的感情了。

如果顾客住在附近，乔还会建议他把车开回家，让他在自己的太太、孩子和领导面前炫耀一番，顾客会很快被新车的“味道”陶醉了。根据乔本人的经验，凡是坐进驾驶室把车开上一段距离的顾客，没有不买他的车的。即使当时不买，不久后也会买。因为新车的“味道”已深深地烙印在他们的脑海中，使他们难以忘怀。

你也许很纳闷，为什么乔这么有把握？因为已经投入太多情感，他原先打算就在这家公司把交易谈妥：车都选好了！甚至在他的心里，可能已经勾勒出拥有这部车的美好场景。而如果他不签字，需要有很大的勇气，一切要从头来过，孩子又会大哭大闹、妻子的抱怨等。

的确，聪明的人在与人交流的过程中，都会巧妙攻心，他们并不会苦口婆心地劝说，而是使用“画面植入法”。这一方法能加快对方接受你的意见，一旦对方感受到你所描述的蓝图是美好的，他们会毫不犹豫地选择听从你的意见。比如，你是一名销售员，在对客户的购买能力等情况进行一番了解后，不妨对客户进行心理暗示 “夫人，你想想看，如果你能买下这所房子，那么，您的孩子每次回家的时间就能减少半个小时，每次当他吃晚饭时，还能听到对面音乐厅里最悠扬的钢琴声。不失为一种美好啊！”再比如，你可以说：“周末的早晨，您带着您的孩子们，穿着我们公司的户外运动鞋，来到郊外，舒展已经劳累了一周的身体。郊外的山坡上，有很多人一起爬山，当爬到山腰的时候，有些人的运动鞋居然出现了问题，这些人面临的将是难以前进的道路……而您，却带着您的孩子在挑战山顶的高度！”

那么，具体地说，我们应该怎样将画面植入对方的思维中，让其接受我们的催眠暗示呢？

1. 语言诱导

你要学会运用诱导性的语言为对方的想象力铺平道路，并适时限制或发展对方的想象空间，这就像制造一个固定的空间、固定的路径，引导对方朝

着自己设定的方向想象，从而达到预期目的。

2. 让对方参与，体验互动

人们常说“耳听为虚，眼见为实”，相比你所说的，人们更愿意相信自己的眼睛，更愿意看见真实的幸福生活。此时，如果你也能和案例中的乔·吉拉德一样，调动起听者的视觉、嗅觉、味觉、触觉等感官亲身体验，那么，他们就会对你的话产生信心，是很愿意相信你的。当对方了解这些以后，就会有一种想尝试的欲望，此时，我们的劝服近乎成功了。

另外，我们在对对方进行一番暗示后，不能急于让对方表态，因为对方需要一些时间思考，让这一暗示真正地进入对方的头脑，渗透思想深处，进入其潜意识。这样，他的态度就会变得积极，进而真正接受你的暗示。

总之，在与人交流的过程中，如果我们能运用“画面植入法”这一催眠技巧，充分发掘对方的想象力，一旦对方脑海中产生了某种特定的画面，那么，你的目的也就达到了。

用“秘密交换法”催眠对方，暗示你们是一类人

生活中的人们，想必你肯定有闺密或者死党，还记得你们是如何结交友谊的吗？你一定不能否认一点，那就是交换秘密。当彼此互诉衷肠以后，你们就敞开心扉了。当一个人想与另外一个人建立特别亲密的关系时，最直接的办法就是分享秘密。

的确，人与人之间之所以由陌生人变成朋友，就是因为情感的共鸣！从心理学的角度看，人际关系的疏近，是与其交谈的话题有一定关系的，关系越密切，所谈话题越个人化、私密化。但交谈之初，交往双方往往是互存芥蒂的，而这对于整个交流无疑是毫无益处的，此时，如果我们能主动跨出交往的第一步，向对方透露自己的一些私事，那么便能给对方一个暗示：我们之间关系很好，你可以向我倾诉你的心事。所以，主动袒露自己的心声是一

种很好的催眠技巧。

下班了，办公室里只有刘敏和陈云还没有走。刘敏开始打电话：“你在哪儿呢？什么时候回家？啊……可是……我都买好菜了……好吧……就这样吧！”挂了电话，刘敏的眼眶湿润了，心里像此时的办公室一样空落落的。今天是他们结婚七周年纪念日，可是老公不仅忘记了，而且连晚饭都不回家吃，刘敏已经记不清有多少个夜晚是自己独自度过的。

“怎么了？”一双温暖而纤细的手搭在刘敏的肩膀上，原来是新来的陈云。刘敏勉强地牵动了一下嘴角，问：“都下班了，你怎么还不回家？”陈云不屑地撇了撇嘴，说：“家？要是家里就我自己，还能算家吗？还不如待在办公室里清静呢！”

刘敏看了看面前这个三十多岁的女人，尽管同事们都说她很难相处，但是，此时此刻，刘敏分明从陈云的脸上看到了一种和自己相似的落寞。看到别人也有落寞的时候，刘敏反倒放松了，她噌地站起来，大声说：“咱们一起去吃韩国烤肉吧，我请客！”想不到，结婚纪念日居然要和一个刚刚认识的同事一起度过，刘敏无奈地笑了笑。直到酒过三巡，刘敏才和陈云说今天是自己和老公结婚七周年纪念日。想不到，陈云一点儿也不感到惊讶，反而说自己好几年的结婚纪念日也是一个人度过的。

刘敏愣住了，泪水突然一串串地滚下来。在一个和自己有着相似经历的人面前，她彻底崩溃了，把自己心里的苦闷一股脑儿地说了出来。

夜深了，陈云把俨然已经喝多的刘敏送回了家。工作这么多年来，刘敏从来没有把任何同事带到自己的家里，因为她觉得家是只属于亲人的地方。但是，只是吃一顿饭的工夫，刘敏已经把陈云当成了自己最要好的朋友。

这则案例里，是什么让这两个刚认识不久的女人成为朋友？是相同的经历！交谈之初，刘敏并没有打算向陈云吐露自己的心事，但一听到陈云和自己有着相同的难处，便敞开了心扉。

随着社会的进步，人们越来越渴望交往，于是，就有了社交，但无论是哪一种社交形式，都需要交谈双方的主动意愿，都要起到传递信息、交流感情的作用。可是，又是什么能带动交谈双方吐露心声呢？答案很简单，就是

"秘密的交换"。因此，在交流中，如果你能主动透露自己的"秘密"，那么，就很容易赢得对方的信任，对方也就愿意向你袒露心声。

比如，闲暇时候，你可以和同事闲聊自己曾经失败的经历，这比谈自己成功的经历，更易拉近彼此间的距离。因为总是炫耀自己的成功，容易让人产生反感，留下不好的印象。而说说自己的短处，这样，我们就避免了故意犯错，因为首先在态度上我们已经示弱并表示了友好，对方没有不接受的道理。

可见，交换秘密这一催眠方法，给对方一种心理暗示：你们是朋友，这样在与难以相处的人打交道时你会更有效率，而且你会发现这些人似乎并没有那么难以相处。与此同时，也提高了自己与人沟通的能力。

让"第三者"来干预对方的决策

人与人之间交往的基础就是信任，我们也希望自己能获得对方的信任，只有这样，才能继续交往下去。然而，现实的沟通中，不少人却遇到了这样的困惑，怎样才能打消对方的疑虑呢？有时候，直接劝说未必有效果，甚至可能适得其反。此时，你可以通过"第三者"干预的方法催眠对方，使其接受你的想法。

一般而来，人们都有这样的心理：对直接面对的交流者都心怀戒备之心，聪明的人面对这种情况绝对不会继续苦口婆心地劝说，而是懂得曲径通幽，巧用心理暗示来影响对方。那么，具体来说，我们该怎样使用这种方法呢？

1. 摆出"第三者"，用事实说话

杰森是一家热水器公司的推销员。一天，他来到某新建的小区，准备向准客户詹先生推销自己的产品。经过简单的介绍，詹先生的回答很让人失望。

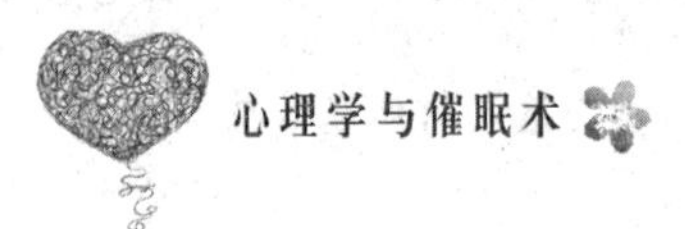

“我没用过你们公司的产品，不敢相信你们，万一有个好歹，后悔都来不及。”

“詹先生，您多虑了，如果我们公司的产品真的出过事故，那么，我还会站在这里与您交谈吗？而且，产品的质量是我们推销最有力的武器。”

“这倒也是，不过口说无凭，我还是不敢相信你。”

“詹先生，您看，这是上半年我们公司的销售情况表……”说着，杰森便把一本销售目录拿出来给客户看。

詹先生一看，他所在小区居然有一大半用户用的都是杰克推销的热水器。为了验证杰森的推销目录的正确性，詹先生还拨通了这些邻居的电话，证明了杰克所说属实。这种情况下，詹先生二话不说，购买了杰森推销的产品。

案例里，杰森之所以能打消詹先生对产品质量的疑虑，说服詹先生购买自己的产品，就是因为他出示了最有力的证据——这张销售目录表，其他客户的购买就是产品质量的最好证明。从这则案例中，我们便可以发现巧借“第三者”干预在消除客户疑虑中的重要作用。

研究表明，客户虽然有千万个借口来对销售人员的推荐作出拒绝反应，但根源往往归结为习惯性使然。客户对产品存在这样的异议，并不是因为客户真的对产品不满意，而是因为他们与生俱来的对新事物的防备。如果我们一味地向客户推销产品、高谈阔论的话，那么，很有可能招致客户的反感，有些话点到为止，让客户自己去想、去看，反而更易让客户接受产品。

2. 借助“第三者”的语言“搭桥”

小王和小李本是好朋友，但最近却出现了点矛盾，起因是爱开玩笑的小王当着同事的面把玩笑开过火了，让小李很尴尬，小李当场就红了脸，气冲冲地摔门而去。从这以后，两个人都不说话，即便擦肩而过，也都装作视而不见。虽然，小王内心比较内疚，但她也拉不下脸主动与小李说话。

这天在办公室，小王与同事聊天的时候，随意说了几句小李的好话：“小李这个人真不错，是很仗义的姐妹儿，我来公司一年多了，她在各方面对我的帮助都挺大的，能够有这样的朋友，真是我的幸运。”没过多久，这

几句话就传到了小李的耳朵里，令小李既欣慰又感动，就连那位同事在向小李传达这几句话的时候，都忍不住夸赞一番：“小王这人真不错，心胸开阔，难得啊！”

这天下班，小李在走廊看见小王，竟意外地主动打招呼：“下班了？有事吗？我们好久没一起去K歌了。”就这样，两个姑娘又和好了。

有时候，在背后说人家的好话，赞美几句的功效比当面说似乎更有效果，小王那看似随意的几句话却是有意说出的，这样就轻松地化解了横隔在两人心中的障碍，自然也就冰释前嫌了。可能你会有疑问，间接赞美为什么会有那么大的效果呢？因为大多数人认为，当面说的坏话不算坏话，背后说的好话才是好话，因此，人们更愿意相信背后所说的好话，会更欣赏那些在背后赞美自己的人。

可见，有时候，我们把话说得再漂亮，也未必能让对方信服，而此时，“第三者”干预法是很有效的催眠方法，能有效地打消对方的顾虑，让我们节省很多精力。

告诉他“大家都这么认为”

我们都知道，在心理学上，有个著名的“从众心理”，顾名思义，就是人们的行为和想法会跟随大众趋势。因此，即便某些人心里还想着“真理掌握在少数人的手里”，但是他们的语言或行为还是挡不住随大流的趋势。当大家都认为是这么回事的时候，即便他有什么反对的意见，也会不自觉地隐藏起来，主动表示“赞同”。

所以，当我们告诉别人“大家都这么认为的”、“他们都说”、“咱们都认为是这么回事”时，对方多半会接受我们的观点和意见。

小李是一名化妆品推销员，她销售的化妆品并不是什么名牌，但销量却一直很好，这是因为她有一个销售秘诀：每当客户对自己的推销产生质疑

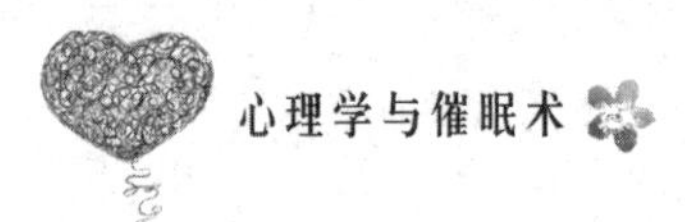

时，她都会拿出其他客户所填的意见表以及销售业绩表，她知道，这才是最有力的证据。

有一次，公司来了一位女士，要购买一套护肤品，小李推销了半天，对方还是担心产品的质量：“现在的化妆品质量太没有保障了，化学成分太多。”此时，小李明白，要想说服这位客户，就要拿出最有力的证据。于是，她一边从包中拿出客户意见表，一边说：“您担心产品质量，是可以理解的，毕竟，我一个人的话可能显得空洞，但众多姐妹都这么说，现在，每天都有一些女性朋友结伴来我们店购买这套护肤品。”

“嗯，你说得没错，我看你的皮肤也很好，我相信你，一个喜爱并相信自己产品的销售员，我又有什么理由不相信你呢？”

案例中，销售员小李之所以能打消客户顾虑，将产品推销出去，就在于她的巧妙暗示，用“客户都这么说”来打动客户。在购买产品这个问题上，人们都有一种心理，那就是都害怕吃亏，而只有当周围的人都已经购买并反映良好时，他们的这种危机意识才会有所消减，这就是人们所说的从众心理。这也就是顾客对产品的反馈情况常常被作为一种证明产品信誉、口碑、质量的事实依据的原因。

在社会中，总有一些大规模从众行为，似乎每一个人都是凭着“他们都说”、“大家都这么认为”来决定自己应该相信哪些是真实的，这时候他们放弃了自己的主见。当听到对方的话里带着“他们都说”、“大家说”等字眼，就自然地觉得这个消息是正确的，而自己没有任何理由来拒绝相信这样的事情。他们并没有把自己的看法作为判断标准之一，而是以“大家”、“他们”来判断这件事是否值得相信。

所以，我们也可以将这一催眠方法运用到人际交流中，以此来影响对方的观点或意见，也就是在说话时表现这是大众观点，令其从众。

具体来说，我们可以这样操作：

1. “大家都这么认为”

当自己在陈述某件事情的时候，为了表示自己的所见所闻是真实的，同时也为了增强说服力，很有必要说明“这件事是大家都看到了，并且我们都

认为是真的”。

2. “很多人都这么说”

当我们在阐述一些信息或事实的时候，对方有可能会表示出怀疑，甚至不愿意相信这是真实的。这时候，我们可以表示这是大众观点，“很多人都这么说”。比如，小王为了表示“生肖龙和兔确实不和”，不惜说“很多人都这么说的，我朋友身边还发生了这样的真实案例”。

3. 依靠强有力的“第三方”

有的销售员为了说明自己产品的质量，他们搬出来强有力的第三方，比如“邻居们”、“亲戚们”、“他们”等。比如，“这个吸尘器真的很好用，我的邻居、亲戚都向我反映说‘十分方便’，特别适合你们这样的家庭主妇。”

可见，在实际生活中，每个人都有不同程度的从众倾向，总是倾向于大多数人的想法或者意见，以此来证明自己不是孤立的。所以，你可以利用人们的这种从众倾向，利用大多数人的观点和意见来催眠对方，以此达到自己的目的。

正话反说的催眠法，对方自会心知肚明

人际交往的过程中，有时候，我们苦口婆心的正面说服似乎总是达不到预期效果。我们可能忽视了一点，那就是人们都有不服输的逆反心理，越是被否定，越是要证明自己；越是受压迫，越是要反抗等。因此，我们不妨反其道而行之，采用正话反说的催眠方法，诱导对方进入圈套，从而最终让对方心知肚明 。

的确，正话反说是一种运用隐晦的语言，以此来旁敲侧击，达到表达自己的主观意愿的目的。

一天早上，正值上班高峰期，一辆公交车上挤满了人。突然，一个急

刹车，一个老人一不小心踩了旁边一个姑娘的脚。姑娘脾气大，立即说了一句：“你个老不死的！”

车上的人都看着姑娘，也都想听听老人是怎么回答的，没想到老人一点也没生气，反而笑着说：“谢谢！谢谢！”

老先生为什么这么回答？车上的人都糊涂了。人家骂他“老不死的”，他不但不生气，反而笑着说“谢谢”，想必是老人已经老糊涂了。

此时，就有一人问老先生：“人家骂你，你还谢人家，这是为何呢？”

老先生说：“她哪里骂我了？她这是祝福我呢，她说，第一我老了，第二我不会死，这不是给我祝福吗，我不应该感谢她吗？”听到此话，周围的人都笑起来了，而姑娘也惭愧地低下了头。

事实上，老先生的做法是对的，他运用的就是正话反说的语言暗示法，面对年轻姑娘的无礼，他心中肯定不满，但却没有当即用语言反击，而是采用一种语言转移暗示法，将不利于自己的话，转移为有利于自己的话，让姑娘认识到自己的失礼。

人际交往中，如果我们反对他人的意见，但又不想因此得罪人，使气氛变僵，不妨运用这种正话反说的催眠技巧，既不伤对方的面子，也能收到预期效果。

那么，具体来说，我们该如何通过正话反说达到让对方心知肚明的效果呢？

1. 先肯定

一般来说，没有人喜欢被直接指出错误，批评的副作用也是可想而知的，相反，人人都爱表扬，但这并不意味着不需要批评。日常生活中，面对他人的缺点、失误以及小错误，我们不妨先采取正面鼓励、肯定和表扬的方式，这样，会把对方的错误意识上升到最高点，在后面的批评指正工作中，对方的领悟也就更深。

2. 矛盾法得出正确结论

皮埃尔是巴黎的画家之一。他以前卫派自居。

有一次，他在塞纳河畔开了一个画展，把自己的作品都张挂起来。有个

五十多岁的妇人从旁边走过，见了他的画，说：

“哎哟，这画可真有意思。眼睛朝那边，鼻孔冲向天，嘴是三角形的呢！”

皮埃尔对老妇人说：“欢迎你来参观，太太。这就是我描绘的现代美。”

“哦，那太好了。小伙子，你结婚了吗？我把长得和这幅画一模一样的女儿嫁给你好吗？”

老妇人的一句问话，使皮埃尔陷入双重标准的窘境。

这种主观世界与客观世界的矛盾，造成一种强烈的反差，形成一种幽默的氛围。这种方法能制造幽默，因为它们常常把人置于几种不同的环境中，凸显出人类的弱点，令我们惊讶、羞惭、深思，让我们觉得有趣、可笑、意味深长。

总之，让他人心知肚明，目的不在于批评，而在于指正，正话反说则是更好的催眠方法，更能让对方心知肚明。

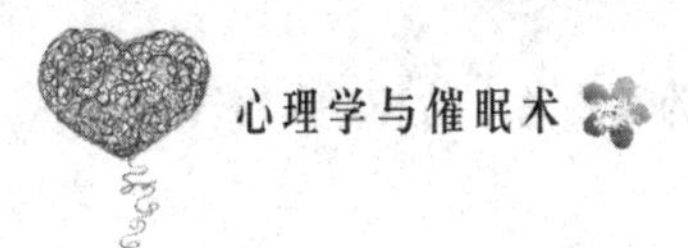

第15章 打消对方顾虑疑问的催眠技巧——让别人相信自己的心理策略

人与人之间，交往之初，是存在一定的沟通屏障的，也是存在一定的戒备心理的，这就造成我们取得信任的困难。前面，我们已经分析过催眠的神奇功用，其实，我们也可以将催眠运用于人际交往中，通过催眠来影响对方，只有善于运用催眠技巧，动之以情，以情感人，才能打动人心，以至于迅速博得他人的信任。

用真诚的态度催眠对方，表达自己的诚意

我们深知，社交生活中，能否成功地给他人留下良好的第一印象至关重要，在他人的第一印象中，你的衣着打扮固然很重要，但最重要的是你的精神状态。所以，当你踏入一个陌生的场合时，如果你能让大家感受到你的真诚，那么，你留给大家的第一印象就非常好，这是一种极好的取得他人信任的催眠术。我们先来看看下面这则案例：

这天，某通信公司遇到一个惹事的客户，他称自己对这家通信公司的服务很不满意，并且，他提出他要投诉这家公司的某个员工。后来，他还写信给一些新闻媒体，向消费者协会投诉，称自己不会再付任何费用。

这让这家通信公司的领导者很为难，后来，一位经理推荐一位“调解员”出面解决这件事。这位“调解员”面对这位愤怒的客户，一言不发，只是静静地听着，听对方把不满全部发泄出来。

三个多小时很快过去了，静静地听着那位暴怒的客户大声的“申诉”，并对其表示同情，让他尽量把不满发泄出来。当时，这位客户就悻悻地回家了。

后来接连几天，这位“调解员”都上门与这位客户谈心，此时，那位顾客已经把这位调解员当做自己最好的朋友看待了，并自愿把该付的费用都付清了。

这则案例中，为什么别人解决不了的问题，却被这位“调解员”轻松地解决了？这是因为“调解员”动用了情感的力量——让客户尽情地发泄内心的不满、耐心地倾听，最终让一个怒气冲冲的客户变得冷静下来，这样，所有的矛盾和问题也就迎刃而解了。

其实案例中的“调解员”使用的就是催眠术，因为真诚永远是打动人的第一法则。真诚的语言，不论对说话者还是对听话者来说，都至关重要，说话的魅力，不在于说得多么流畅，多么滔滔不绝，而在于是否善于表达真诚。

的确，感情是沟通的桥梁，要想取得别人的信任，必须跨越这座桥，才能到达对方的心理堡垒，征服别人。与人交往，应推心置腹，动之以情，讲明利害关系，使对方感到你并没有任何不良企图。那么，对方是愿意相信你的。

具体说来，我们该如何在交际中运用这一策略呢？

1. 让你的微笑活泼一点

实际上，生活中的每个人，生来都会微笑，但随着年龄的增长，随着生活压力的增大，我们逐渐忘记了这一本能，似乎我们总能找到让自己愁眉苦脸的理由，尤其在陌生的环境里，微笑最容易被我们忽略。

事实上，如果你能笑一笑，并让你的微笑活泼一点，那么，别人就会被你的真诚和快乐所感染。因此，你不妨：当你接受过别人的帮助后，你应该面带微笑地对他说声“谢谢”；清晨，当第一缕阳光照在你身上的时候，不妨对你的爱人说声“早安”；当你的同事升职后，你应该发自内心地祝福他“恭喜你”。一旦你的言词自然而然地渗入真诚的情感，你就拥有了引人注

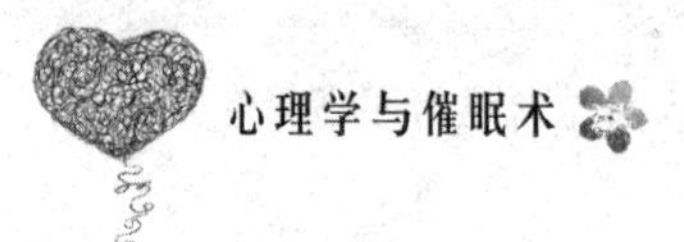

意的能力了。

2. 动之以情

这需要我们在说话的时候，尽量多站在他人的角度考虑，就事论事、将心比心，再在你的语言中加入一些情感的因素，相信对方会被你感动的。

3. 真心关心他人

用情感打动他人，还需要我们懂得从对方心理的角度，说出最让对方感动的话。比如，在对方最无助的时候及时出现并说出安慰的话、关心客户最关心的人、多考虑对方的利益等，让对方真正感受到我们送去的温暖，自然愿意向我们打开心扉！

总之，人际交往中，若我们能用真诚的态度催眠对方，能做到以诚待人，真诚帮助他人，可以让陌生人对自己微笑，可以融化他人的疑虑、冷漠、拒绝，换取他人对自己的信任和好感。

肯定他人，同时催眠对方认可自己

在这个强竞争、高压力的社会中，很多人认为自己不被他人理解，最重要的一点，就是找不到属于自己的听众。每个人都有表达自己、被他人理解的欲望，所以，都希望他人扮演听众的角色。对于开心的事，希望说给他人听，跟人分享；对于不开心的事，也希望与人倾诉。当然，除了这一点之外，人们更希望通过倾诉获得他人的赞同和理解，而不是反驳和训斥。因此，从催眠学的角度来看，多给予对方认同会使对方心情愉快，会换来对方的理解和信任，肯定他人就是一种绝妙的催眠方式。

小王是一名电脑推销员，最近，他遇到了一个难题：在向某公司推销电脑时，公司负责人把决定权交给了一名技术顾问——陈教授。经过考察，陈教授私下表示，两种厂牌，各有优缺点，但在语气上，似乎对竞争的那一家颇为欣赏，小王知道问题出现了。于是，他准备进行最后的努力，他找了

个机会，口沫横飞地辩解他所代理的产品如何优秀，设计上如何特殊，希望借此改变陈教授的想法，谁知道，还没等他说完，陈教授不耐烦地冒出了一句："究竟是你比我行，还是我比你懂？"这话如五雷轰顶一样惊醒了小王。不过似乎已经晚了。

当小王垂头丧气地回到公司，向同事诉说这件事后，一位同事告诉他："为什么不干脆用以退为进的策略推销呢？"并向他说明了"向师傅推销"的技巧。"向师傅推销"，切记的是要绝对肯定他是你的师傅，认同他的观点，抱着谦虚、尊敬、求教的态度去见他，一切推销必须无形，伺机而动，不可勉强，不可露出痕迹，方有效果。

于是，小王重整旗鼓，再次拜访陈教授。见面后，他一改自己的说话习惯，对陈教授说："陈老师，今天，我来拜访您，绝不是来向您推销。过去我读过您的大作。上次跟您谈过后，回家想想，觉得老师分析得很有道理。老师指出在设计上我们所代理的电脑，确实有些特征比不上别人。您在××公司担任顾问，这笔生意，我们遵照老师的指示，不做了！不过，我希望从这笔生意中学点经验……"小王一脸诚恳地说。

陈教授听后，心里又是同情又是舒畅，于是以一种慈祥的口吻说道："年轻人，振作点。其实，你们的电脑也不错，有些设计就很有特点。唉，我看连你们自己都搞不清楚，譬如说……"陈教授谆谆教导，小王洗耳倾听。这次谈话后没多久，生意就成交了。

案例中，推销员小王可谓是虚惊一场，但如果他没有接受同事的建议，而忘记在倾听中赞同、学习客户意见的重要性，那么，这次推销肯定会以失败而告终。

的确，人们都有这样的感觉：与志趣相投的人谈话其乐无穷，与志趣相异的人谈话，会感到"话不投机半句多"，也就是说，人们都喜欢交谈时对方能认同自己。掌握人们的这一心理，我们在交谈时，多肯定对方，让对方感到你与他志趣相投，对方一定乐意向你倾诉。

巧妙地处理人际关系，最重要的一点，就是掌握"赞同别人"这一催眠法。事实上，这也是我们这一时代智慧的结晶之一。也许，在你的生活中再

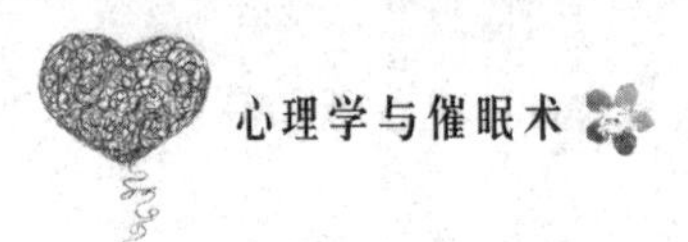

也找不出像“认同别人”这样一个简单技巧了。

那么，在与他人说话中，怎样运用“认同别人”这一催眠法呢?

1. 要有认同的态度

如果你根本不赞同对方的观点，那么，切不可虚伪作态，因为这样你的一言一行都是假惺惺的，你自己都无法说服自己，又怎能说服别人呢?

2. 当你认同别人时，一定要表达出来

不要指望你对对方的暗示能让他感受得到，要让他们知道你赞同他们的意见，不妨直接说出来，“我同意您的说法”或“您说得很对，我完全赞同”，“我认为您的看法很好”。

3. 不赞同也不要直接表示反对

直接反对只会导致双方发生争执，这样你会很快与人产生矛盾，你会失去很多机会，所以，请不要轻易否定别人，除非不得不这样做。

4. 避免与人争论

人际关系中最忌讳的就是与人争论。因为没有人能从争论中获胜，也没有人会从争论中赢得朋友。即使你是对的，也不要争论，这不是解决问题的最好办法。请你务必记住这一点。

认同这一催眠艺术的根源在于——人们喜欢赞同他们的人；人们不喜欢反对他们的人；人们不喜欢被反对；从今以后，请积极地赞同别人吧！只要你懂得并善于运用赞同的艺术，你就会成为一个受人欢迎的人。

用语言催眠对方，用热情影响对方

与人交往，良好印象的形成中，热情是第一个被对方感知的品质，这也是人际交往中的心理规则。因为人们总有这样的感觉，那些热情的人肯定有一些其他良好的品质，如有爱心、乐于助人、对生活保持乐观态度、容易接近等，而这些都是人们在交往中希望看到的。比如，工作中，当一个人感到

周围的某个同事对他十分关心时，他心中更会有一种温暖、安全的感觉，就会充满自信和快乐。“投我以木瓜，报之以琼琚。”自己既然受了别人的关心，他同样会关心别人，这样相互之间就容易建立一种友好、亲密的关系。所以，我们可以说，热情是一种有效的催眠手段。

陈伟是一家大公司的小主管，负责采购的一些小事宜。有一次，公司采购部的车出了问题，而刚好总经理专用车司机刘师傅的轿车停在附近，出于方便，刘师傅准备载他一程，于是他第一次坐刘师傅开的轿车。当时正值上下班高峰时间，路上交通拥挤，而陈伟还赶时间，刘师傅也急得不得了。这时，陈伟开口安慰刘师傅道：“刘师傅，这么多年，你每天都要在这种交通状况下负责经理的出行，真是很辛苦啊！”想不到这句衷心的关心之语，令刘师傅非常高兴。因为他已经做经理司机十年了，十年来，连经理都没跟他说过一句：“辛苦了。”刘师傅感动得不得了。很长时间以后，刘师傅对当时的情景还念念不忘，在私下里经常主动帮陈伟的忙，再后来陈伟升到采购部经理，他还时常地夸奖陈伟，说陈经理体恤下属、慧眼识英才等。

案例中的陈伟，之所以会与刘师傅建立良好的关系，就在于其简单的一句关心的话：“辛苦了。”有时候，简单的三个字“辛苦了”就是最好的关心。当然，我们要想拥有好人缘，就需要真心关怀身边的人，真正做到发自内心地体会别人的感受，久而久之，对方一定会被我们打动。

那么，我们该怎样用热情来催眠对方呢?

1. 做到思想放松，没有顾虑地交谈

心理学家詹姆士曾说过：“与人交谈时，若能做到放松心情、毫无顾虑，想说什么就说什么，那么，交谈的氛围是相当热烈的。”因此，我们要摒弃说不好会被笑话的心理，按照自己心里所想去说，那么，就能表现出放松、自然的态度。

2. 主动交谈，打破沉默

你可以通过以下方法开场：

跟对方打个招呼；问问对方的身份、籍贯等，从中获取对交谈有用的信息；还可以通过对方说话的口音、言辞，判断对方情况；以动作开场，运用

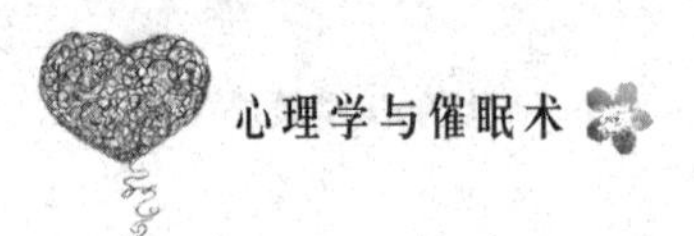

开放的肢体语言；你要微笑，打招呼，握手，眼神接触，点头示意。

与陌生人沟通时，你首先要有沟通的欲望，这样，你才会主动与人沟通，也才能引领整个谈话的进程。

当然，只要我们善于寻找，打开陌生人话匣的方法还是很多的：我们还可以从对方的兴趣、爱好谈起，激发对方的交谈欲望；可以从对方的烦恼谈起，并给予理解；也可适当自我袒露心迹，拉近距离。总之，我们要让对方觉得，你是一个想与他交谈的人，并且是一个很友好、很善良的人。

3. 理解别人，肯定别人

在谈话时，你不妨谈谈那些和对方意见相同的事情，这样不仅能带动双方的谈话兴趣，更能让对方对我们产生好感。要知道，谁都不会讨厌那些与自己意见一致，愿意支持自己的人。

总之，我们不要指望冷漠的态度会起到感染他人的作用。热情与快乐是一对连体婴儿。对方在感受到你的热情时，自然也就对你敞开了心扉，也会逐渐接受你传达给他的情绪。

事事说中，让对方绝对信任你

现实生活中，应该有很多人都算过命，并且对算命先生的话深信不疑，那么，算命先生是怎么让求助者信任他们的呢？很简单，首先，算命先生会说出一连串与求助者相符的“事实”，比如，“你家中有三姐妹吧？”“你在8岁的时候受过一次伤吧？”“你父母婚姻不顺。”一旦你点头，那么便证明你开始信任他了，接下来，他们要做的就是在已有的信任的基础上发挥自己的“算命能力”了，而对于他的话，你是深信不疑的。

那么，算命先生真的有那么神吗？当然不是，我们先将其是“如何知晓这些事实”的放在一边，这里，我们不得不承认的是，他们利用催眠术取得了求助者的信任。为此，我们不难得出这一催眠技巧的精髓：事事说中，会

让对方对你肃然起敬。同样，人际交往中，在正式结交前，先对对方进行一番了解，这样，不仅能掌握一些双方交谈的谈资，更能帮助我们赢得对方的信任。我们先来看下面一个故事：

王晗攻读完心理学硕士以后，被一家心理学机构高薪聘请，但缺乏实战经验的他被安排在最底层实习一个月，自然，这在情理之中。

有一天下午四点左右，他遇到一个麻烦的客户，很多问题他解决不了，而大家正好都在忙，他想，去问主管吧，刚好可以交流一下。当他敲门进去的时候，主管正在看杂志，王晗还在想，做领导真好，这么悠闲。于是，王晗慢慢地把事情和领导说清楚，可是王晗却注意到了领导的一个动作：双手合拢，从上往下压，根据王晗的经验，领导一定是遇到了什么事情，再一看，领导办公桌上有一封信，并不是公司信件，王晗明白了，估计刚刚主管看杂志也是想让自己镇定下来，为了不打扰主管，王晗找了个理由离开了。从主管办公室出来后，王晗问了主管秘书到底是怎么回事，原来是主管在美国的老父亲突然病逝，昨天寄来的信。

接下来，王晗并没有着急回家，而是在公司大厅静静等待。后来，主管出来了，王晗拍了拍他的肩膀说："不要伤心了，走，去喝一杯。"主管先是一惊，王晗是怎么知道的？但无论如何，他还是答应了。那天晚上，半醉之下，主管跟王晗说了很多掏心窝子的话，尤其是老父亲是怎么辛苦养育自己的。

从此以后，王晗便和主管在私下成了最好的朋友。

毕竟是学心理学的，从领导的几个小动作中，王晗就看出了他有心事急需平静，便不再打扰，聪明的他很快又从秘书那里得知到底发生了什么事，然后他便扮演了一个知心朋友的角色，领导感觉得到王晗的善解人意，关系自然会拉进近。

从这个案例中，我们不难发现，获得对方信任、增进人际关系的一个方法便是说中对方的事，让对方和自己站在统一战线上。那么，具体来说，我们该怎样运用这一冷读术呢？

1. 事前多了解，不能说错

要想说中对方的事，有时候，并不是光靠猜就能做到的，因此，在与人交往前，我们最好先做一番了解，并且，对对方的了解，越细致越好，如果你说错了对方的事，那么，你所做的努力就会前功尽弃，比如，原本你想与某人套近乎，对方姓王，你却一开口就说："你就是××公司的李经理吧？"对方还有与你交谈的兴趣吗？

2. 说中对方的心事最佳

人的一生中会经历很多大大小小的事，但不是所有的事，都能被我们记住，也不是所有的事都会成为我们的一段刻骨铭心的"记忆"。因此，提及别人自己都记不住的事，会让对方丈二和尚——摸不着头脑，也是无法起到让对方信任的作用的。因此，聪明的人会选择说中对方的心事，一开口便能窥探对方的内心世界，你还担心彼此没有交谈的话题吗？

当然，以上两点都是基于对交谈对方有所了解的基础上的，不过，我们还要善于观察，善用催眠技巧，把话说到对方心坎上，才能真正让对方对我们敞开心扉！

主动说出对方心里的疑虑，赢得信任

我们都知道，很多时候，我们之所以无法赢得对方的信任，是因为对方心存不安，对我们的话有疑虑，如果不采取积极的措施打消对方的不安，那么，最终对方会拒绝我们。事实上，对方产生疑虑是出自一种十分正常的自我保护与防卫心理，也是因为很多情况下他们听到的都是"报喜不报忧"的正面信息，比如说，一些销售人员为了说服客户购买，会吹嘘产品的功效、并不会提及产品的不足等。其实，高明的催眠法是主动说出对方心里的疑虑，能显露出我们的真诚，消除对方的戒备心之后，我们与对方的谈话才有进展。

销售员张小姐与一位要批量购买产品的客户已经进行过多次电话沟通了，但对方迟迟不成交，这天，张小姐又拨通了电话："郑经理，关于设备购买的事情，您考虑得怎么样了？"

"我暂时还没打算购买……不好意思。"对方冷冷地说道。

"我能理解您的想法，虽然我向您保证我们公司的产品性能属于业界一流，估计您也向同行打听过，不过在您没有亲眼见到我们公司的规模和生产状况前，存在这种担心和顾虑是人之常情，为公司采购需要认真、负责，不能出半点儿纰漏。不然会影响公司的运营等。"张小姐语重心长地说。

"是啊，真难得你能理解我的想法……"

"对于我们公司的设备，您大可放心。您也派技术人员来试用过，我想知道您还担心哪些方面的问题呢？"

客户说道："其实我们急需一批这样的产品，对于你们公司本身的生产能力及产品质量我已经没有什么可顾虑的了，不过我担心的是你们能否在合同签订的15天之内就将产品全部发到指定地点。"

听到客户这样说，张小姐马上说："原来您担心的是这个啊，您稍等，我马上为您传真一份资料。"

一分钟后，张小姐对客户说："我给你传真的是我们公司专门针对紧急要货的客户制定的'快速订货通道'，通过'快速订货通道'，我们公司可以按照您的要求送货到指定地点，只要您能按照要求及时支付货款到时候就可以凭单取货了……"

听到张小姐这样说，电话那头的客户松了一口气，认真思考了一会儿对张小姐说："明天我会到贵公司签合同。"

案例中，张小姐深知客户是因为有戒心，对产品存在某方面的顾虑，才迟迟不肯签订合同。于是，首先她站在客户的角度，以几句真诚的话表达了对客户心情的理解，迅速拉近了与客户的心理距离，得到客户的信任之后，她再询问客户顾虑的原因就容易得多。面对真诚的销售员，这位客户也没有拐弯抹角，而是直接说出了自己所担心的问题，此时，精明的张小姐拿出了最有力的保证，从而彻底打消了客户的戒心，让其决定购买。

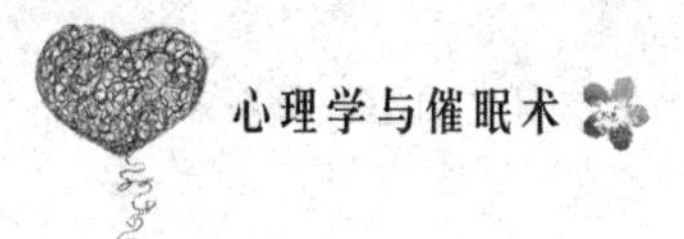

那么，具体来说，我们该怎样说出对方内心的担忧呢？

1. 表达你对对方所存在的不安感的理解

同理心就是要站在对方的立场，从对方的角度出发来考虑问题。表达同理心是非常重要的，表达同理心能让对方意识到你跟他是始终站在一起的，无形之中就有效地拉近了双方的距离。表达同理心的方法有以下几种：

（1）同意对方的需求是正确的。

（2）陈述该需求对其他人一样重要。

（3）表明该需求未能满足所带来的后果。

（4）表明你能体会到对方目前的感受。

在上面的案例当中，张小姐就是站在客户的立场说话，对客户的顾虑表示理解，进而消除客户内心顾虑的，这一点，值得所有销售人员学习。

当然，我们在表达同理心时要注意：不要急于表达，而是一定要站在对方的立场上来表达同理心，以免让对方以为你是在故意讨好他。

2. 主动向对方提供自己的、积极正面的信息，打消其顾虑

我们要想消除对方的戒备心，让其最终接受我们的意见，最有效的方法是说“实话”，但我们一定要用恰当的方式、把有利于自己的信息传递给对方，让对方感觉听从你的意见是一个正确的决定，这样，可谓一举两得。

当然，我们在与人沟通的过程中，当对方存有戒备心时，一定要有耐心，要用真心话拉近与对方之间的距离，对方才会逐步信任你。

第16章 能让对手为我所用的催眠技巧——化干戈为玉帛的心理策略

人生在世，谁都有几个对手，没有对手，也许很轻松，但很可能是人生的悲哀。因为，没有对手，说明了你不被别人重视，你的价值被低估，你有可能失去前进的目标。但在与对手切磋、较量的过程中，只有学会逐步催眠对方的技巧，做到求同存异和让步，才能求得双赢的结果。要知道，没有永远的敌人，也没有永远的朋友，恶意斗争只能两败俱伤，而化敌为友则是一项双赢的举措。但前提是我们要主动伸出友谊之手，学会尊重和重视对方。

催眠对方，双赢才是真正的成功

生活中，我们每个人都有一些对手，一些人在与对手交锋的过程中，为了获得利益，他们始终不肯让步，甚至与对手争论到不可开交的地步，最终，他看似“获胜”了，但从长远来说，他还是失败了，因为从社交的角度看，那种不懂得双赢原则的人，最终不会得到任何人的信任与好感，将成为社交中的弃儿。所以，胜利与失败并不是社交活动最好的结果，最好的结果是双赢，正如一句广告词一样：“大家好才是真的好”！

所谓双赢，应用到人际交往中，指的就是采取对双方都有利的交际措施，得到他们应该得到和最想得到的东西。举个很简单的例子，大家一起排队坐公交车，如果都争相上车，谁也不让谁，最终的结果只能是所有人都堵在车门口；而如果所有人都遵守乘车秩序，一个个排队上车，这样，不仅所

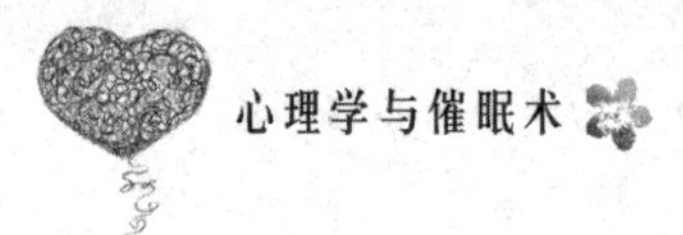

有人都能坐上车，还为大家节省了时间。

因此，聪明的人们，即使与对手较量，也要学会运用双赢的思维，双赢其实也是一种催眠方法，我们要引导对方看到对双方都有利的合作方式、利益点等，这样，就能得到一个皆大欢喜的结局。

杨鑫是一家油漆公司的销售主管，她所在的公司推出的油漆有环保、无异味的特点，很适合现在家居环保的要求。正是坚持这一优点，这家公司的生意一直做得很好。

最近，她联系了一家地产公司的李经理，他们洽谈了许多合作事宜。但是，李经理坚持要降价，这一点让杨鑫很为难，她需要回去和上级领导商量，于是谈判暂时搁置。不久后，杨鑫和李经理再次坐到了谈判桌前。

“李总，你好！关于您提出降价的条件，我已经与公司上级领导商量过了。我们都觉得，如果您能在贵小区优先替我们旗下的新油漆公司做广告宣传的话，我们公司愿意以最低的价格与您这样的大客户长期合作。”

“不好意思，我们从不会为住户主动推荐哪种油漆。”

“您误会我的意思了，我们并不是希望您推荐，我们只需要一个安全的宣传环境就行。”

“你们要宣传多久？”

“从开盘开始后的一年内。”

“可以。”

最终，李经理以最低的价格落成了新的楼盘，而杨鑫所在公司旗下的新产品油漆也得到了大力的宣传，销量很好。

案例中，作为谈判方的代表，女主管杨鑫的聪明之处，就在于她利用了双赢这一原则，让客户和销售员都实现了利益互补，交易达成必然水到渠成。

其实，很多时候，与对手较量，我们都应改用这一催眠技巧。社会总是充满竞争，人与人之间也总是存在利益的不平衡，关键在于我们抱什么样的态度。只要抱着“我好，你好”的双赢态度，按照这个原则去处理人际关系，你将会获得最理想的结果。

因此，我们都应该学会运用双赢思维，具体来说，你需要做到：

1. 找出双方利益的平衡点

这个利益点，就是双方交流的中心，也是能成功打动对方的前提。当然，这还需要你作出让步，才能达成共识，一味地坚持，只会争个面红耳赤。其次，一定要有长远的眼光。要记住，这次的“妥协”和“退让”只是为赢得信任和下一次的合作彩排而已。

2. 学会站在对方的立场说话

一位成功的推销员这样说道：“当我不去追求自己想得到的东西，而是去帮助别人得到他们想得到的东西时，我在经济上就会获得更多的成功，而在生活中也会有更多的乐趣。”的确，无论是从事推销工作还是组织社交活动，这是强化心理感受、获得心理认同感的重要方面。

3. 在催眠过程中进行逻辑演绎，让对方接受“利益点”的变化

人是利益的动物。人与人之间的交际基本上是一种利益交换的过程。这种交换不仅指物质上的，还指精神上的，比如赞美、声望等，有时候，这更能使对方获得心理上的报偿。

总之，与对手较量的过程中，我们要懂得互惠互利，争取双赢，并学会引导对方的想法，以利益为核心，经过层层推进，让对方接受利益的均衡。

装装糊涂，针锋相对只能两败俱伤

现代社会，无论是商业还是政治或者是其他活动中，似乎都存在一些竞争对手。面对竞争对手，人们可能会不自觉地卖弄自己的才华，或者与对手针锋相对，实际上，如果你着实比对手优越，能在竞争中胜出倒也无妨，但如果对方胜出，那么无异于打了自己的嘴巴。而一个真正有实力和梦想的人不会把自己的那点小才能挂在嘴上，宣扬自己的本事，即使别人试探他，他也会巧妙转移话题以避开对方的注意力，从而隐藏自己的真实想法，为自

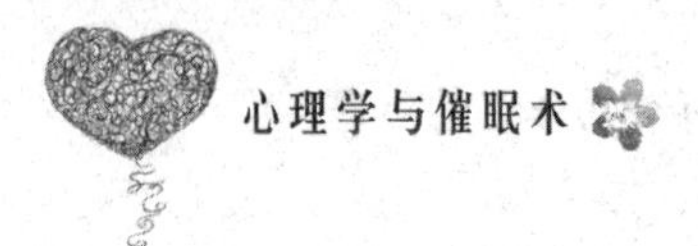

己赢得更多的时间和空间来达到预期目标。这是一种大智若愚的处世智慧。因此，在与对手较量的过程中，如果我们的力量不足或者遭到对手“逼供”时，不妨采取这一催眠办法，避开对方的锋芒。

一天，曹操邀请刘备来喝酒。

酒酣之际，曹操心血来潮，便问刘备：“你说这年头谁是英雄？”

刘备自然认为自己就是一世枭雄，但此时，却万不能表明心迹，说了会有性命之忧，于是，他只好与曹操打起了酒官司，顾左右言其他。谁知道，刘备说了半天，曹操倒不耐烦了，就直接说：“别绕了！这年头真正的英雄人物就是你跟我。”

这时，天上一声巨响——打雷了，刘备居然吓得筷子都掉地上了。曹操纳闷，便问：“怎么啦？”

刘备赶紧把筷子拾起来，然后顺口说了句：“这么大的雷，吓死我了。”老曹哈哈一笑：“大丈夫怎么可以怕雷呢？”刘备赶紧接口：“孔子是圣人，他也怕打雷，别说我了。”

此时张飞、关羽两人怕曹操杀刘备，便闯了进来。见刘备没事，关羽连忙掩饰说自己来舞剑助兴。

曹操说：“这又不是鸿门宴。”然后斟酒为他们压惊。后来三人一起走出来，刘备说：“我在曹操的地盘上天天种菜，就是要让他知道我胸无大志，没想到刚才曹操竟说我是英雄，吓得我筷子都掉了。又怕曹操生疑，我就说自己怕打雷掩饰过去了。”关羽、张飞佩服得不得了。

可以说，放走刘备，是曹操一生中所犯下的最大的错误，因为曹操已经一眼看出刘备是当时真正的英雄。曹操甚至说了这样的话：“今天下英雄，唯使君与操耳！”这句话是被载入史册的。而曹操“煮酒论英雄”，也只是为了试探刘备有无称雄的志向，刘备自然心知肚明，他就是担心曹操把他当作对手，就是怕曹操把他当作英雄。如果那样，刘备不但不能为他日成就自己的伟业招兵买马，甚至可能会丧失性命，于是在曹操追问他谁为天下英雄时，他假装糊涂，处处设防，甚至用一些其他人物来搪塞，比如袁绍、袁术、刘表等。以刘备的胸怀，这些碌碌为用之人，又怎么能入他的眼睛？而

这些搪塞之语都被曹操寥寥简略的评价一一驳回，针针见血。而从心理角度说，刘备称自己害怕打雷，正是让曹操认为刘备是胸无大志的人，从而放走刘备，为刘备的崛起做了最初的工作。

同样，现实生活中，我们与他人竞争，无论说话、做事都不可狂妄，要尽量放低自己，让对方感觉你已经示弱了。

其实这不仅是一种大智若愚的智慧，更是一种高超的催眠技巧。的确，直言直语、做事不经过思考是一个人致命的弱点，也会让你在对手面前暴露无遗，当对方了解你的真实想法以后，便会对你大加防备甚至刻意与你为敌。可能你在吐露心声的时候，的确没有任何的顾虑，只看到现象或表面，也只考虑到自己的“不吐不快”，可是，当你想到你的这句不经意的话而给自己的带来困扰时，你还会无所顾忌吗？“枪打出头鸟”，太过嚣张会成为众矢之的，因为通常情况下，人们都会对那些对自己构成威胁的人采取措施。而隐藏自己、避其锋芒，才能保全自己。

传递友善，共同前进

不得不承认，在现实中，某些人蓄意阻挡我们前进，然而，大多数情况下，双方确实因为阴差阳错而交恶。这时，我们不能采取针尖对麦芒的方式，而应该学会调整自己的心态，然后运用友善的态度来催眠对方，这样，不仅能避免两败俱伤，还有可能找到一条让双方共同前进的道路。下面是世界顶级富翁巴菲特和比尔·盖茨之间的一段故事：

曾经一度为世界首富比尔·盖茨和世界第二富翁沃伦·巴菲特是两个互不相干的人，但后来的一次机遇，让他们重新认识了彼此，并建立了深厚的友谊。

1991年的一天，巴菲特给盖茨寄去了一张华尔街CEO聚会的请帖，主讲人就是巴菲特，因为对巴菲特心存偏见，盖茨对这次聚会不屑一顾，而对于

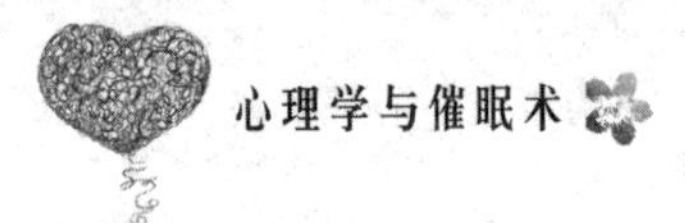

这张请帖，他也随手丢到了一旁，这一幕被盖茨的母亲看到了，她劝解自己的儿子：“我倒是觉得你应该去听听，他或许恰好可以弥补你身上的缺点。”母亲的话对盖茨起到了作用，他决定以全新的态度去认识巴菲特这个商界前辈。

二人见面后，对盖茨同样心存偏见的巴菲特也傲慢地说：“你就是那个传说中非常幸运的年轻人啊？”在听过母亲的劝解后，盖茨是怀着一颗真心来结识巴菲特的，因此，面对巴菲特并不客气的问候，他没有针锋相对，而是真诚地鞠了一躬，“我很想向前辈学习。”盖茨的这一举动让巴菲特觉得很意外，但也很感动，就是这一举动，让巴菲特对盖茨的印象一下子好了很多。

就在离会议开始还有一段时间，这两个商界奇才坐到了一起，他们就世界经济这一问题发表了自己的看法，他们发现，原来彼此对于很多问题的见解都如此的惊人一致，除此之外，他们还要很多共同点，比如都是白手起家、热衷冒险、不怕犯错误等，不知不觉中，时间溜过去一个多小时。意犹未尽的巴菲特被催促着来到演讲台上，他的开场白竟然是：“在开始讲话之前，我想说的是，今天我第一次和比尔·盖茨交谈，他是一个比我聪明的人。”

从这次聚会之后，他们之间进行了更为密切的交往，随后，他们都发现彼此对对方存有很深的偏见。盖茨逐渐认识到，原来巴菲特并不是人们所说的吝啬小人，而是对金钱有着超凡脱俗的深刻见解，他说“财富应该用一种良好的方式反馈给社会，而不是留给子女”。就是在他的影响下，一心忙于工作、对婚姻持怀疑态度的盖茨终于学会了热爱家庭。

而在巴菲特眼里，盖茨也是个年轻有为的“真人”。2006年6月15日，盖茨宣布将逐步退出微软，专心从事慈善基金会的事业。紧随其后，6月25日，巴菲特因为妻子过早去世，决定将把370亿美元的财产捐给盖茨的慈善基金会。

巴菲特多次公开说，此生最了解他的人就是盖茨；而盖茨尊称巴菲特为自己人生的老师。

可以说，盖茨和巴菲特之间的偏见的消除，是由盖茨这个年轻人的一句“我很想向前辈学习”而逐渐解开的，他曾经给巴菲特的印象就是一个幸运的年轻人，而当他决定用一颗真心去结交巴菲特的时候，他已经决定抛开成见，跨出了交往的第一步，才会有后来两人关系的逐渐好转到成为莫逆之交。从这个案例中，我们看出一点，人与人之间的感情是相互的，要想获得他人的喜欢，我们首先要尝试喜欢他人，并主动伸出友谊之手。

为此，我们就需要做到：

一方面，我们要用友善的态度对人，在与人交谈的时候，要多考虑对方的感受，不要轻易地说让他人心情不悦的话，更不要随便当面指出对方的缺点，即使他人有什么过错，也应该迂回、委婉地指出来，让他人感受到你的善解人意，这样才能赢得他人更多的信任和喜爱。

另一方面，与任何人交往，都不可太过感性，如果只与那些说好话的人交往，就容易掉入奉承的陷阱，而交不到真正的朋友。

最后，我们应该放宽自己的眼界，不要只与自己喜欢的人交往。因为很多我们不喜欢的人，却是能激励我们成长的人，他们常常忠言逆耳，常常不厌其烦地指正我们的行为。

感谢对手，尊重对手

人类社会，本身就是一个竞争性的社会，知识经济的到来，人们的竞争意识更为强烈，可以说，我们生活的周围，无时无刻不存在着竞争。其实，也就是因为这些竞争对手的存在，我们才更具奋斗力和活力，才会有危机感，才会有竞争力。所谓“狭路相逢勇者胜”，正是由于他们的存在，才使你认识到自己的不足，才使你认识到要发展自我，才使你认识到社会乃至整个世界都无时无刻地在进步，在前行。对手就犹如一面铜镜，能照出你自己的特征，也能激励你不断学习，不断发展。

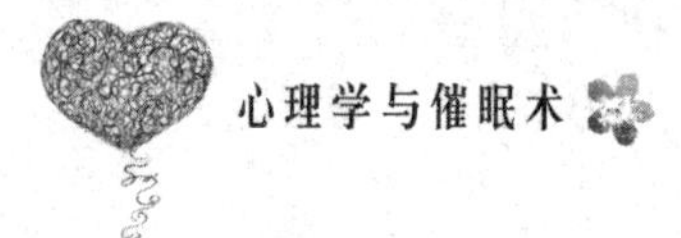

可见，对手的存在，并不仅仅是个威胁，很多时候，它还是激励你进步的“伙伴”，在现实生活中，每个人如果都能以这样的心态对待对手，那么，对手就不是你的敌人，而是你的朋友了。

然而，很多时候，人们面对对手，采取的是打击的方法，其实，这样做还不如化敌为友、化干戈为玉帛。想把对手变成朋友，就要舍得为他“付出”，这是一种绝妙的催眠方式，比如，当对方陷入困境的时候，你要保持冷静，不能见机踹他一脚；当你成功的时候，不要在对方面前趾高气扬，要克制自己不流露出得意。做到这些就是“付出”，勇敢的“付出”。

杰克和路易斯同为学校篮球队的队员，杰克在队中司职后卫，路易斯则是一名小前锋。大学阶段的他们都非常率真，尤其是向异性表达自己的真心。不巧的是，杰克和路易斯都对同一个女生表达了自己的爱慕，一对好朋友就这样变成了敌人。这种敌对情绪使得二人的关系非常紧张，彼此间变得非常冷漠。但是在赛场上，两个人仍然并肩作战，在一场关键的比赛当中，还是路易斯接到杰克的传球将球投进，取得了本队的胜利。就这样赛后两个人重归于好。

杰克和路易斯虽然因为一个女孩变成了情敌，但是赛场上两个人面对着共同的敌人，仅重新成为朋友，并且借着赛场上的友谊化解了两个人之间的敌意。

的确，正因为有了对手，我们的生活才不会像白开水一样平淡乏味，而变得色彩斑斓；正因为有了对手，我们才不会像人工养殖的鲜花一样弱不禁风，而变得越来越坚强；正因为有了对手，我们才能享受到真正的快乐。那么，为何不道声“感谢对手”呢？

对此，我们首先要调整好自己的心态，要认可和承受对手的能力。当我们取得成功的时候总是兴奋不已，希望有人为自己鼓掌。可是当身边人，包括你的对手取得成功的时候，你该怎样去面对呢？是嫉妒还是欣赏？是大声叫好还是不屑一顾？尤其是你平日与他相处得很紧张、很不愉快的人成功了，这时候，你为他鼓掌，会化解对方对你的不满和成见，改变他对你的态度，他会觉得你慷慨地付出自己的真诚，从此，他也会给予你支持。人都是

这样，死结越拧越紧，活结虽复杂，却容易打开。

另外，真正要催眠对手，你还要懂得为对手付出。要知道，为自己付出容易，为他人付出难，为自己的对手付出更是难上加难，需要我们有宽宏大量的胸襟，而且，这种付出，不仅仅是物质上的，还有精神上的。因此，当别人处于困境中时，你的一句简单的鼓励，都可能让对方重新站起来。当别人取得成就时，你的一句简单的恭喜于他而言也是最好的礼物。

主动认错，赢得主动

人际交往中，我们难免会出现一些失误，比如说错话、做错事，这都会让对方心生不悦，如果我们没有认识到自己的错误而继续自己的言谈，那么，很可能让交谈陷入尴尬境地，而即便对方没有表现出自己的不满，也会心生不悦，并可能随着时间的推移而逐渐加深。假若我们能主动承认错误、把话说开，那么，对方心中的不快会随之消失，也会因为我们敢于承认错误而对我们留下良好印象。所以说，主动认错是一种很好的催眠方法，能赢得人际交往中的主动。

《人性的弱点》中讲了这样一件事：

我住的地方，靠近纽约中心。从家里出门步行一分钟，就是一片森林。我常常带着雷斯到公园去散步；它是一只温驯而不伤人的小狗，因为公园里游人稀少，我一般不给它系上狗链或戴口罩。

有一天，在公园碰到一位骑马的警察。他严厉地拦住我们，“干吗不给它系上链子？”他训斥道：“不知道这是违法的吗？”“是的，我知道。”我连忙温和地回答：“不过我的狗从来不咬人。”“不咬人！这是你自己的想法，法律可不管你怎么想。他可能在这里咬死松鼠，也可能咬死小孩。这次我不追究，下次我再看到这只狗不系链子，不戴口罩，你就只好去跟法官解释啦！”我客气地点头，连说“遵命”。我的确照办了，可是雷斯不喜欢

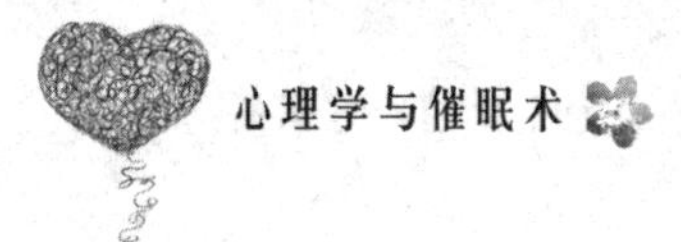

戴口罩，有一次，我决定再碰碰运气。

这天下午，雷斯和我在一座小山坡上赛跑，突然间，糟了，我又碰上了那位执法大人，雷斯跑在前头，直向他冲去。我知道这回要倒霉了。于是不等警察开口，我就抢在他前头说："警官先生，这下你当场抓到我了。我确实有罪，触犯了法律。你在上个星期就警告过我了。"好说，好说。"警察说话的声调意外温和。"我知道在没有人的时候，谁都会忍不住要带这么好的一只小狗出来溜达。""这倒是的，"我说，"但我违反了规定。""这条小狗大概不会咬上别人吧？"警察反而为我开脱起来。"这样吧，你们跑到我看不见的地方，事情就算了。" 我向他连连道歉，带着小狗走过了山坡。

这位警察前后态度的变化，缘于案例中带狗的主人的语言艺术，假如这位带狗的主人不是主动道歉认错，而是设法辩解，不管他的理由多么充分，恐怕也不能得到警察的谅解。在人际交往中，只有缺乏智慧的人才会为自己的错误寻找借口，强词夺理；而智者总能够坦率诚恳地道歉认错，取得对方的谅解。

那么，我们在运用主动认错这一心理策略的时候，该掌握哪些语言技巧呢?

1. 先道歉后解释

有错就应该勇敢承认，并注意自己的认错态度：不要试图给自己找借口；诚恳认错，才能获得谅解。另外，道歉后，你可以向对方解释一下，才能表示自己的诚意。例如，"对不起，这事我做得真不对。事情是这样的……"

2. 道歉时的语气和态度

真诚的道歉，应该做到态度温和、诚恳并且不卑不亢。另外，道歉时，切不可语言重复啰唆，而应该简洁、明了，在表明自己的态度后对方一般都会谅解，此时，就不必多说了。

3. 假如你觉得道歉的话说不出口，可用别的方法代替

比如，你与某个朋友发生了不愉快的事，你可以打电话问他："还生气呢？"即使对方以前很生气，但此时面对你的道歉，他一般都会说："生什么气啊。"可见，打电话致歉是个好办法。

总之，在道歉的语言技巧方面，我们需要掌握：态度要真诚、语言温和、先道歉后解释；如果你觉得自己不善言辞，那么，你可以寻找别的方法代替；有时候，即使没错，为了友谊，你也应该道歉。

我们尽管掌握了道歉的语言技巧，但是还应该根据场合、情况的不同，注意一些小事项：

（1）道歉应该不卑不亢，不必低三下四。

（2）道歉要注意态度，错在你，别颐指气使。

（3）把握道歉时机。事件发生后，越早道歉越好，时间越长，就越难开口，误解就越深。

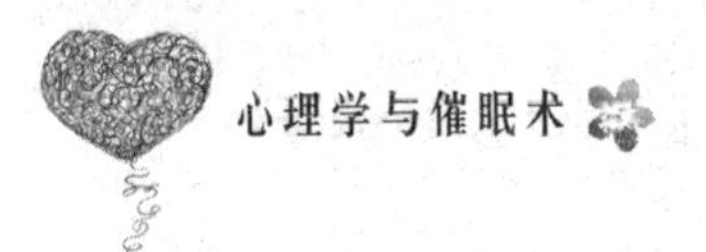

第17章 能让他人尽心做事的催眠技巧——轻松获得他人帮助的心理策略

任何一个人，即使能力再强，也不是万能的，偶尔也需要借助别人的力量或与人合作才能办成事。求人办事就是寻求合作的一种方式。心理学家证实，心理上的亲和，是别人接受你意见的开始，也是转变态度的开始。由此可知，我们应该先攻克对方的心理防范，此时，各种催眠技巧就派上用场了，你需要巧用话语攻心，或是找出对方的心理弱点，或是先“瓦解”对方的心理防线，影响对方心理，经过一番言语说辞，让他人乐意为你效劳。

称赞对方，让对方获得满足感

我们都知道，每个人都长着一双喜欢听赞美语言的耳朵，这是人的天性。马克·吐温曾说过：“一句得体的称赞能让自己陶醉两个月。”的确如此，当我们获得别人的夸奖之后，不是也反复回味、心情兴奋吗？所以，我们要知道，称赞是绝妙的催眠方法，称赞对方，能让他拥有优越感，当你用真诚的语言赞美对方的时候，他会认为你是一个信任并了解他的人，自然就拉近了你们之间的距离，他所回报你的，便是同样的肯定与信任，焕发出你与他之间相互的热情、友谊和温暖。这样，无形中你就赢得了一个朋友。这无疑是一场最没有风险的情感投资，因为“投桃”必然会“报李”。

卡耐基小时候是一个公认的坏男孩。在他9岁的时候，父亲把继母娶进家门。当时他们还是居住在乡下的贫苦人家，而继母则来自富裕家庭。

父亲一边向继母介绍卡耐基，一边说："亲爱的，希望你注意这个全郡最坏的男孩，他已经让我无可奈何。说不定明天早晨以前，他就会拿石头扔向你，或者做出你完全想不到的坏事。"

出乎卡耐基意料的是，继母微笑着走到他面前，托起他的头认真地看着他。接着她返回对丈夫说："你错了，他不是全郡最坏的男孩，而是全郡最聪明最有创造力的男孩。只不过，他还没有找到发泄热情的地方。"

继母的话说得卡耐基心里热乎乎的，眼泪几乎滚落下来。就是凭着这句话，他和继母开始建立友谊。也就是这句话，成为激励他一生的动力，使他日后创造了成功的28项黄金法则，帮助千千万万的普通人走上成功和致富的道路。

卡耐基14岁时，继母给他买了一部二手打字机，并且对他说，相信你会成为一名作家。卡耐基接受了继母的礼物和期望，并开始向当地的一家报纸投稿。他了解继母的热忱，也很欣赏她的那股热忱，他亲眼看到她如何用自己的热忱改变了他们的家庭。所以，他不愿意辜负她。

来自继母的这股力量，激发了卡耐基的想象力，激励了他的创造力，帮助他和无穷的智慧发生联系，使他成为美国的富豪和著名作家，成为20世纪最有影响的人物之一。

在继母到来之前，没有一个人称赞过卡耐基聪明，他的父亲和邻居认定：他就是坏男孩。但是，继母只说了一句话，便改变了他一生的命运。

案例中卡耐基的继母也是个聪明人，她看到的也正是一个坏男孩身上别人没发现的优点，一句称赞的话，让一个坏男孩成为20世纪最有影响的人物之一。

然而，如何称赞别人确实需要我们学习，以下几个原则是要谨记的：

一为真诚。

称赞别人要出于真心，所夸奖的内容是对方确实具有或即将具有的优良品质和特点，不要让别人感到你言不由衷，另有所图。例如，夸奖一位身材矮小者长相魁梧恐怕真要出现"拍马屁拍在马蹄上"的情况了。

二为具体。

西方有句俗话："每天早晨大夸你的朋友，还不如诅咒他。"因此，我们所说的称赞的话必须是恰如其分的，也就是要具体的，空泛、含混、夸大的赞美是达不到效果甚至会产生反作用的。实际上，我们赞扬别人时不一定非是一件大事，而别人的一个很小的优点或长处，只要我们能给予恰如其分的赞美，同样能收到好的效果。比如，一位你所熟悉的漂亮女士，你可以夸赞她："你真美。"这样她可能会感激你对她的赞美；但如果你对一位其貌不扬的女士说这句话，则可能会引起她的反感。

可见，在处理人际关系的时候，我们要学会称赞别人，真诚的赞美，是你送给别人的玫瑰花，在给予别人的同时，留在手上一缕清香，使你活得更潇洒、自在而充实，而最重要的是，你争取到了别人的友谊，赢得了良好的人际关系。

引导对方作出承诺，让对方不得不履行

生活中，我们可能遇到过这样的情景：

有一天，你无事逛街，看好了一件衣服，想试穿一下再决定是否购买，但是老板告诉你，因为这件衣服是限量版，为了保证衣服的干净，必须先付钱才可以试穿，否则就不要看了。你禁不住衣服的诱惑，在犹豫中答应了。试穿之后，你发现款式和颜色都不合心意，但还是硬着头皮掏了钱。看着莫名其妙买回来的不合意的衣服，你一边埋怨自己冲动许诺，一边又安慰自己，既然买了，就别难受了……

实际上，这是店主的小伎俩，因为在我们每个人的心里，都希望别人认为我们是信守承诺的人。因此，不管出于何种原因，如果我们没有实现自己的承诺，那么，都会被别人认为是表里不一、言而无信、优柔寡断、缺乏逻辑的人，而从我们自身的角度看，我们也会产生一些不安和负罪感，同时，我们通常把诚信这一品质与一些其他品质，比如高智商、坚强等联系在一

起，一旦违背承诺，我们自身也会感觉到不快。

因此，日常交往中，我们决不可死套一个模式，应该根据具体的办事对象以及其思想的变化而变化。有些方法，也许适合此人此事，但并不适合所有人。对于一些人，你从“情”出发，多说些动听的话，就能打动他，但同样的情况下，有些人却不领“情”，你磨破嘴皮，他就是不答应你的请求，此刻如果你改变策略，逐渐催眠对方，引导他作出承诺，用超常的手段去激励他，说不定“柳暗花明又一村”。

有这样一个推销故事：

门铃响了，贤淑的女主人把门打开，一名“衣冠楚楚”的推销员站在门外。

女主人一看，是一个陌生人，显得有点紧张和惶恐，这时，推销员彬彬有礼地问道：“您好，请问你们家中有高级的豆浆机吗？”

女主人愣住了，一下不知如何作答，这时，男主人看到推销员的良好态度，还是轻松地回答说：“我们家有一个豆浆机，但不是特别的高级。”

推销员微微一笑，说道：“我这里有一个很高级的豆浆机，您可以试用一下。”

说完，他从背包里拿出一个豆浆机，双手递给了女主人。女主人被他的幽默打动，愉快地买下了他所推销的产品。

实际上，推销员利用的就是“承诺和一致”原理，假如这个推销员一开口就说：“我是搞推销的，请问你们是否需要购买豆浆机呢？”或者说：“您家缺豆浆机吗？”事实证明，客户在遇到这种推销时，一般都有反感情绪，会婉言谢绝，更有甚者还会恶语相加。可见，案例中的推销员是聪明的。

由此，我们可以得出启示，交际中，如果我们需要对方作出某种决定时，最好先让他作出肯定的承诺，并迫使他履行自己的诺言；同样，我们面对别人提出的看起来微不足道的请求，也不能轻易许下诺言，一旦答应对方较小的请求后，就会不知不觉地答应更大的请求，作出有悖于自己意愿的决定。

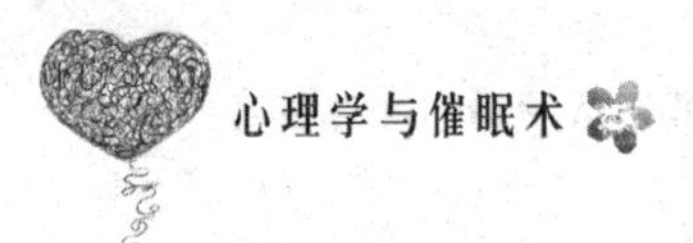

关于这一催眠方法，我们可以这样操作：

1. 尽量让对方公开承诺

很简单，公开承诺，见证的人多，来自外界的压力就大，对方反悔的可能性就小。同时，写成书面的承诺要比不公开或者口头的承诺，产生的一致性压力更大，这一点很好理解，书面承诺有白纸黑字作证据，不容易反悔。

2. 让对方主动承诺

自主的承诺更带有履行的可能性，因为通常情况下，人们自主承诺，都是有自我意愿的，即使我们日后提醒其履行，也更容易成功。因此，在我们想要得到一个承诺的时候，要尽量引导其自己作出承诺，不能让对方以为是经受了某种威胁或者诱惑才作出的，这样对方会愿意对自己的承诺负更多的责任。

3.让对方作出需要付出很多努力的承诺

我们都能理解，人们一般都会对那些来之不易的人和事很珍惜，比如，男女谈恋爱，男孩都会几经女孩子的考验，大概也是这个道理。另外，某些公司经过千挑万选、层层选拔，挑选到了合适的人选，也是为了增强员工的忠实度。

用示弱法催眠对方，博得对方的同情

生活中，我们可能都有这样的体验，我们似乎总是不愿意拒绝那些对我们示弱的人的请求，因为他们让我们感到弱小，从而激发起自己内心的同情和保护的欲望，这也是人们的普遍心理。所以，在希望获得他人帮助时，我们完全可以用这一方法来催眠对方，以此博得对方的同情，让其不好拒绝。

汽车巨头亨利·福特公司的贸易业务很忙。他们的桌子上总是堆满了各种催账单。福特每次都是大概看一眼后，就把账单扔在桌子上，对经理说：“你们看着办吧，我也不知道该先付谁的好！”

但是有一次，他从一大堆的催账单中抽出一张对财务经理说："马上付给他！"

这是一张传真来的账单，除了列明货物标的、价格、金额外，在大面积空白处还画着一个头像，头像正在流着眼泪。

"看看，人家都流泪了，"福特说，"以最快的方式付给他吧！"

谁都明白，这个催账人并非真的在流泪，他之所以急着催账，可能另有苦衷或急需资金，他的几滴眼泪迅速引起对方重视，以最快的速度要回了大笔货款。看来，这眼泪的威力实在不可小看啊！

具体来说，运用示弱这一方法来催眠对方，我们可以从以下几个方面着手：

1. 用哭声打动对方

必三国时期，蜀主刘备是精于哭道的高手，于是，有人戏称"刘备的江山是哭出来的"。虽然，这种说法有失偏颇，但是，"哭"的确是求人办事的"秘密武器"，尤其对于男人而言，他们是抵挡不住女人的眼泪的，因此，在提出自己诉求的时候，你若能不失时机地流几滴眼泪，会激发对方的保护欲，必然会爽快地答应你的请求。

2. 先批评自己

在求人办事的时候，你率先作自我批评，如"不好意思，都是我不好，把这样的事情告诉你，给你带来了麻烦"，适当装一下可怜，使对方产生同情，以此达到自己的目的。

3. 申述自己的处境，以表示求助于人是不得已之举

女人们，在提出自己诉求的过程中，你不妨通过语言表现自己的无助，比如，"我也是没有办法，不然，我是无论如何都不会来麻烦你的，还希望你能够帮我这个忙"、"现在我是一点办法都没有了，希望你能帮忙出个主意"，对方看到你无助的样子，定会毫不犹豫地答应你的请求。

4. 充分阐明自己所请求之事并非与被请求者无关，以使对方不忍无动于衷、袖手旁观

王丽是一名数学老师，她教学成绩很突出，但却因为和校领导关系不

好，而一直没有被评上职称。她上告到上级主管领导处，虽然竭尽所能想引起领导对自己处境的同情，但仍收效不大，这位领导听后反而推辞说："评不上是你学校的问题，学校不上报，我又有什么办法？"

王丽对这样的情况早已做好准备，她立刻说："如果学校能解决，我就不会来麻烦您了。我是逐级按程序反映。您是上级领导，而且又主管这方面的工作，下面在这方面出了问题，您是有权过问的。如果您不及时处理，出现更大麻烦，那就晚了。我想，只要您肯过问，您的意见他们会听的。"

这番话很奏效，这位领导很快改变了态度，事情最终得以解决。

当然，表现"情"时不能冷冰冰的毫无感情，也不能表现得过度热情。求人办事时，"情"的展现也只是一种客套而已。怎么恰当地表现"客套"是值得注意的。

总之，人心都是肉长的，再强势、再铁石心肠的人，其心灵都有最柔软的地方，这就是同情心。的确，同情心是人与生俱来的本性，是人作为群居动物所根深蒂固的习性，在求人办事时，你若能直击人类最善良的本性，适当诉说苦楚，激发对方的同情心，那么，我们求人办事的成功率便会大大提高。

用"戴高帽法"催眠对方，令其不好意思拒绝你

语言是人际交往的基本工具，相信我们都明白一点，每个人都喜欢听好话，都希望获得他人对自己能力的认可，当一个人听到别人的恭维话时，心中总是非常高兴，脸上堆满笑容，口里连说："哪里，我没那么好"、"你真是很会讲话！"听完你的赞美后，对你的请求，他必定难以拒绝。

因此，求人办事时，我们不妨根据人们的这一心理来催眠对方，人一旦被认定其价值时，总会喜不自胜，在此基础上，你再提出自己的请求，对方自然就会爽快地答应下来。

赛琳娜在一家工程机械厂担任主任一职，一天，她与其部属对话：“小李，你看起来气色蛮好的嘛，听说最近挺清闲的？你看人家小张，多忙！在这个社会上，总是能者多劳的。不过听说你的英文很棒，反正闲着也是闲着，帮我翻译一下这篇稿子，这个礼拜就要！”

“这礼拜？我恐怕要跟你说声‘抱歉’。下星期一我有一个会议，必须准备一些相关资料，所以可能没时间为你翻译，您不也是大学毕业的吗？我看根本不用拜托我嘛，反正我正职的工作都做不好，就别说翻译这么重要的事情了。”

“啊，我知道了，算了，不求你也罢。”

这里，赛琳娜求人办事的方法实在不对，找部属替自己翻译，是去说服而不是贬低他。拿对方同别人相比，言辞间流露出批评之意，甚至还批评对方工作没做好。如此一来，对方哪还会想替你做事，这实在是糟糕透顶的谈话。事实上，许多人都这样，在求人办事的时候，不懂得抬高对方，反而伤害了他人的自尊，却还一副若无其事的样子。碍于上司与下属间的关系，对方即使受到伤害，也不至于当场和你翻脸。但是长期下来，部属心中对上司的不满也会忍不住要溢于言表了。

如果赛琳娜像下面这样说话，就不会碰壁了：“小李，你最近有空吗？听说跟你同期的小张最近很忙。知识经济时代，真是能者多劳啊！下周又要开会，你现在一定也很忙吧？我曾听人说你的英文不错，不知能否抽空帮我翻译一下这篇文章呢？是非常重要的资料，急着要的，行吗？”

如此和气的请托，谁会忍心拒绝呢？为什么换一种说法小李的情绪就和前例迥然不同呢？这是因为他的自尊心得到了极大的满足。无论是谁，对自身的东西都会有一种自豪、珍惜之情。尊重这份感情，也就能赢得对方的信赖，获得对方的帮助。

那么，在求人办事时，该怎样抬高对方呢？

1. 了解对方，给对方戴一顶最适合的“高帽子”

每个人都有其最自豪的地方，抬高别人之前，你要先找出对方最值得赞扬的地方，然后加以赞赏，必然会得到他的好感，要说服他或者请他帮忙也

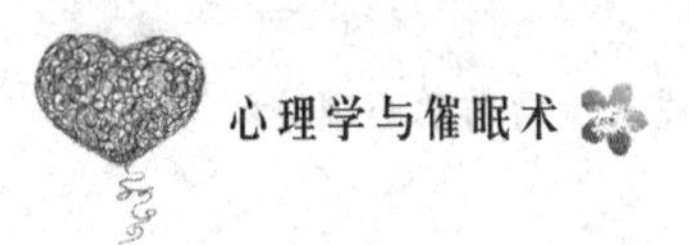

就不再是难事了。

2. 不露痕迹地夸大别人的能力和优点

抬高别人，难免要说一些奉承话、恭维之辞，把对方的优点加以拔高、放大。这样的话明显有讨好之意。因此，你在抬高别人的时候，一定要说得巧妙，最高明的做法是自然而然，不露痕迹。

3. 态度要真诚

求人办事，就要发出真心的赞赏和认可，只有这样，才能让对方感受到，你的话更有感染力，从而催眠引导对方。因为只有情真意切的赞美才有感染力，虚情假意不是赞美，而是讽刺挖苦或别有他求。

出于某种不可告人的目的，以溢美不实之词，极尽吹捧逢迎，只会引起别人的反感。

总之，求人办事，我们一定要把握好对方的脾气、爱好和欲望所需，揣其所思，投其所好，让对方感到自然愉悦，这样对方才肯为你的事儿上心，我们的催眠也就达到目的了。

用软磨硬泡法逐渐催眠，对方总会“就范”

现实生活中，一些人在求人办事的过程中，对方一拒绝就失去信心，其实这样是什么事都办不成的。常言道：人心都是肉长的。求人办事过程中，不管对方态度多么坚决，只要你善于用行动证明自己的诚意，表明自己坚决的态度，那么，对方必定会给你机会，从而把固执的门打开，于是你就“泡”出成功了。

所以，我们可以认为，软磨硬泡法也是一种催眠技巧，只要我们有耐心，总会让对方“就范”。

也许你会问，软磨硬泡不就是死皮赖脸吗？实则不然，软磨硬泡立足于韧性与耐心，着眼于感化对方，所谓“精诚所至，金石为开”就是这个道

理。因此，在求人办事时，你应该学会厚着脸皮而克服害羞和自卑，主动出击，不达目的誓不罢休。

毕加索的妻子弗朗索瓦兹·吉洛特和很喜欢绘画，而且在画画的时候不喜欢被别人打扰。一次，儿子小科劳德想让妈妈带他出去玩，可吉洛特已全身心投入到绘画上，听到敲门声和儿子的喊声，只是回应了一声“哎”，然后接着埋头作画。儿子没放弃，接着又说：“妈妈，我爱你。”可得到的回应也只是：“我也爱你呀，我的宝贝儿。”门却没有打开。儿子又说：“我喜欢你的画，妈妈。”吉洛特高兴地答道：“谢谢！我的心肝，你真是个小天使。”但是仍旧没有开门。儿子又说：“妈妈，你画得太好看了。”这时吉洛特停下笔，还是没有开门的意思。儿子继续说：“妈妈，你画得比爸爸画得还好。”吉洛特知道，自己的画肯定不及丈夫画得好，但儿子的话却让她欣喜若狂，她也从儿子那夸张的评价中感到了儿子的急切心情，终于把门打开了，答应陪儿子一块儿出去玩。

小科劳德正是用软磨硬泡法敲开了专心作画的母亲的门。

所以，求人办事时，我们大可也运用这种方法敲开对方的心门。中国人都好情面，许多事情经过软磨硬泡都可以办到。很多时候，我们所求之事明明合理，可是正常渠道却走不通，这时只有多“磨”才能办成想办的事。

需要指出的是，“软磨硬泡”，不是消极地耗费时间，也不是硬和人家耍无赖，而是要善于采取积极的行动影响对方、感化对方，促进事态向好的方向转化。有时候对方拖着不办，并不是不想办，而是有实际困难，或心有所疑。这时，你若仅仅靠行动去“泡”很难奏效，甚至会让对方厌烦，更不利于办事。这时嘴巴上的功夫就显得十分重要了。要善解人意，抓住问题的症结，巧用语言攻心。

表面上看这种方法很简单，但却并不容易用好。要想用此方法达到求人的目的，需要把握好以下两个条件：

首先，必须控制好自己的情绪，要做好打持久战的准备。

生活中，不得不说，一些性格急躁的人，他们在求人办事时也会表现出这些缺点，一旦对方拒绝就失意、烦躁甚至发火，其实，这样都无益于事情

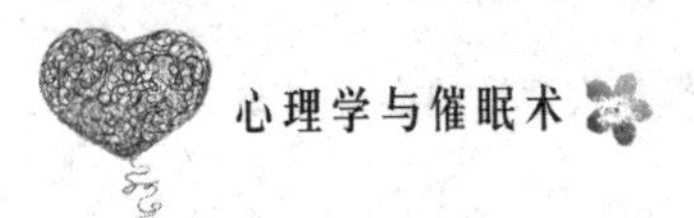

的解决。你要学会先深呼吸，告诉自己要冷静下来。不羞不怒表现的就是对对方处境的理解，对方也会因为没有帮上你而内心愧疚，此时，你就站在了主动的位置上，切忌方寸大乱，调动自己全部的聪明才智，想方设法去打破僵局，也许会消耗一定的时间，但一定会成功。

另外，“软磨硬泡”打的就是一场持久战，需要的就是时间，但恰恰时间就是一种武器，我们谁都有时间，但谁又珍惜时间，如果你足够有耐心，那么，这场持久战你就能取得胜利。所以，你一定要沉住气，耐心地牺牲一点时间，成功就会等着你！

其次，必须是“赞美”、“哀求”、“硬磨”三种方法一起用，缺少一种都达不到让他哭笑不得的效果，也就难以达到你想要的效果。

总之，“软磨硬泡”是一种求人办事的催眠方法，它能以消极的形式获得积极的效果，可以表现自己不达目的誓不罢休的决心和毅力，给对方施加压力，也能够增加接触机会，更充分地表明自己的态度、思想和感情，以影响对方的态度、获得求人的成功。

第18章 打开心灵潜能的心理催眠技巧——用心理催眠达成自我催眠效果

心理学家曾说："人是唯一能接受暗示的动物。"人们会不自觉地接受自己喜欢、钦佩、信任和崇拜的人的影响和暗示。其中，催眠就是一种自我暗示的方法，一个人要想挖掘自我潜能，就要先打开自己的心灵潜能，这其中，心理催眠就能达到这一效果。而这种催眠，正是让你梦想成真的基石之一。威尔逊有句名言："要有自信，然后全力以赴！假如具有这种观念，任何事情十之八九都能成功。"这个世界上不存在做不到的事，只要你懂得打开自己的心灵潜能，当你相信自己能做出最好的成绩时，你就能做到！

"弄假成真"——期望与成就总是成正比

可能我们都听过一句话："谎言说一千次变成真理。"其实，这是心理催眠的效果。因此，每个渴望成功的人都应该明白一点，你有什么样的期望，就会有什么样的成就，这就是催眠对于自我激励的作用。关于这一点，有这样一个来源：

古希腊有一位技艺超群的雕刻师，名叫比马龙。他用一支洁白如玉的象牙，雕刻出一位美若天仙的少女加拉蒂亚。比马龙深深地爱上了她，日夜祈求神将雕像变成真正的少女，和他成为终生的伴侣。最后精诚所至，神被比马龙的痴情所感动，于是将雕像变成少女，比马龙和加拉蒂亚终成眷属，永浴爱河。比马龙与加拉蒂亚的故事，后来成为心理学上广被研究与讨论的主

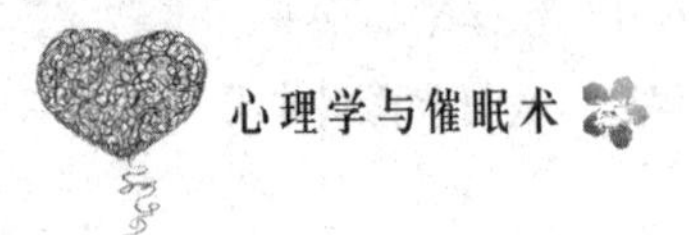

题：比马龙效应。

所谓比马龙效应，就是期望的应验；当人们对自己有所期望时，这个期望总有一天会实现，这就是所谓的“自我应验预言”。

看完这一寓言，我们来想一想，你是否有过这样的体验：你穿着一件新衣服去上班，但无意中你却听到一个同事说你的衣服不好看，刚开始，你不以为然，但这一天下来，你却听到很多同事这样评价，于是，你就慢慢开始怀疑自己的判断力和审美眼光了，于是下班后，你回家做的第一件事情就是把衣服换下来，并且决定再也不穿它去上班了。其实，这只是心理暗示在起作用。暗示作用往往会使别人不自觉地按照一定的方式行动，或者不加批判地接受一定的意见或信念。可见，暗示在本质上，是人的情感和观念，会不同程度地受到别人下意识的影响。

同样，如果你正在为一件事努力，那么，如果你能给自己一些积极的暗示——我一定能成功，我一定能做到，那么，你便能化压力为动力，便会产生超越自我和他人的欲望，并将潜在的巨大的内驱力释放出来，进而最终获得成功。

事实上，许多人在自我激励的作用下，勤奋工作，逐步成长为独当一面的人才，毕竟人有70% 的潜能是沉睡的。

因此，我们需要做到：

1. 建立良好的心境和情绪

虽然我们不得不承认，我们与他人在很多方面的差距是与生俱来的，比如长相、身材、家境等，但是，通过后天的努力，我们依然可以改变很多，比如个人能力、阅历。生活中，一些人面对与他人的差距，会怨天尤人，但抱怨并不能缩小这种差距。而你要缩小这种差距，甚至超越他人，就必须挖掘自己内心的力量——自信，设置与把握正确的人生目标，以及运用这些能量向着我们所设定的目标努力，并采取一些具体的行为。也只有这样，才能达到一种心理平衡。但这不仅仅是一种心理平衡，在富有耐心和坚毅的努力过程中，我们将逐渐显示自己的优势，超过别人，超过那些我们以前自以为不如他（她）的那些人。

2. 真正执行你的创意，让其发挥价值

不管你的创意再好，如果你只是停留在“想”的阶段，那么，你永远都不会看到成果。

可能天下最无奈的一句话就是：我当时真该大胆地去做。我们生活的周围，也经常有人感叹：“如果我在那时开始做那笔生意，早就发财了！”或“我早就料到了，我好后悔当时没有做！”一个好创意，如果只是想想而已而没有被执行的话，真的会叫人叹息不已，感到遗憾，如果彻底施行，当然也会带来无限的满足。

因此，我们不难得出一点，我们要获得期望，他人的激励是一个方面，最重要的是我们需要从心底发出积极向上的声音。你只有相信自己，进行积极的自我催眠，才能始终拥有向上的热情和奋斗的激情，你才能最终看到成功的曙光。

自我催眠的作用——你相信什么，就能得到什么

心理学上有个著名的定律叫自我实现语言，又称“皮格马利翁效应”，它是由美国社会学家罗伯墨顿根据社会学家汤玛斯的情境定理（如果假设情境为真实，其结果也将成为事实）修改后所提出的。

自我实现预言是指事件一开始时的一个虚假的情境定义，引发了新的行动，因而使原有虚假的东西变成了真实的。或者反过来说，原来真实的东西也有可能变成虚假的，即会“自我失败”。也就是说，你原本预期的是什么，结果就会受到你的预期影响而成真。

现代社会中的每个人，离开学校后，都必须进入职场、参加工作，这是实现自我价值的一个重要方法。然而，在你的职场生涯规划中，个人信心是至关重要的，而信心的展现就在自我实践预言上。尤其在充满不确定性的当代社会，人心脆弱，保持对社会和自己的自信心和凝聚力就显得更加重要。

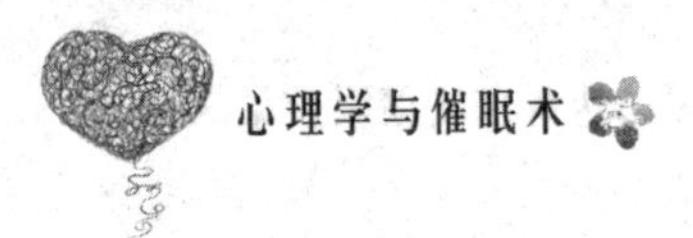

如果一个人总是觉得自己无论做什么事情都会失败，这个人通常比较容易失败。反过来说，如果一个人对自己有信心，目标清楚，手段明确，最后往往比较容易成功。

20世纪60年代，美国权威心理学家罗森塔尔和雅各布森等人在一所小学作了一次最有发展前途“预测”的心理实验，他们在一至六年级各选三个班进行测试，然后按随机抽样向各任课教师提交一份有“最佳发展前途者”的名单，名单上的学生大多属中等生，有的甚至是差生，由于各科任课教师相信了心理学家“权威的谎言”，对名单上的学生不但在言语上表示尊重，而且赋予特殊的爱抚感情，在平时教学中，尽力发现他们的闪光点，尊重他们的个性，多肯定，多表扬，循循善诱。八个月后，重测时，奇迹出现了：凡列入名单的学生，都比名单外的学生进步快，这就是著名的“皮格马利翁效应”。

自我实现的预言指的是个人有一个将要发生什么情况的信念，因而使可能的事情变成了现实。也就是说，一个人一旦形成了一种期待，他就会把这个信念当成真实的，从而朝着这个方向去准备或努力。最终，他的行动使信念变成了现实，实现了预言。简而言之，人们预先主动建立起的期待，倾向于调动和这种期待相一致的知觉方式和行为方式。

自我实现的预言很多时候是不自觉的行为，这里，我们可以看出自我暗示的强大力量。

根据自我实现语言，我们不难得出一点，自我实现预言是一个非常重要的定律，对于个人事业成败起着关键作用。

“自我实践预言”是中性的，关键在于信心，看预言人自己是乐天或悲观性情。如果你相信事情会朝乐观的方向发展，相信事情成功的机会比较大，那就会朝成功和乐观的方向发展。

其实，自我实现语言在生活中我们经常可以看见，比如，有谣言说某银行不稳定，很可能破产，于是储户便争先恐后去提领存款，结果让银行元气大伤，甚至破产。

再比如，在一个班级中，对于那些成绩差的学生，如果老师对其听之任之，那么，他也会认为老师放弃了他，进而自暴自弃，最终成绩越来越差。

当然，自我实现预言也可以作为一种技巧被应用到社会的某些方面。国外有一种治疗癌症的独特心理治疗法，称作“内视想象疗法”。这种心理治疗方法，是让病人想象自己的白细胞正在不断地击败入侵的癌细胞，有的患者靠这种方法使病情得到控制。想象白细胞正在不断地击败入侵的癌细胞，这是病人对自己抗病能力的一种期待。这种期待会调动肌体的对病毒的抵抗潜能，而事实上，白细胞并不是在击败入侵的癌细胞。

因此，我们应该明白的是，我们应该保持乐观正面的心态，对自己进行积极的自我心理暗示，相信自己，相信自己能有所作为，相信自己能在竞争中脱颖而出，那么，最终你必定能成为一个真正有所作为的人。因为自我实现预言将会在人的心中生根发芽。

建立自信，信念是成功的“助燃剂”

心理学家研究认为：“人是唯一能接受暗示的动物。”积极的暗示，会对人的情绪和生理状态产生良好的影响。激发人的内在潜能，发挥人的超常水平，使人进取，催人奋进。因为信念是一种无坚不摧的力量，当你坚信自己能成功时，你必能成功，许多人之所以一事无成，就是因为他们低估了自己的能力，妄自菲薄，以至于缩小了自己的成就，信心能使人产生勇气，成功的契机，是建立自己的信心和勇气，以信心克服所有的障碍。

在一个矿井里，六名矿工正在井下采煤，突然，一声巨响，矿井坍塌了，出口完全被堵住了。

这6名矿工顿时不知所措，陷入慌乱之中，但很快，他们平静下来了，他们一言不发，多年地下工作的经验告诉他们，他们面临的最大问题是缺乏氧气，井下的空气还能维持3个多小时，最多3个半小时，而且，这是在应对得当的情况下。他们料想，因为矿井坍塌，矿井上方的人应该已经知道了这件事，他们要想获救，上面的人就必须重新打眼钻井才能找到他们。但是，在

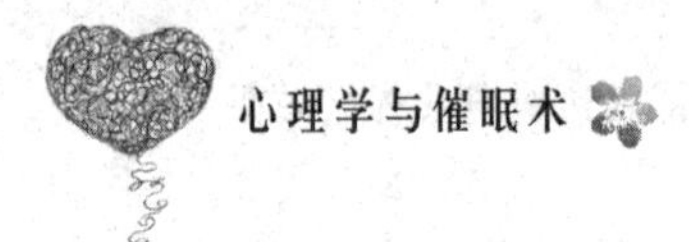

空气用完之前他们能获救吗？所以，这些矿工决定尽一切努力节省氧气，于是，他们全部躺在地上，以减少体力消耗。

这3个小时一下子成为这6名矿工一生中最难熬的时间，他们中间，只有一个人佩戴了手表，他也成为大家的焦点：过了多长时间了？还有多长时间？现在几点了？大家都不停地问他。时间被拉长了，在他们看来，2分钟的时间就像1个小时一样，每听到一次回答，他们就感到更加绝望。

领头的工人突然发现，如果大家都这样焦虑下去，那么，还没等走出矿井，就因为呼吸急促缺氧而丧命了。所以，他要求由戴表的人来掌握时间，每半小时通报一次，其他人一律不许再提问。大家遵守了命令。当第一个半小时过去的时候，这人就说："过了半小时了。"

戴表的人发现，随着时间慢慢过去，通知大家最后期限的临近也越来越艰难。于是他擅自决定不让大家死得那么痛苦，他在第二个半小时的时候，没有通知大家时间，而是又过了45分钟，而此时，大家是那么相信他，谁也没有怀疑；这样，又过了1个小时，他还是说："又是半个小时过去了。"另外5人各自都在心里计算着自己还有多少时间。表针继续走着，每过一小时大家都收到一次时间通报。

外面的人加快了营救工作，他们知道被困矿工所处的位置，他们很难在4个小时之内救出他们。4个半小时到了，最可能发生的情况是找到6名矿工的尸体。但他们发现其中5人还活着，只有一个人窒息而死，他就是那个戴表的人。

这是发生在非洲的一个真实的故事。在人们本能的求生意识被激发的情况下，原本只能维持三个半小时生命的矿工们居然坚持了四个半小时，这就是信心的力量。而那位戴表的矿工在时间逝去的提醒下，丧失了信心，"哀莫大于心死"，他是被内心的恐惧打败了。

心理学家告诉我们，支撑一个人追寻理想的动力往往是自信。自信是成功的助燃剂，一个人自信多一分，成功就多一分。"人生最重要的才能，第一是无所畏惧，第二是无所畏惧，第三还是无所畏惧。"信心能使得人们具备顽强的意志力，并可能会"起死回生"。

总之，自信是对自己的高度肯定，是成功的基石，是一种发自内心的强

烈信念。一个自信的人常看到事情的光明面，必能尊重自己的价值，同时也尊重他人的价值。因为自信是个人毅力的发挥，也是一种能力的表现，更是激发个人潜能的泉源。

努力反向效应——放松自我

在我们的生活中，可能不少人有这样的体会：失眠的晚上，会发现越想睡觉，越睡不着，越想克制自己不去想任何事情，越无法停止思考；骑车在路上行走，看到前面有棵树，你告诉自己一定要绕过去，但还是莫名其妙地撞上了；电影里，一人用刀挟制另一个人，被挟制的人告诉自己一定不会受伤，但潜意识里已经将注意力放到刀子上了，然后，悲剧真的发生了……同样的情况发生在那些戒烟瘾和戒网瘾的人身上，越是压抑，则越会反噬！

其实，这都是心理学上的努力反向效应在起作用。意思就是说，越努力越做不到。当心理暗示和意志意愿发生冲突时，意志意愿会被心理暗示征服。意志意愿在心理暗示面前毫无作用，反而会加强心理暗示，让人得到不想要的结果：人越是压抑某种心理暗示，它便越能成真。

这一效应告诉我们，若想获得自控能力，其前提是首先要放弃意志力这个东西。这不是说意志力不可以培养，不可以训练，而是因为存在“努力反向效应”。我们再来看下面的故事：

童童是个懂事的孩子，他出生在一个五口之家，上面还有两个姐姐，父母宽厚待人、严于律己的生活态度深深影响着子女。从小，童童就乖巧懂事，无论是学习还是生活上，他从来不让父母操心，小学成绩一直名列前茅。考入市重点中学后初中阶段成绩总是名列前茅，升入高中后，因为竞争激烈，他的成绩下降到全班第十名左右，于是，从高一开始，童童就更加刻苦学习，每天学到深夜12点多，从不敢看电视或出去玩。

然而，临近高考的童童却出现了一些心理障碍，他无法集中精力学习，

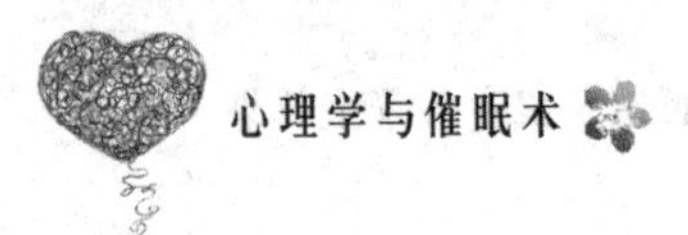

上课不停地开小差，总想一些不相干的事，看到身边的同学都在全神贯注地学习，他更加着急，但越着急越容易开小差。考试成绩由此也越来越糟，原来是班里前十名，现在退到十五六名。

从童童遇到的情况，我们不难看出，在学习这一问题上，童童之所以会出现考试成绩不断下降，是由于其不断给自己加压，他要把所有的精力都用在学习上，这是一种苛求自己的态度。但事实上，你可以掌握自己努力的程度，却把握不了最终成绩，无形之中，他给自己制造了遭受挫折的条件。可以这么说，他精力不集中正是将精力用至极点的表现。

生活中的人们，在渴望获得自制力的同时，也要懂得调节自己的紧张情绪，比如，你可以：

1. 坦然面对和接受自己的紧张

你应该想到自己的紧张是正常的，很多人在某种情境下可能比你还紧张。不要与这种不安的情绪对抗，而应体验它、接受它。要训练自己像局外人一样观察你害怕的心理，注意不要陷入里边，不要让这种情绪完全控制你："如果我感到紧张，那我确实就是紧张，但是我不能因为紧张而无所作为。"此刻你甚至可以选择和你的紧张心理对话，问自己为什么这样紧张，自己所担心的可能最坏的结果是怎样的，这样你就做到了正视并接受这种紧张的情绪，坦然从容地应对，有条不紊地做自己该做的事情。

2. 做一些放松身心的活动

具体做法是：

（1）选择一个空气清新，四周安静，光线柔和，不受打扰，可活动自如的地方，取一个自我感觉比较舒适的姿势，站、坐或躺下。

（2）活动一下身体的一些大关节和肌肉，做的时候速度要均匀缓慢，动作不一定有格式，只要感到关节放开，肌肉松弛就行了。

（3）作深呼吸，慢慢吸气，然后慢慢呼出，每当呼气的时候在心中默念"放松"。

（4）将注意力集中到一些日常物品上。比如，看着一朵花、一点烛光或任何一件柔和美好的东西，细心观察它的细微之处。点燃一些香料，微微呼

吸它散发的芳香。

（5）闭上眼睛，着意去想象一些恬静美好的景物，如蓝色的海水、金黄色的沙滩、朵朵白云、高山流水等。

（6）做一些与当前具体事项无关的自己比较喜爱的活动。比如，游泳、洗热水澡、逛街购物、听音乐、看电视等。

所以，很多时候，我们都要懂得放松自己，以轻松的心态去观察、去思考，就会发现，就能跳开努力反向效应的陷阱！

心态积极的人总能看到希望

人生短短数十载，我们都希望获得成功，而这一过程中，困难和挫折都在所难免，我们不能预知未来，但我们可以以一颗坦然的心面对。只要做到积极乐观、永不绝望，就一定能走出逆境，就一定会迎来曙光。因此，人们常常说，成功往往只青睐那些心态积极的人。心理学研究发现，一个人若对自己持正面的看法，那么，他就能对自己做积极的催眠，就能始终对未来产生乐观的看法和态度，那么，他这辈子离幸福不会太远。

然而，生活中，许多人一陷入困境，就变得消极、悲观，甚至一蹶不振，其实，并不是困难打败了我们，而是我们自己打败了自己。其实，我们应反复催眠自己，困境是另一种希望的开始，它往往预示着明天的好运气。因此，你只要放松自己，告诉自己希望是无所不在的，再大的困难也会变得渺小。

丰田公司极其重视推销员的自我管理教育。在自我管理的方法上，如对工作的认识、建立价值观念、养成计划性、培养实践能力、妥善安排时间、不间断地学习、注意健康、克服工作上萎靡不振的情绪以及如何全神贯注地工作等有关方面的教育，公司都抓得很紧。有一篇文章反映了丰田公司推销员自我管理的真实情况，文中写道：

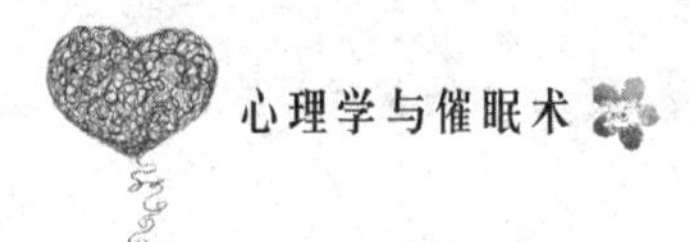

“我认为所谓的自我管理，首先就是苛求自己。我把一个星期的工作计划分为上午和下午两部分，把要走访的地方6等分。星期一走访葛饰区立石路的1-100号街，星期二走访第101-200号街，星期三……这样一个星期结束以后，就转完了我所负责的整个地段。我把这种做法一直作为绝对的、至高无上的命令来执行。所谓硬闯和推销管理工作，都安排在每天下午去搞。上午专搞接洽生意或类似接洽生意的工作，从下午4点起，搞交谈、修车等工作。我的工作计划大体上就是如此，并坚决执行——这就是我的推销计划，也就是自己管自己。

“参加工作的第一年，往往都是我一个人在街道上转来转去，觉得非常难受又寂寞，有时也深感推销工作非常痛苦。可是，每逢这时，我就勉励自己：自己痛苦的时候别人也痛苦。说老实话，我想如果推销工作是一帆风顺的，也就无所谓自己管理自己了。自己管自己这个问题之所以受到重视，是因为任何人都不能随心所欲地去做事情，因为今天一去不返，人们才要求这么严格。我也经常有精神不振的时候，遇到这种情况，这一定在星期天去登山。当我一步一步地克服了前进中的困难而登到山巅时，那种激励的心情简直就和接受订货、交出汽车时的激动心情完全一样。”

“我想如果推销工作是一帆风顺的，也就无所谓自己管理自己了。”的确，如果不存在打击与拒绝，那么，也就体会不到成功时的快乐，以这样的信念激励自己，能帮助我们克服内心的很多负面心理。

的确，追求人生目标的这条路，绝不会一帆风顺，生活中既然有挫折、有烦恼，就会有消极的心态和情绪。一个心理成熟的人，不是没有消极情绪的人，而是善于调节和控制自己情绪的人。而对自己做积极的心理催眠，是用理智控制不良情绪的又一良好方法。恰当运用这一催眠方法，可以给人精神动力。当一个人在困难面前或身处逆境时，自我激励能使你从困难和逆境造成的不良情绪中振作起来。为此，正处于困境的你，一定要学会自我催眠，要摒除那些消极的想法。

总之，任何一个渴望成功的人，在奋斗之前请修炼好自己的积极心态，这样，在追求人生目标的路途上，你才能坦然面对各种挫折和烦恼。

第19章
改变心态强化自我的催眠技巧——让自己更出色的心理战术

在美国某著名大学曾进行了一次调查，一个人胜任一件事，有85%取决于他的态度，15%取决于他的智力。如果他自信，事情肯定会办好。的确，我们也知道，无论在生活中还是工作中，一个自信的人，常看到事情的光明面。从心理学的角度来说，信心可以决定一个人的成败。假如这个人是自卑的，那自卑就会扼杀他的聪明才智，消磨他的意志。如果你也不相信自己，你需要改变心态，这其中，你需要掌握一些强化自我的催眠技巧，懂得用催眠来激发自己的自信心，你就会更出色。

催眠自己，我可以做想要成为的那个人

生活中，每个人都有梦想，每个人都梦想过自己能成为什么样的人，也许是科学家，也许是企业家，也许是医生或者律师等，然而，真正能成功的人却是少数，这是因为大多数人宁愿做梦也不愿实践。其实，想做自己想成为的人并不难，只要你强化自己的心态，建立自信，就能朝着梦想奋进。

爱默生是美国著名的学者，他曾经说过："你，正如你所思。"一些人之所以能成功，就是因为他们对自我有一种积极的评价，从而产生一种自信，然而，如何强化自信呢？我们可以通过催眠的方式来获得。

前面，我们已经分析过，在催眠状态，人能挖掘出潜意识的自我，能认识到自己的潜能，所以，如果你运用自我催眠，是能挖掘出自信心的。

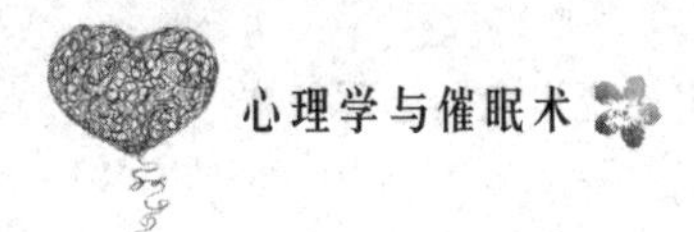

生活中的任何一个人，无论你希望自己在将来成为什么样的人，你都要相信自己一定能做到，试想，一个人对自己的未来都没有强烈的信心，又怎能征服别人呢？

曾经有人问康拉得·希尔顿：“何时得知自己将会成功？”希尔顿的回答是：“当我还潦倒困顿到必须睡在公园的长板凳上时，我已经知道自己以后将会成功”。马云也曾说过：“今天很残酷，明天更残酷，后天很美好，但大多数人死在昨天的晚上，看不到后天的太阳。”人生不就是这样吗？只要你坚持信念，相信自己会成功，无论今天遇到了什么困难，都能勇敢面对和克服，那么，明天你就会看到为你升起的太阳。

可能很多人都记得，上幼儿园时，老师曾问“将来长大了想做什么样的人？”的确，任何人的心中都有一个梦想，但长大后，很多人却发现，原来自己早已将儿时的梦想搁浅。在成长的过程里，由于缺乏了勇气，我们将梦想搁浅了。不过，一个人究竟想成为什么样的人，或者内心深处想做什么样的人，这种感觉是不会变的。在追逐梦想的过程中，我们应该勇敢向前，克服畏惧心理，努力做自己想成为的那个人。

信念是一种无坚不摧的力量，能催眠我们，当你坚信自己能成功时，你必能成功，许多人之所以一事无成，就是因为他们低估了自己的能力，妄自菲薄，以至于缩小了自己的成就，信心能使人产生勇气，成功的契机，是建立自己的信心和勇气，以信心克服所有的障碍。

现实生活中，有这样两类人，他们具备同等能力，做出相同程度的努力，有的能够成功，有的以失败告终。其差别是什么呢？对此，哈佛人给的解释是：“人们往往容易把原因归结于命运、运气，其实主要是愿望的大小、高度、深度、热度的差别而造成的。”可能你觉得这未免太绝对了，但事实上，这正体现了信心的重要性，废寝忘食地渴望、思考并不是那么简单的行为。你必须持续拥有强烈的愿望，并不知不觉地把它渗透潜意识里。

的确，自信的产生是自我意识的选择。一个人可以选择成功的自信，也可以选择束缚自卑，这一切全由你自己来决定。如果你选择自信，你应先明确自己身上的优点、长处，一条一条记在心里，不断地告诉自己：“我身上

拥有无限的能力和无限的可能性。”当你明确了自己的强项，选择和发挥自己的优势潜能时，自然就产生了自信。

总之，我们每个人的心中都有一个梦想，但是否能实现梦想，做自己想成为的人，关键还在于你是否有足够的自信。当然，在追求梦想的过程中，我们都会遇到挫折，此时，我们唯一能做的就是不断催眠自己，强化自己的信念，勇敢向前，一步一步向自己的梦想靠近。

时常催眠自己：我是最棒的

美国某著名大学曾做过一项调查，一个人胜任一件事，有85%取决于他的态度，15%取决于他的智力。如果他自信，事情肯定会办好。我们都知道，自信是对自己的高度肯定，是成功的基石，是一种发自内心的强烈信念。我们需要自信，无论在生活中还是工作中，一个自信的人，常看到事情的光明面。

同样，生活中的每个人，你也应该培养自己的自信心，自信的人到哪里都光彩夺目，为此，你要时常催眠自己：我是最棒的，拥有这样的信念，无论何时，你都能有优秀的表现，都能挖掘出你意想不到的潜力。

一位音乐系的学生走进练习室。在钢琴上，摆着一份全新的乐谱。

“超高难度……”他翻着乐谱，喃喃自语，感觉自己对弹奏钢琴的信心似乎跌到谷底，消靡殆尽。已经三个月了！自从跟了这位新的教导教授之后，不知道为什么教授要以这种方式整人。勉强打起精神。他开始用自己的十指奋战、奋战、奋战……琴音盖住了教室外面教授走来的脚步声。

指导教授是个极其有名的音乐大师。授课的第一天，他给自己的新学生一份乐谱。“试试看吧！”他说。乐谱的难度颇高，学生弹得生涩僵滞、错误百出。“还不成熟，回去好好练习！”教授在下课时，如此叮嘱学生。

学生练习了一个星期，第二周上课时正准备让教授验收，没想到教授又

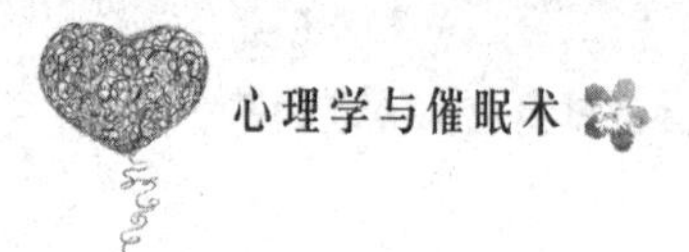

给他一份难度更高的乐谱，“试试看吧！”上星期的课教授也没提。学生再次挣扎于更高难度的技巧挑战。

第三周，更难的乐谱又出现了。这种情形持续着，学生每次在课堂上都被一份新的乐谱所困扰，然后把它带回去练习，第二天再回到课堂上，重新面临两倍难度的乐谱，却怎么都追不上进度，一点也没有因为上周练习而有驾轻就熟的感觉，学生越来越不安、沮丧和气馁。教授走进练习室。学生再也忍不住了。他必须向钢琴大师提出这三个月来何以不断折磨自己的质疑。

教授没开口，他抽出最早的那份乐谱，交给了学生。“弹奏吧！”他以坚定的目光望着学生。

不可思议的事情发生了，连学生自己都惊讶万分，他居然可以将这首曲子弹奏得如此美妙、如此精湛！教授又让学生试弹了第二堂课的乐谱，学生依然呈现出超高水准的表现……演奏结束后，学生怔怔地望着老师，说不出话来。

“如果，我任由你表现最擅长的部分，可能你还在练习最早的那份乐谱，就不会达到现在这种程度……”钢琴大师缓缓地说。

从这个案例中，我们发现，我们原以为自己只习惯在熟悉的领域表现能力并驾轻就熟，而事实上，如果我们自信一点，并将那些压力转化为动力，那么，我们便能挖掘出无限的潜力，甚至可以超水平发挥！曾经有位军人这样说：“我打了那么多次胜仗，其实说起来毫无秘密，因为我总能看到希望。”这就是信念的力量。

可见，人的潜力是无穷的，如果你对自己有足够的信心，你就会发现自己原来拥有这样的潜力，原来自己可以做许多事情。如果你想有个辉煌的人生，那就把自己扮演成你心里所想的那个人，让一个积极向上的自我意象时时伴随着自己。

成功者自信，失意者自卑。一个人只要有自信，那么他就能成为他所希望成为的人。生活中的人们，无论你想成为什么样的人，从现在起，只要你不断积累信心，不断催眠自我以强化信念，然后朝着目标奋进，你就能成功！

在困难面前，用催眠法调整自己

当今社会，知识和信息更新速度之快，要求每个人都敢想敢做，也只有勇者才能事事在先，时时在前，跟进社会，做时代的弄潮儿。所以，我们若想在当今的社会立足，有所成就，就要不畏惧风雨，不怕挫折，不惧坎坷。

然而，我们知道，无论做什么事，都有可能遇到困难，在困难面前，大部分人会选择放弃，而只有少数人还能坚持到最后，这是因为在困难面前他们懂得使用催眠法进行自我调整，他们相信自己坚持下去就一定会取得成功，而大多数人却因为暂时的困难和挫折蒙蔽了自己看到希望的眼睛！

1952年7月4日的清晨，浓浓大雾笼罩整个海岸，一位34岁的妇女，从海岸以西21英里的卡塔林纳岛上涉水下到太平洋中，开始向加州海岸游去。这次，如果她成功了，她就是游过这个海峡的第一位女性，这名妇女叫费罗伦丝·查德威克。

在此之前，她是从英法两边海岸游过英吉利海峡的第一个妇女。当时，雾很大，海水冻得她身体发抖，她几乎看不到护送她的船。时间慢慢流逝，千千万万的人通过电视看着她。在以往这类渡游中，她的最大困难并不是疲劳，而是冰凉刺骨的水温。15个钟头之后，她浑身冻得发麻又很累。她感觉自己不能再游了，就叫人把她拉上船。

在另一条船上的她的母亲和教练都告诉她海岸已经很近了，叫她不要放弃。但她朝加州海岸望去，除了浓雾什么也看不到。几十分钟之后，人们将她拉上船。又过了几个钟头，她渐渐暖和了，这时她回忆起自己渡游的经历。她不假思索地对记者说："说实在的，我不是为自己推脱，如果当时我看见陆地，我能坚持下来。"其实，人们拉她上船的地点，离加州海岸只有半英里！

后来她说，令她半途而废的既不是疲劳，也不是寒冷，而是因为她在浓雾中看不到目标。查德威克小姐一生只有这一次没有坚持到底。两个月后的一天，她成功地游过了这个海峡。她不但是第一位游过卡塔林纳海峡的女

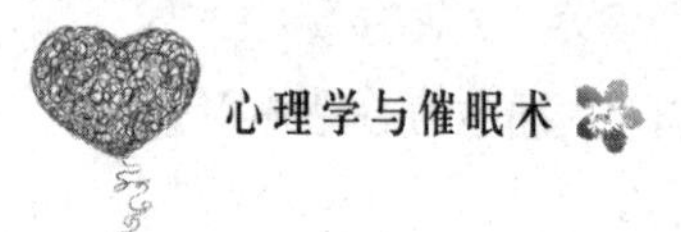

性，而且她以超出两个钟头的成绩打破了男子纪录。

这一案例中的女主人公查德威克的确是个游泳好手。为什么第一次她没有游过卡塔林纳海峡？这正如她所说的，因为她看不到目标，看不到终点，最终她放弃了。而在第二次尝试中，她能游过同一海峡，是因为她鼓起了勇气。这就是信念的力量。

不断进取，敢于面对一切困难，努力克服它，战胜它，这是生存的法则。相反，逃避是懦夫的作为，最终只能带来更多的危机。

恐惧是获得胜利的最大障碍。你若失去了勇敢，你就失去了一切。而现实中的恐怖，远比不上想象中的恐怖那么可怕。很多时候，成功就像攀爬铁索，失败的原因不是智商的低下，也不是力量的单薄，而是威慑于自己的无形障碍。如果我们敢于做自己恐惧的事，恐惧必然会消失。

恐惧的表现之一通常是躲避，而试图逃避只会使得这种恐惧加倍。任何人只要去做他所恐惧的事，并持续地做下去，直到有获得成功的纪录做后盾，他便能克服恐惧。

如果你不能克服恐惧，那么阴影会一直跟着你，变成一种无法逃避遗的憾。不要因为恐惧失望而害怕尝试。一旦你正面面对恐惧，很多恐惧都会被击破。既然困难不能凭空消失，那就勇敢去克服吧！

一个人绝不应该在面对恐惧的威胁时，背过身去试图逃避。若是这样做，只会使危险加倍。当然，要克服对困难的恐惧，我们可以使用自我催眠法，激发自己的潜意识，告诉自己没什么可害怕的，那么，你便能逐渐变得勇敢，坦然面对困难。

肯定自己，改变的力量就在心中

现实生活中，人们都知道机遇的重要性，但并不是所有人都能把握住机遇。事实上，在机遇面前，很多人只会一味地模仿别人，以为众人走过的

路，用过的方法是最保险的。殊不知，在众人都踩过的路上，很难有令人惊喜的果实被人发现。

对于真正的强者来说，在变化面前，他们丝毫不畏惧，相反，他们能适应变化，并把变化当做机会，让变化帮助自己成功。所以，对于任何一个希望有所建树的人来说，要想成功，就要肯定自己，敢于改变自我。

人生就是如此，只要你敢于跨出第一步，你就能朝着目标不断迈进，无论你的梦想和目标是什么，这些都只是你成功的开始，最主要的是立即开始行动，从而实实在在地看到成功的希望。这一点被许多人所忽略，其结果都是以失败告终。

扭转人生的第一步，就在于抛却一切负面想法，然后大胆地尝试，从迈出一小步开始，然后再尝试迈出大的步子，这样你将发现许多能使你变得更好的方法。

约翰是名保险推销员，除了工作，他最喜欢拿着猎枪和渔竿到森林里去休闲娱乐。一次，他突然想：我为什么不尝试在这些地方推销保险？这地方虽然荒凉，但沿着阿拉斯加铁路那几百公里的线路上，仍有不少铁路工人家庭定居。没有哪个保险推销员愿意来这里开展业务，虽然这想法有些大胆，但约翰想到做到，他立即着手制订计划，做好一切准备。此后，约翰一直往返于铁路沿线，向那些铁路工人推销保险单，同时，他也像往常一样走遍大山，钓鱼，打猎。人们很喜欢他，亲切地称呼他“徒步约翰”。一年过去了，约翰的业绩竟然超过100万美元。

这个案例告诉每个人，凡事只有敢于尝试，才能产生奋斗的激情，才能去完善、去超越，去增添勇气、创造奇迹。不行动，一切都不会实现。

事实上，人们经常都会下决心去做一件事，但真正果断去尝试的却只有少数，也只有这少数人才是最后的成功者。对于那些不付诸行动的人，他们也知道尝试的重要性，但是迟迟不愿意行动，结果又产生负疚感，造成意志瘫痪。很多情况下，人们与其说是因为恐惧而不去行动，毋宁说是因为不去行动而导致恐惧。许多事情的难度都由于我们的犹豫和摇摆加大了。

可见，勇于尝试需要人们有一种开拓进取的精神，鲁迅先生曾经说过，其实地上本没有路，走的人多了，也便成了路。所以他十分赞赏“第一个吃螃蟹的人”，那些在人类前进道路上披荆斩棘的人。

有两个都想过富裕生活的人，其中一位是学富五车的教授，另一位是目不识丁的文盲，两个人是邻居，为了共同的目标经常一起聊天。每次，教授都滔滔不绝地讲他的致富理论，各种办法层出不穷；而那位文盲也不多说，只是认真地听，并且不停地按教授的办法去行动。

过了几年，文盲当真成了百万富翁，教授却还是原地踏步，只是没忘了继续他的高谈阔论。

这个案例同样说明：坐而言不如起而行。一个人，只有立即行动起来，才能真正创造价值，继而持续行动，获得成功。

生活中，我们常常听人们说，成王败寇，似乎只有那些成功的人才能带来价值，其实不然，那些敢于尝试的人，他们的人生，也会丰富多彩，熠熠生辉。经过尝试，我们会发现自己具有取之不竭的智力潜能，会发现生命中潜藏着许多连自己也无法想象的能力。日本作家中岛薰曾说：“认为自己做不到，只是一种错觉。”如果你不去尝试，这些能力永远没有机会大放异彩。尝试，是铸造卓越与杰出人生的一种方式，是事业成功的一条重要途径。

总之，人生需要选择，需要你果敢地去拼搏，去行动，去做自己该做的事情，哪怕你畏惧，哪怕你犹豫，但如果摆在你面前的路是正确的，你就要立即行动起来。

第20章 可以调控情绪的色彩催眠技巧——让生活在色彩斑斓中被轻松掌握

我们都知道，我们生活的世界是由缤纷绚烂的颜色组成的，这些色彩或明亮、或晦暗，正因为如此，我们的生活才丰富多彩。近期，有英国、芬兰的科学家研究认为：色彩确实会对人的情绪产生重要影响，它们是通过刺激人的感官、刺激人的神经，进而产生心理作用的。现代社会，很多人已经认识到了这一点，并且有意地利用色彩催眠技巧来调控自己的情绪，从而营造出让自己心情愉快的心情空间。

了解各种色彩的心理催眠作用

生活中，我们每天都会接触到很多色彩，这些色彩或明亮、或晦暗，世界万物因具有各种色彩而变得缤纷绚丽，画家们也一直在用他们对色彩的理解来诠释这个世界，而现实生活中，色彩也能起到心理催眠的作用。

心理学家埃卡特里娜·雷皮纳曾经这样说：“很多人还完全没有意识到颜色的神奇功能”，那么，颜色是怎样起到心理催眠作用的呢?

1. 黑色

黑色象征权威、高雅、低调、创意；也意味着执著、冷漠、防御。黑色为大多数主管或白领专业人士所喜爱。这一类人从表面上看可能会给人神秘、高贵以及专业的印象。但是，只要仔细观察，你就会发现，这一类人多是不善于社交的人，他们无非是用黑色来掩饰自己内心的紧张、不安、自卑

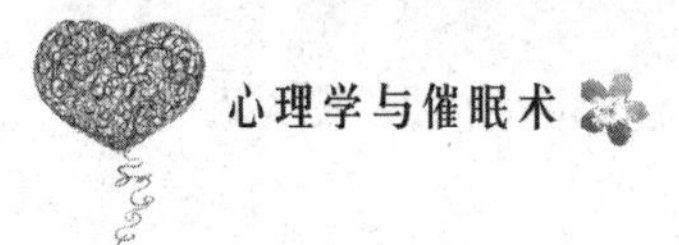

或恐惧。他们喜欢用黑色来让自己显得更加冷酷，以求在无形中给对方造成一定的心理压力。

2. 白色

白色是一个纯净、没有任何杂质的色彩，白色象征着纯洁、神圣。

在现实生活中，喜欢白色的人，往往是一个比较追求完美的人，但又有实际的一面。这一类人内心比较寂寞，他们渴望引起别人的注意和关心，甚至爱慕。他们不太喜欢别人无端的客套，所以在不熟悉的人眼里，他们是让人既爱又怕的对象。

3. 红色

红色象征热情、性感、权威、自信，是个能量充沛的色彩。不过有时候会给人血腥、暴力、忌妒、控制的印象，容易造成心理压力，因此与人谈判或协商时不宜穿红色；预期有火爆场面时，也请避免穿红色。如果你想在大型场合展现自信与权威的一面，可以让红色单品助你一臂之力。

4. 蓝色

在日常生活中，蓝色是一种相当常见的服装色彩。喜欢这类颜色的人，一般比较喜欢宁静、自然，他们无忧无虑，善于控制感情，很有责任心。同时又富有见识，判断力强。这一类人的个性也比较固执，往往不达目的绝不罢休。不过因为这个原因，他们往往也会固执己见，听不进旁人的意见。他们也不擅长交际，所以只能和志同道合的人进行小团体交流。

5. 绿色

绿色是生机盎然的色彩，它代表生命的诞生和延续。喜欢绿色的人个性谦虚平实，善于克制自己，不爱与人争论，心绪不易烦乱，很少有焦虑不安或忧愁之感。和善、可亲是这类人最大的特色，而且他们对于自己不喜欢的人也不会刻意地排斥或疏远。这类人道德感强烈，个性直爽，而且是聊天的理想对象。

6. 粉色

粉色是红和白的结合，带有白和红的两种性格特点，可以说是感性与理性的结合，知识与天真并存。喜爱粉色的人多是单纯天真的幻想家，有着纯

洁如白纸般的心境，整天活在自己编织出来的世界里。他们比较感性，处世温和，常常想让自己呈现出年轻、有朝气的感觉，甚至希望在旁人眼中是个高贵的形象，散发着一股让人看到就很舒服的魅力，但却有强烈的逃避现实的倾向。

7. 黄色

黄色是一个心灵能量的颜色，它可以加速理想的实现，并能启发新的创意，但因为一般人不懂得如何挑选适合自己的黄色而给人一种愚蠢的印象。一个喜欢黄色的人，通常有着独特的见解和想法，富有高度的创作力及好奇心。他们心情欢畅，性格外向，精力充沛，做事自信、潇洒自如，说话也无所畏惧，不担心别人会怎么想。这类人具有冒险、追求刺激和新鲜的特征，无法忍受一成不变。

专家建议，当一个人心情不好时，最好选择穿一些色彩明亮的衣服。因为衣服的色彩也在很大程度上影响着一个人的情绪，也要注意适当的协调和搭配。当心情不愉快时，男性可以穿一件色彩明快的衣服，如浅蓝色，用以冲淡一些心理的暗沉感觉；而女性这时则可选择红色、玫瑰色、黄色和绿色等悦目的衣服来调节自己的情绪。

总之，颜色是有其一定的催眠语言的，它不但能传递人的心理状态、意向、性格、爱好、兴趣及身份等多方面的信息，还能帮助我们起到催眠他人心理的作用，掌握这种“语言”将会为你更加准确地催眠和影响对方增加一个更大的砝码。

菲里埃大桥上为什么有那么多自杀者

在英国伦敦，有座著名的菲里埃大桥，这座大桥的桥身是黑色的。说来奇怪，自从这座大桥建成后，每年就有很多人在这里跳水自尽，后来，这些自杀的人的数量惊人，这一现象引起了伦敦皇家科学院的科研人员的重视，

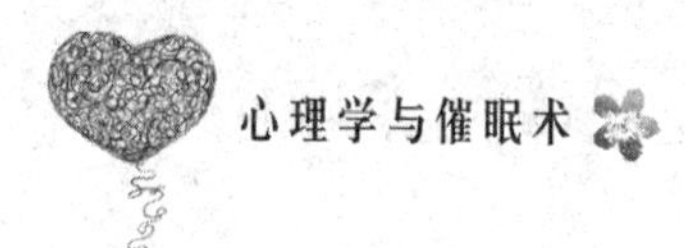

他们开始着手调查原因，后来，当科学院的医学专家普里森博士提出这与桥身是黑色有关时，不少人还将他的提议当做笑料来议论。

在连续三年都没找出好办法的无奈情况下，英国政府接受建议，试着将黑色的桥身换掉，这下奇迹竟然发生了：桥身自从改为蓝色后，跳桥自杀的人数当年减少了56.4%，普里森为此而声誉大增。

为什么有那么多人选择在这座桥上自杀？原因在于菲里埃大桥的桥身颜色。黑色让这些自杀者的心情更加抑郁。黑色则代表死亡和黑暗，令人产生悲哀、暗淡、伤感和压迫的感觉。

心理学家也称，黑色代表着放弃，一种最后的放弃，想穿黑色可能表明经过激烈的思想斗争之后想放弃一切。黑色也将导致精神压抑和疾病发生。

令人们好奇的是，为什么人们的情绪、心情乃至精神状态能被颜色影响呢？这主要是因为颜色最初来自于大自然，比如，我们经常看到的是蓝色的天空、蔚蓝的大海、鲜红的花朵、金灿灿的麦田……看到这些与大自然先天的色彩一样的颜色，自然就会联想到与这些自然物相关的感觉体验，这是最原始的影响。这也可能是不同地域、不同国度和民族、不同性格的人对一些颜色具有共同感觉体验的原因。

因此，现代社会的人们，应该学会用色彩来调节自己的情绪。当我们心情不好或情绪低落时，最好善用色彩避免抑郁：

1. 白色

白色对易动怒的人可起调节作用，有助于保持血压正常。孤独症、抑郁症患者不宜在白色环境中久住。

2. 粉红色

粉红色是温柔的最佳诠释，这种红与白混合的色彩，非常明朗而亮丽，粉红色意味着“似水柔情”。经实验证明，让发怒的人观看粉红色，情绪会很快冷静下来，因粉红色能使人的肾上腺激素分泌减少，从而使情绪趋于稳定。孤独症、精神压抑者不妨经常接触粉红色。

3. 红色

颜色鲜艳强烈，刺激和兴奋神经系统，增加肾上腺分泌和增强血液循

环。这是一种较具刺激性的颜色，给人以大胆、强烈的情感，使人情绪奔放，产生热烈、活泼的情绪。但过久凝视大红色，会影响视力，易产生头晕目眩之感，心脑血管病患者一般应避免红色。卧室和书房也要避免过多地使用红色。

4. 绿色

与红色相反，绿色则可以提高人的听觉感受性，有利于思考的集中，提高工作效率，消除疲劳。还会使人减慢呼吸，降低血压，但是在精神病院里单调的颜色，特别是深绿色，容易引起精神病人的幻觉和妄想。

5. 蓝色

蓝色很容易使人想到蔚蓝的大海、晴朗的蓝天，是一种令人产生遐想的色彩，具有调节神经、镇静安神、缓解紧张情绪的作用。蓝色的灯光在治疗失眠、降低血压中有明显作用，还能减少噪声对城市居民的情绪干扰。虽然蓝色的环境让人感到幽雅宁静，但抑郁症患者过多接触蓝色，会加重病情。

6. 紫色

给人的感觉似乎是沉静的、脆弱纤细的，总给人无限浪漫的联想，追求时尚的人最推崇紫色。但大面积的紫色会使空间整体色调变深，从而产生压抑感。

不得不说，人的第一感觉就是视觉，而最先冲击我们的视觉的就是色彩。同时，人的行为之所以受到色彩的影响，是因为人的行为很多时候容易受情绪的支配。因此，当我们心情不好时，可以根据不同色彩的暗示作用来加以调节。

给人带来好心情的绿色

众所周知，黑色和灰色会让人心情压抑，而白色代表纯洁，红色代表热烈，那么绿色有什么作用呢？

曾经有个人怀疑自己得了癌症，吓得要死，每天担惊受怕，进行各种药物治疗也无效，想到自己就要死了，他突然后悔自己还有很多事没有做，比如离开喧嚣的闹市去深山老林里静修一段时间。

说做就做，于是，他放下手头的工作和医院的治疗，背上行囊，来到了一片树林里。每天，他除了吃饭睡觉就是静坐在绿树中间。尽管身患重病，但他每天都能感觉到太阳是新的，感觉自己充满了生命力。

三个月时间很快过去了，他要回到城市了。在回到医院前，他告诉自己，即使接近生命的尾声，也没什么遗憾的了。但检查结果令他感到意外，身体里的癌细胞不见了。

这个神奇的事件吸引了很多医生包括心理学专家的目光，他们纷纷对这个人进行探访，不少心理学专家经过分析指出，绿色的心理催眠对他的疾病痊愈有着极大的作用。

这则案例中，我们不能百分之百肯定此人癌症的痊愈完全归功于绿色对其潜意识的催眠作用，但正如心理学专家指出的那样，是与绿色有着密切的联系的。

绿色给人无限的安全感，在人际关系的协调上可扮演重要的角色。绿色象征自由和平、新鲜舒适；黄绿色给人清新、有活力、快乐的感觉；明度较低的草绿、墨绿、橄榄绿则给人沉稳、知性的感觉。美国新奥尔良的奥施德纳诊所做过统计，发现在连续求诊而入院的病人中，因情绪不好而致病者占76%。不得不说，现实生活中，人们的心情总是因为周围发生的事而受到影响，当遇到不幸或者不快的事情时，心情还会因此低落。其实，此时，我们可以尝试进行“绿色治疗法”，比如，去大自然中走走，感受一下新鲜绿色带给自己的视觉享受；也可以多吃一些新鲜绿色蔬菜，体会一下清新的味道。这样，你会发现，你的心情会轻松很多。

其实，接触绿色不失为一种很好的心理催眠法，它能让你消除压力、减少疲累感。

在很多心理学家看来，经常接触绿色是一种极好的自我减压的方式。的确，现代社会中，任何人都承受着来自各方面的压力，如高强度的工作、烦

琐的生活、家人的健康以及人际交往中的问题等都无时无刻不让人们产生不良情绪，于是，越来越多的人渴望自我减压和放松。而“回归自然”、“亲近绿色”的魅力被这些混迹于钢筋混凝土之间的城市人发觉，他们逐渐认识到绿色的心理治疗作用。

当然，绿色的暗示作用并不是万能的，它也存在一定的负面作用，其实，绿色还有被动和隐藏的含义，绿色是“配角”，穿着绿色的衣服出席某些场合，很容易被认为没有创意、出世的感觉，丝毫没有参与感，所以在搭配上也总是需要其他色彩来调和。

不过，绿色始终是环保的代名词，绿色也能让我们的心更加宁静。

所以，生活中，无论我们遇到什么事，要想保持好心情，就要对自己进行积极的催眠。而绿色就有这样的心理作用。无论是周末还是闲暇时间，当你身心疲惫时，都可以去大山里、田野里走走，实在没时间，多看看窗外的绿色风景，也会让你的心宁静很多。

恋人们钟爱的紫色约会场景

曾有个美丽的传说：

在古时候的普罗旺斯，有个美丽的女孩。

一天，她独自在寒冷的山谷中采着含苞待放的花朵，就在回家的途中，遇见一位来自远方受伤的青年向她问路。少女捧着满怀的花束，深情地望着这位俊俏的青年，就在那一瞬间，她的心已经被青年热情奔放的笑容所占据。

后来，女孩不顾家人的反对，坚持让青年留在家中的客房疗伤直到痊愈。随着日子一天一天的过去，青年的腿伤已好，两人的感情也急速加温。就在一个微凉的清晨，青年要告别离去，少女却不顾家人的反对也要随着青年远去，到开满玫瑰花的青年的故乡。

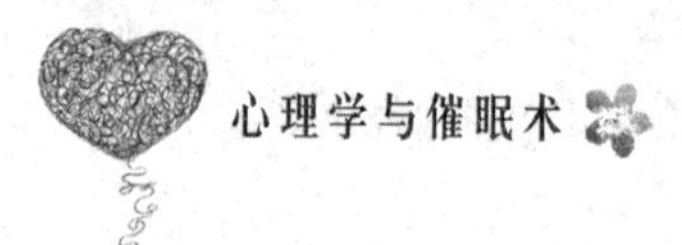

村中的老奶奶在少女临走前，握着一把初开的熏衣草花束，让痴情的少女用这初开的熏衣草花束试探青年的真心。

据说，熏衣草花束的香气会让不洁之物现形。就是那个山谷中开满熏衣草的清晨，正当青年牵起少女的手准备远行时，少女将藏在大衣内的一把熏衣草花束丢掷在青年的身上，就这样，一阵紫色的轻烟忽聚忽散。山谷中隐隐约约听到冷风飕飕，像是青年在低吟着。“这就是你想远行的心啊！”留下少女孤独的身影独自惆怅……

没多久，少女也不见踪影，有人说，她是循着花香找青年去了，有人说，她也被青年幻化成一缕轻烟消失在山谷中。

多么美丽凄婉的爱情故事！据说，薰衣草一出现就代表了爱与承诺——如它的花语一样，等待爱情。所以，不少情侣都会在薰衣草花开的季节去感受浪漫的情怀。当然，你不必非要去普罗旺斯，在国内的很多地方，你同样可以同爱人一起领略到那一抹梦幻的紫色，感受近在咫尺的异国情调。

那么，为什么薰衣草会让人产生浪漫情怀呢？心理专家称，日常生活中，异性之间的约会，选择和布置紫色的场景，更容易增进彼此之间的感情。

紫色是优雅、浪漫，并且具有哲学家气质的颜色。紫色的光波最短，在自然界中较少见到，所以被引申为象征高贵的色彩。

云云是公司新来的员工，刚毕业不久，长相甜美、性格温和，公司所有的同事都很喜欢她，她经常乐于助人，当别人说“谢谢”时，她总是说：“不客气，举手之劳而已。”恰好，她实习期结束后，领导将她和小李分到了一个小组。长期一起工作，小李渐渐对这个姑娘产生了好感，但却不知道对方是怎么想的。

一个周末的上午，小李在家百无聊赖，便打电话给云云，想约她一起吃饭、看电影，云云倒也爽快地答应了。

“那我们去哪儿吃饭呢？我不知道你喜欢吃什么？”小李问。

“随便吧。我不挑食，怎么样都行。”

“好吧，那我来定时间和地点，一会儿传短信给你，怎么样？”

“好的，一会儿见。”

……

很快，云云收到了小李的短信。云云如约而至，这是一家西班牙餐厅，小李定了一个包间，当云云踏进包间时，就感到了从未有过的浪漫情怀，两个人相谈甚欢。

聊到尽兴之时，云云问：“李哥，下次我可以主动约你吗？”云云的直率让小李受宠若惊，他心里甭提有多高兴了，他心想，人家姑娘已经主动表示好感了，自己应该一鼓作气把云云追到手，于是，吃完饭后，他又带云云看了场电影，走出电影院，他们自然地牵起了手。

自从这件事以后，小李就把云云当成了自己的女朋友，并在微博上发表了很多情感宣言，周围同事都知道了这件事，这对小情侣沉浸在了他人的祝福中。

这则案例中，小李为什么能成功把自己喜欢的女孩追到手？这是因为他使用了一种色彩暗示技巧，紫色代表浪漫，在紫色的约会场景下，女性更容易对异性产生爱意。

当然，淡紫色的浪漫不同于粉红色的纯洁，而是像隔着一层薄纱，有种高贵、神秘、高不可攀的感觉；而深紫色、艳紫色则代表了魅力十足、有点狂野又难以探测的华丽浪漫。若时间、地点、人物不对，穿着紫色可能会给人高傲、矫揉造作、轻佻的错觉。当你想表现与众不同，或想表现浪漫中带着神秘感时可以穿紫色服饰。

参考文献

[1]（美）奥蒙德·麦吉尔 著，严冬冬译.催眠术圣经[M].长春：吉林文史出版社，2010.

[2]（美）艾瑞克森（Erickson，M.）等著；于收 译.催眠实务——催眠诱导与间接暗示[M].北京：中国轻工业出版社，2015.

[3]林俊良.世界最神奇的催眠术[M].常州：江苏文艺出版社，2012.

[4]（美）威廉姆·库克：催眠二十八讲[M].北京：团结出版社，2014.

[5]（美）海威特著，方新译.催眠入门 [M].北京：中国轻工业出版社，2008.